なるほど力学

村上 雅人 著

なるほど力学

海鳴社

はじめに

　力学 (mechanics) は、物体に働く力のつり合いや、運動を解析する学問であり、物理学の基本 (fundamental of physics) とされている。物体の運動を解析する分野は動力学 (dynamics)、 また、静止した物体の力のつり合いを解析する分野は静力学 (statics)、 とも呼ばれる。
　力学と呼ばれる理由は、物体の静止も運動も、すべて力 (force) によって支配されているからである。物体が静止している状態とは、物体に働く力が釣り合っている状態であり、物体が運動している状態は、運動方向に力が働いている状態に他ならない。つまり、物体に働く力がわかれば、その位置の変化を解析することが可能となるのである。
　力学の基本はニュートンの運動方程式（Newton's equation of motion）: $F=ma$ である。F は力、m は物体の質量 (mass)、a は加速度 (acceleration) である。この簡単な方程式によって、すべての物体の運動が規定されるのであるから、力学とは、なんとも単純明快な学問であろうか。多くの物理現象が、この式によって支配されるということは驚きである。
　例えば、力が働いていなければ、$F=ma=0$ から加速度 a は 0 となり、物体は静止しているか、一定の速度 v (velocity)で運動するという慣性の法則 (law of inertia) が導出されるのである。
　また、加速度 a がわかれば、この式から、ある物体の過去 (past)、現在 (present)、未来 (future) の運動をすべて記述することができる。なぜなら、加速度は位置 x の時間 t に関する 2 階微分 d^2x/dt^2 であるため、初期条件がわかれば、運動方程式という 2 階微分方程式を解くことによって、物体が何時何分に、どの位置にあるかということをすべて予測し、知ることができるからである。
　地球 (earth) や多くの惑星 (planet)が太陽 (sun) のまわりを周回する公転

運動も、月 (moon) が地球のまわりを回る運動も、さらには、地球の自転運動もすべて運動方程式で解析することが可能である。人類が、月にロケットを飛ばして、月の隕石を採取して、地球に帰還できたのも、運動方程式によって、精密なロケットの軌道が予測できたおかげなのである。

しかし、万能に思える運動方程式が、人類に厭世感を植え付けることになろうとはニュートンは予想もしていなかったであろう。それは、もし、宇宙のすべての物体の加速度 a がわかれば、宇宙の過去、現在、未来はあまねく運動方程式によって記述されるからである。

とすれば、人間や地球を含めた宇宙の歴史は、すべて運動方程式という 1 個の方程式によって支配されることになる。もちろん、何億、何兆、いや想像もできない数の運動方程式を連立して解く必要はある。しかし、人類やコンピュータに答えが出せないとしても、宇宙の歴史が決まっているという事実に変わりはない。

つまり、人類がいくら努力したとしても、宇宙も人間の未来も、すべて、現在の状態によって定められていることになる。結局、われわれ人間が何をしても、その未来を変えることはできないという恐ろしい結論になるのである。このような因果律あるいは決定論的考えが、なにをしても無駄という厭世感を生むことになったのである。

ただし、20 世紀になって、量子力学 (quantum mechanics) が誕生し、ミクロの世界は不確定性原理 (principle of uncertainty) が支配し、ミクロ粒子の未来の運動は確定されないこと、よって、われわれ人類の未来は、単純な運動方程式によって支配されないことが明らかとなっている。人類は、努力によって自分達の未来を切り拓くことができるのである。

とはいえ、力学が有用な学問であることに変わりはない。はやぶさが 7 年という長い旅を経て、地球に帰還できたのは、まさに、力学の恩恵なのである。本書でも紹介しているが、運動方程式に、万有引力の法則 (law of universal gravitation) を適用することで、ケプラーによって発見された惑星の運動の法則がひとつひとつ解明されていくプロセスを経験すれば、力学の威力を実感できるであろう。

一方、力学は、身近な学問であり、高校の物理でも最初に登場する分野である。しかも、物体の落下や自動車や電車のように、身近な題材で運動

はじめに

の様子を観察し、解析できるため、比較的取り組みやすい。

ところが、油断していると、すぐに挫折してしまうのも事実である。その理由は、物体の運動が複雑だからである。直線に沿った運動を解析するだけならば、それほど難しくはないが、運動軌道は曲がったり、回転もする。さらに、これら運動は3次元空間で生じるから、その解析には、3成分からなるベクトルが必要となり、その数学的な取り扱いは、かなり煩雑となる。

とはいえ、その基本は運動方程式という単純な式であり、複雑に見える問題は、基本運動が重なったものとみなせばよいのである。らせん運動は、直線運動と回転運動の積み重ねで表現できる。3次元空間の運動であっても、x 方向にのみ着目すれば、それは1次元の運動に還元できる。

すべての学問に共通していることであるが、複雑な問題は、基本問題の積み重ねで解くことが可能なのである。そして、人間は、もともと、複雑な問題を解くことには慣れていない。基本をしっかり修得したうえで、順序だてて物事を考える。この基本姿勢を守ることが大切である。

本書では、まず、力学の基本事項を確認し、簡単な演習によって理解したうえで、基本をもとに、より複雑な問題に対処するという手法を貫いている。本書を通して、力学の素晴らしさと魅力の一端を感じていただければ幸いである。

最後に、芝浦工業大学の小林忍さんと石神井西中学校の鈴木正人さんには、ていねいに原稿に目を通していただいた。ここに謝意を表する。

2015年 7月 著者

もくじ

はじめに・・・・・・・・・・・・・・・・・・・・・・・ *5*

第 1 章 物体の運動・・・・・・・・・・・・・・・・・・ *13*
  1.1. 直線運動 *13*
  1.2. 2 次元平面における運動 *16*
    1.2.1. 直交座標 *16*
    1.2.2. 極座標 *24*
  1.3. 3 次元空間における運動 *27*
    1.3.1. 直交座標 *27*
  1.4. 3 次元空間の極座標 *33*
    1.4.1. 円筒座標 *33*
    1.4.2. 球座標 *34*

第 2 章 運動の法則・・・・・・・・・・・・・・・・・・ *37*
  2.1. 運動方程式 *37*
    2.1.1. 運動の第 1 法則 *37*
    2.1.2. 運動の第 2 法則 *38*
    2.1.3. 運動方程式の解法 *41*
  2.2. 作用反作用の法則 *44*
  2.3. 力積 *51*
  2.4. 反発係数 *53*
    2.4.1. 衝突と運動量保存の法則 *53*
    2.4.2. 反発係数の定義 *54*

第 3 章 基本的な運動・・・・・・・・・・・・・・・・・ *62*
  3.1. 鉛直運動 *62*

もくじ

- 3.2. 放物運動 *65*
- 3.3. 単振動 *68*
- 3.4. 2階微分方程式の解法 *72*
- 3.5. 減衰運動 *77*
- 3.6. 強制振動 *85*

第4章 運動とエネルギー・・・・・・・・・・・・・・・*93*
- 4.1. 仕事とエネルギー *93*
- 4.2. 力学的エネルギー *99*
  - 4.2.1. 位置エネルギー *99*
  - 4.2.2. 運動エネルギー *101*
- 4.3. エネルギー保存の法則 *105*
- 4.4. 単振動のエネルギー *111*
- 4.5. 保存力 *114*
- 補遺 4-1 運動量と運動エネルギー *123*

第5章 角運動量・・・・・・・・・・・・・・・・・・*126*
- 5.1. 角運動量 *127*
- 5.2. ベクトルの外積 *129*
- 5.3. 角速度（回転）ベクトル *143*

第6章 単振り子・・・・・・・・・・・・・・・・・・*147*
- 6.1. 単振り子の微分方程式 *147*
- 6.2. 級数展開 *154*
  - 6.2.1. マクローリン展開 *154*
  - 6.2.2. オイラーの公式 *166*
- 6.3. 単振り子の近似解 *169*
- 6.4. 単振り子の厳密解 *178*

第7章 惑星の運動・・・・・・・・・・・・・・・・・*185*
- 7.1. 万有引力の法則 *185*

7.2. 重力場におけるポテンシャル　*189*
7.3. 惑星の運動　*191*
　7.3.1. 惑星運動の運動方程式　*191*
7.4. ケプラーの法則　*209*

第8章　質点系の力学・・・・・・・・・・・・・・・・・*215*
8.1. 2体問題　*215*
8.2. 換算質量　*221*
8.3. 対重心運動　*226*
8.4. 外力が働く場合　*229*
8.5. 多質点系　*241*
　8.5.1　相互作用　*241*
　8.5.2.　重心系と相対系　*245*
　8.5.3.　運動量　*246*
　8.5.4.　運動エネルギー　*248*
　8.5.5. 角運動量　*250*

第9章　剛体・・・・・・・・・・・・・・・・・・・・・*253*
9.1. 運動の自由度　*253*
9.2. 剛体の重心　*259*
9.3. 剛体のつりあい　*264*
9.4. 固定軸を持つ剛体の運動　*267*
9.5. 慣性モーメント　*272*
9.6. 平行軸定理　*277*
補遺 9-1　面積素の極座標変換　*284*
補遺 9-2　体積要素の極座標変換　*286*

第10章　剛体の回転運動・・・・・・・・・・・・・・・*288*
10.1. 運動エネルギー　*288*
　10.1.1.　並進運動　*288*

もくじ

　10.1.2. 回転運動　*289*
　10.2. 斜面を転がり落ちる剛体　*292*
　10.3. 歳差運動　*298*
　10.4. 固定軸のない運動　*305*

第11章　相対運動と座標・・・・・・・・・・・・・・・・*318*
　11.1. 慣性系と動座標　*318*
　　11.1.1. 動座標　*319*
　　11.1.2. 慣性系　*320*
　　11.1.3. 非慣性系　*325*
　11.2. 回転座標　*328*
　　11.2.1. 遠心力　*336*
　　11.2.2.コリオリの力　*344*
　11.3. フーコー振り子　*354*
　補遺 11-1　　慣性力と見かけの力　*363*

　　索引・・・・・・・・・・・・・・・・・・・・・*365*

第1章　物体の運動

1.1.　直線運動

ある直線上を運動している物体の運動を解析してみよう。$t = 0$ [s] に $x = 0$ [m]に位置した物体の t 秒後における位置を $x(t)$ [m]としよう。ここで、t[s] における $x(t)$ [m] が表1-1のようになったとしよう。

表1-1　物体の運動の軌跡

t	0	1	2	3	4	5	6
$x(t)$	0	2	4	6	8	10	12

この結果から、すぐに

$$x(t) = 2t$$

という関係がえられる。

いったん、位置(position) $x(t)$ [m]が時間(time) t [s]の関数として与えられると、この物体の運動 (motion)の様子がすべてわかる。例えば、原点 (original point: $x = 0$) から出発して5秒後には、$x = 10$ [m]の位置に、10秒後には、$x = 20$ [m]の位置にあることがわかる。

つぎに、この物体の動く速さ (velocity) v [m/s] を求めてみよう。v [m/s] は物体がある時間 t_1[s]から t_2[s]の間に、x_1[m]から x_2[m]まで移動したとすると

$$v = \frac{x_2 - x_1}{t_2 - t_1} = \frac{\Delta x}{\Delta t}$$

によって与えられる。

いまの場合は

$$v = \frac{2-0}{1-0} = 2 \quad v = \frac{4-0}{2-0} = 2 \quad v = \frac{8-0}{4-0} = 2 \quad v = \frac{12-2}{6-1} = 2$$

となって、どの区間を選んでも同じ速度 2 [m/s] がえられる。

ただし、一般の場合には、$\Delta t = t_2 - t_1$ の間に速度が一定とは限らないので、ある時間 t_1 における瞬間の速度は

$$v(t_1) = \lim_{t_2 \to t_1} \frac{x_2 - x_1}{t_2 - t_1} = \lim_{\Delta t \to 0} \frac{\Delta x}{\Delta t} = \frac{dx}{dt}$$

のように距離の時間微分によって与えられる。

いまの場合は

$$v(t) = \frac{dx(t)}{dt} = 2 \quad [\text{m/s}]$$

と与えられる。

このように、速度が時間 t によらず一定となる運動を**等速直線運動** (linear uniform motion) と呼んでいる。

それでは、物体の運動が表 1-2 のようになったとしたらどうであろうか。

表 1-2　加速度運動する物体の運動

t	0	1	2	3	4	5	6
$x(t)$	0	1	4	9	16	25	36

この場合は

$$x(t) = t^2$$

と与えられる。

この物体の速さ (velocity) v [m/s] は

$$v(t) = \frac{dx(t)}{dt} = 2t$$

となり、時間 t の関数となる。

これは、速度が時間によって変化することを意味している。そして、速度の変化量、すなわち加速度(acceleration) $a(t)$ [m/s^2] は、速度を求めたのと同様にして、速度の時間微分によって与えられる。したがって

$$a(t) = \frac{dv(t)}{dt} = \frac{d^2x(t)}{dt^2} = 2$$

となる。

この運動では、加速度が時間によらず一定であるので、**等加速直線運動**(linear motion of uniform acceleration) と呼ばれている。

この場合も、時間 t [s]の関数として位置 $x(t)$ [m]が与えられているので、t を指定すれば、物体の位置 $x(t)$を指定することができる。

演習 1-1　ある直線上の物体の位置 $x(t)$ [m]が、つぎのような時間 t [s]の関数として与えられるとき、この物体の速度 $v(t)$ [m/s] および加速度 $a(t)$ [m/s^2] を求めよ。

$$x(t) = 2t^2 + 3t + 1 \quad [\text{m}]$$

解)

$$v(t) = \frac{dx(t)}{dt} = 4t + 3 \quad [\text{m/s}]$$

$$a(t) = \frac{dv(t)}{dt} = \frac{d^2x(t)}{dt^2} = 4 \quad [\text{m/s}^2]$$

となる。

演習 1-2　ある直線上の物体の位置 $x(t)$ [m]が、つぎのような時間 t [s]の関数として与えられるとき、この物体の2[s]後の位置および速度 $v(t)$ [m/s]、加速度 $a(t)$ [m/s^2] を求めよ。

$$x(t) = t^3 - 3t + \sin(\pi t) \quad [\text{m}]$$

解） 速度と加速度は

$$v(t) = \frac{dx(t)}{dt} = 3t^2 - 3 + \pi \cos(\pi t) \quad [\text{m/s}]$$

$$a(t) = \frac{dv(t)}{dt} = 6t - \pi^2 \sin(\pi t) \quad [\text{m/s}^2]$$

となる。

$t = 2[\text{s}]$を代入すると、位置、速度、加速度は

$$x(2) = 8 - 6 + \sin(2\pi) = 2 \quad [\text{m}]$$
$$v(2) = 12 - 3 + \pi \cos(2\pi) = 9 + \pi \quad [\text{m/s}]$$
$$a(2) = 12 \quad [\text{m/s}^2]$$

となる。

1.2. 2次元平面における運動

1.2.1. 直交座標

それでは、物体が直線ではなく、2次元平面 (two dimensional plane) を運動している場合を解析してみよう。この場合、物体の位置を指定するためには、2個の変数が必要となり、位置は、つぎのような2次元ベクトル (two dimensional vector) となる。

$$\vec{r} = \begin{pmatrix} x \\ y \end{pmatrix}$$

これを**位置ベクトル** (position vector) と呼んでいる。

第 1 章　物体の運動

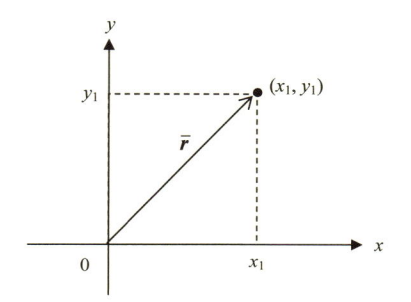

図 1-1　2 次元平面における直交座標

　ベクトルは $\vec{r} = (x\ y)$ のように、横に並べても良い。たてに並べたものを**列ベクトル**(column vector)、横に並べたものを**行ベクトル**(row vector) と呼ぶ。列ベクトル表示のほうがわかりやすい場合が多いが、紙面を使うために、行ベクトルが使われる場合が多い。本書では、可能なかぎり列ベクトルを使っている。

　この座標は、図 1-1 に示すように、直交する x 軸と y 軸の値によって位置を表示するものであり、**直交座標** (rectangular coordinates) と呼ばれている。この座標系を使えば、平面上のすべての点を指定することができる。

　2 次元平面における物体の運動を解析するためには、位置ベクトルが時間 t[s]によって、どのように変化するかを調べる必要がある。すなわち

$$\vec{r}(t) = \begin{pmatrix} x(t) \\ y(t) \end{pmatrix}\ [\mathrm{m}]$$

のように、x 座標および y 座標が時間 t [s]の関数として表現できればよいことになる。

　それでは、具体例でみてみよう。2 次元平面における物体の運動が表 1-3 のように与えられる場合を考えてみよう。

表 1-3 2次元平面における物体の運動

t	0	1	2	3	4	5	6
$x(t)$	0	1	4	9	16	25	36
$y(t)$	0	2	4	6	8	10	12

　時間の経過にしたがって、物体は x 方向にも、y 方向にも運動している。このような場合は、成分ごとに分けて解析する。まず x 方向では

$$x(t) = t^2$$

という関係にあることがわかる。つぎに、y 方向では

$$y(t) = 2t$$

となる。
　したがって、位置ベクトルは、t の関数として

$$\vec{r}(t) = \begin{pmatrix} x(t) \\ y(t) \end{pmatrix} = \begin{pmatrix} t^2 \\ 2t \end{pmatrix}$$

と与えられることになる。
　位置ベクトルの成分がそれぞれ t の関数として与えられれば、任意の時間における物体の位置が特定できる。
　例えば、$t = 10[s]$ の物体の位置する座標は

$$\vec{r}(10) = \begin{pmatrix} 100 \\ 20 \end{pmatrix} \quad [m]$$

となる。ちなみに、この物体の xy 平面上での運動の軌跡をグラフに示すと、図 1-2 のようになる。実際に時間変化まで表現しようとすると、時間軸 (t 軸) が必要となり、3 次元のグラフとなる。

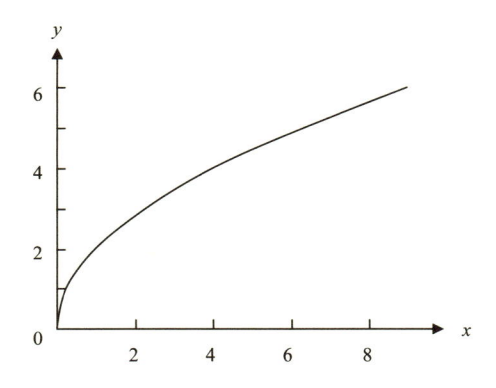

図 1-2　表 3 の $x(t)=t^2$ および $y(t)=2t$ に対応した物体の運動の軌跡

それでは、この物体の速度を求めてみよう。この場合は、速度も 2 次元ベクトルとなり

$$\vec{v}(t)=\frac{d\vec{r}(t)}{dt}=\begin{pmatrix}dx(t)/dt\\dy(t)/dt\end{pmatrix}\;[\mathrm{m/s}]$$

と与えられる。つまり、成分ごとに t に関して微分すればよいのである。
　よって

$$\vec{v}(t)=\frac{d\vec{r}(t)}{dt}=\begin{pmatrix}2t\\2\end{pmatrix}\;[\mathrm{m/s}]$$

同様にして、2 次元平面の加速度ベクトルは

$$\vec{a}(t)=\frac{d\vec{v}(t)}{dt}=\begin{pmatrix}2\\0\end{pmatrix}\;[\mathrm{m/s^2}]$$

と与えられる。

演習 1-3 ある 2 次元平面の物体の位置座標 $x(t)$ [m] および $y(t)$ [m]が、つぎのような時間 t[s]の関数として与えられているとき、この物体の速度ベクトルおよび加速度ベクトルを求めよ。

$$x(t) = t^2 + 3t + 2 \text{ [m]} \qquad y(t) = 2t + 4 \text{ [m]}$$

解） この物体の位置ベクトルは、t [s]の関数として

$$\vec{r}(t) = \begin{pmatrix} t^2 + 3t + 2 \\ 2t + 4 \end{pmatrix} \text{ [m]}$$

となる。したがって、速度ベクトルは、位置ベクトルの成分を t で微分することで

$$\vec{v}(t) = \frac{d\vec{r}(t)}{dt} = \begin{pmatrix} 2t + 3 \\ 2 \end{pmatrix} \text{ [m/s]}$$

と与えられる。

さらに、加速度ベクトルは、速度ベクトルの成分を t で微分することで

$$\vec{a}(t) = \frac{d\vec{v}(t)}{dt} = \begin{pmatrix} 2 \\ 0 \end{pmatrix} \text{ [m/s}^2\text{]}$$

となる。

それではここで、2 次元平面における**等速円運動** (uniform circular motion) について考えてみよう。運動の向きを反時計まわり (counter clockwise) とする。まず、半径 (radius) が r[m]の円上の点は

$$\vec{r} = \begin{pmatrix} x \\ y \end{pmatrix} = \begin{pmatrix} r\cos\theta \\ r\sin\theta \end{pmatrix}$$

と与えられる。ただし、θ は偏角 (argument) である。

第 1 章　物体の運動

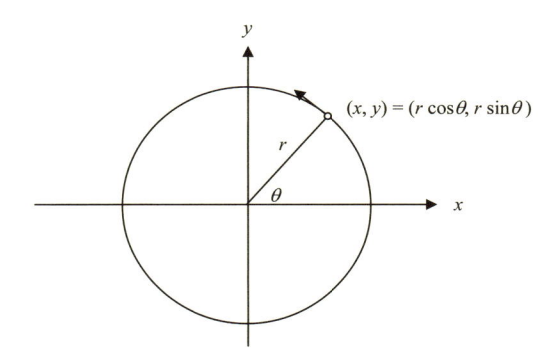

図 1-3　2 次元平面における円運動

　ここで、等速円運動であるので、r は一定のまま θ がある速度で増えていくことになる。このときの角速度 (angular velocity) を ω [rad/s] とすると

$$\theta = \omega t$$

となるので、位置ベクトルは

$$\vec{r}(t) = \begin{pmatrix} x(t) \\ y(t) \end{pmatrix} = \begin{pmatrix} r\cos\omega t \\ r\sin\omega t \end{pmatrix}$$

となる。

　これが等速円運動における位置ベクトルの t 依存性である。この式に t[s] の具体的な値を代入すれば、任意の時間における物体の位置が与えられることになる。

　さらに速度ベクトルは

$$\vec{v}(t) = \frac{d\vec{r}(t)}{dt} = \begin{pmatrix} dx(t)/dt \\ dy(t)/dt \end{pmatrix} \text{ [m/s]}$$

と与えられる。したがって、成分ごとに t に関して微分することで

$$\vec{v}(t) = \frac{d\vec{r}(t)}{dt} = \begin{pmatrix} -r\omega\sin\omega t \\ r\omega\cos\omega t \end{pmatrix} \quad \text{[m/s]}$$

と与えられる。

　同様にして、加速度ベクトルは

$$\vec{a}(t) = \frac{d\vec{v}(t)}{dt} = \begin{pmatrix} -r\omega^2\cos\omega t \\ -r\omega^2\sin\omega t \end{pmatrix} \quad \text{[m/s}^2\text{]}$$

となる。

演習 1-4　等速円運動においては、位置ベクトルと速度ベクトルが直交することを確かめよ。

　考え方）　ベクトル $\vec{a}$ と $\vec{b}$ が直交するとき、その内積

$$\vec{a} \cdot \vec{b} = 0$$

が 0 となる。ベクトルの内積は、対応する成分どうしの積の和であり、3 次元ベクトルでは

$$\vec{a} \cdot \vec{b} = \begin{pmatrix} a_1 & a_2 & a_3 \end{pmatrix} \begin{pmatrix} b_1 \\ b_2 \\ b_3 \end{pmatrix} = a_1 b_1 + a_2 b_2 + a_3 b_3$$

となる。

　解）　位置ベクトルと速度ベクトルは

$$\vec{r}(t) = \begin{pmatrix} r\cos\omega t \\ r\sin\omega t \end{pmatrix} \qquad \vec{v}(t) = \begin{pmatrix} -r\omega\sin\omega t \\ r\omega\cos\omega t \end{pmatrix}$$

であった。これらベクトルの**内積** (inner product) を計算すると

第1章 物体の運動

$$\vec{r}(t) \cdot \vec{v}(t) = (r\cos\omega t \quad r\sin\omega t)\begin{pmatrix} -r\omega\sin\omega t \\ r\omega\cos\omega t \end{pmatrix}$$

$$= -r^2\omega\cos\omega t\sin\omega t + r^2\omega\sin\omega t\cos\omega t = 0$$

となって、0 となるので直交することがわかる。

さらに等速円運動における、位置ベクトルと加速度ベクトルを列記すると

$$\vec{r}(t) = \begin{pmatrix} r\cos\omega t \\ r\sin\omega t \end{pmatrix} \qquad \vec{a}(t) = \begin{pmatrix} -r\omega^2\cos\omega t \\ -r\omega^2\sin\omega t \end{pmatrix}$$

となって

$$\vec{a}(t) = \begin{pmatrix} -r\omega^2\cos\omega t \\ -r\omega^2\sin\omega t \end{pmatrix} = -\omega^2\begin{pmatrix} r\cos\omega t \\ r\sin\omega t \end{pmatrix} = -\omega^2\vec{r}(t)$$

という関係にあることがわかる。つまり、等速円運動の加速度ベクトルは、位置ベクトルとは逆の方向、すなわち常に円の中心方向を向いているのである。

演習 1-5 半径が r [m] で、角速度が ω [rad/s] の等速円運動における速度と加速度の大きさを求めよ。

解） 速度ベクトルは

$$\vec{v}(t) = r\omega\begin{pmatrix} -\sin\omega t \\ \cos\omega t \end{pmatrix}$$

よって、大きさは

$$|\vec{v}(t)| = r\omega\sqrt{\sin^2\omega t + \cos^2\omega t} = r\omega$$

加速度ベクトルは

$$\vec{a}(t) = -r\omega^2\begin{pmatrix} \cos\omega t \\ \sin\omega t \end{pmatrix}$$

より、大きさは

$$|\vec{a}(t)| = r\omega^2 \sqrt{\cos^2 \omega t + \sin^2 \omega t} = r\omega^2$$

と与えられる。

1.2.2. 極座標

2次元平面の位置ベクトルは、直交座標 (rectangular coordinates) による表示だけでなく、極座標 (polar coordinates) によっても表示することが可能である。

2次元の直交座標では(x, y)の2個の変数によって位置を指定するが、極座標においては、原点 (original point)からの距離、すなわち動径 (radial component) r [m] と、x軸と動径のなす角である偏角(argument) θ [rad]の2個の成分からなる。直交座標と、極座標の対応関係を図1-4に示す。

直交座標との関係は

$$x = r\cos\theta \qquad y = r\sin\theta$$

となる。そして、直交座標と極座標の位置ベクトルは

$$\vec{r} = \begin{pmatrix} x \\ y \end{pmatrix} \quad \rightarrow \quad \vec{r}_p = \begin{pmatrix} r \\ \theta \end{pmatrix}$$

という対応関係となる。

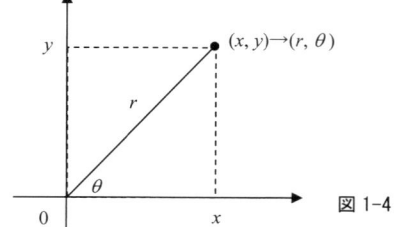

図1-4　直交座標と極座標の対応

第 1 章　物体の運動

これら変数の対応関係を示すと

$$x^2 + y^2 = r^2 \cos^2 \theta + r^2 \sin^2 \theta = r^2 (\cos^2 \theta + \sin^2 \theta) = r^2$$

から

$$r = \sqrt{x^2 + y^2}$$

となる。
一方、$x = r\cos\theta$ および $y = r\sin\theta$ から

$$\frac{y}{x} = \frac{r\sin\theta}{r\cos\theta} = \tan\theta$$

したがって

$$\theta = \tan^{-1}\frac{y}{x}$$

となる。
それでは、2次元平面の運動である

$$\vec{r}(t) = \begin{pmatrix} x(t) \\ y(t) \end{pmatrix} = \begin{pmatrix} t^2 \\ 2t \end{pmatrix}$$

を極座標の位置ベクトルに変換してみよう。

まず、$r = \sqrt{x^2 + y^2}$ から

$$r = \sqrt{t^4 + 4t^2} = t\sqrt{t^2 + 4}$$

となる。
つぎに、$\theta = \tan^{-1}(y/x)$ から

$$\theta = \tan^{-1}\left(\frac{y}{x}\right) = \tan^{-1}\left(\frac{2t}{t^2}\right) = \tan^{-1}\left(\frac{2}{t}\right)$$

となる。したがって、極座標における位置ベクトルは

$$\vec{r}_p(t) = \begin{pmatrix} r(t) \\ \theta(t) \end{pmatrix} = \begin{pmatrix} t\sqrt{t^2+4} \\ \tan^{-1}(2/t) \end{pmatrix}$$

と与えられる。

　しかし、この結果を見ただけでは、何のためにわざわざ極座標を導入する必要があるのか不明であろう。実は、極座標を使うと解析が便利になる運動があるからである。その代表は回転運動 (rotational motion) である。

　試しに、等速円運動を考えてみる。この運動の位置ベクトルは、直交座標では

$$\vec{r}(t) = \begin{pmatrix} x(t) \\ y(t) \end{pmatrix} = \begin{pmatrix} r\cos\omega t \\ r\sin\omega t \end{pmatrix}$$

と与えられる。

　これを極座標の位置ベクトルに変換すると

$$\vec{r}_p(t) = \begin{pmatrix} r \\ \omega t \end{pmatrix}$$

のように簡単になるのである。

　動径 r [m]が一定で、角度 θ [rad]が一定速度 ω [rad/s]で回転していることが一目瞭然である。

演習 1-6 直交座標から極座標への変換式を使って、等速円運動の極座標における位置ベクトルを求めよ。

　解） 円の半径を A [m]、回転の角速度を ω [rad/s] とすると、等速円運動の位置ベクトルの t 依存性は

$$\vec{r}(t) = \begin{pmatrix} x(t) \\ y(t) \end{pmatrix} = \begin{pmatrix} A\cos\omega t \\ A\sin\omega t \end{pmatrix}$$

となる。

まず、動径成分 (radial component) は $r = \sqrt{x^2 + y^2}$ から

$$r = \sqrt{A^2 \cos^2 \omega t + A^2 \sin^2 \omega t} = \sqrt{A^2} = A$$

となる。
つぎに、偏角成分 (angular component) は $\theta = \tan^{-1}(y/x)$ から

$$\theta = \tan^{-1}\left(\frac{y}{x}\right) = \tan^{-1}\left(\frac{A \sin \omega t}{A \cos \omega t}\right) = \tan^{-1}(\tan \omega t) = \omega t$$

となる。したがって、極座標における位置ベクトルは

$$\vec{r}_p(t) = \begin{pmatrix} r(t) \\ \theta(t) \end{pmatrix} = \begin{pmatrix} A \\ \omega t \end{pmatrix}$$

と与えられる。

1.3. 3次元空間における運動

1.3.1. 直交座標

実際にわれわれが住んでいる世界は**3次元空間** (three dimensional space) であり、物体の運動も3次元空間で生じている。したがって、本来、物体の運動の解析は3次元空間で行う必要がある。そして、3次元空間において位置を指定するためには、3個の変数が必要となり、つぎのような3次元ベクトル (three dimensional vector) が必要となる。

$$\vec{r} = \begin{pmatrix} x \\ y \\ z \end{pmatrix}$$

これが、空間の**位置ベクトル** (position vector) である。

2次元の場合と同じように、$\vec{r} = (x\ y\ z)$ のように行ベクトル表示もある。

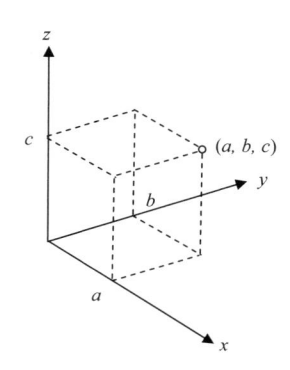

図1-5　3次元空間の直交座標。この図では右手系を採用している。

ところで、3次元においては、x, y, z 軸の相対関係も指定する必要がある。例えば、(x, y, z) でも (x, z, y) でも伝える情報量は同じである。しかし、順序を指定しないと混乱が生じる。

座標としては、一般には**右手系** (right handed system) が採用される。この系は、右手の親指、人差指、中指が直交するように伸ばしたとき、それぞれが x 軸、y 軸、z 軸に対応するような座標系のことである。混同しやすいので、迷ったときには、自分の右手を見ながら確認するのがよい。

変数が3個に増えるので、その運動を解析するのは大変そうに思えるが、基本的には直線および平面の場合と同様である。

3次元の場合には、x 方向、y 方向、z 方向の1次元の運動に着目して解析したあと、ベクトルとして統合すればよいだけのことである。

それでは、具体的に3次元空間の運動を解析してみよう。3次元空間において、ある物体の運動を調べると、表1-4のような結果になったとしよう。

第1章 物体の運動

表 1-4 3次元空間における物体の運動

t	0	1	2	3	4	5	6
$x(t)$	0	1	4	9	16	25	36
$y(t)$	0	2	4	6	8	10	12
$z(t)$	0	3	6	9	12	15	18

　時間の経過にしたがって、物体は x 方向にも、y 方向にも、z 方向にも運動している。このような場合は、2次元平面の解析と同じように、成分ごとに分けて解析すればよい。まず x 方向では

$$x(t) = t^2$$

という関係にあることがわかる。つぎに、y 方向では

$$y(t) = 2t$$

となる。
　そして、z 方向では

$$z(t) = 3t$$

となる。
　したがって、位置ベクトルは、t の関数として

$$\vec{r}(t) = \begin{pmatrix} x(t) \\ y(t) \\ z(t) \end{pmatrix} = \begin{pmatrix} t^2 \\ 2t \\ 3t \end{pmatrix}$$

と与えられことになる。
　このように、位置ベクトルの成分がそれぞれ t の関数として与えられれば、その運動の解析は簡単となる。もちろん、任意の時間における物体の位置が特定できる。例えば、$t = 5$[s] の物体の位置する座標は

$$\vec{r}(5) = \begin{pmatrix} 5^2 \\ 2\cdot 5 \\ 3\cdot 5 \end{pmatrix} = \begin{pmatrix} 25 \\ 10 \\ 15 \end{pmatrix} \text{ [m]}$$

となる。

ただし、この物体の運動の様子をグラフに示すと、図 1-6 のようになる

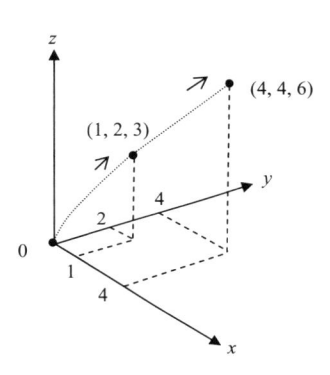

図 1-6　表 4 に示した物体の運動の様子

それでは、この物体の速度を求めてみよう。この場合は、速度も 3 次元ベクトルとなり

$$\vec{v}(t) = \frac{d\vec{r}(t)}{dt} = \begin{pmatrix} dx(t)/dt \\ dy(t)/dt \\ dz(t)/dt \end{pmatrix} \text{ [m/s]}$$

と与えられる。つまり、成分ごとに t に関して微分すればよいのである。

よって

$$\vec{v}(t) = \frac{d\vec{r}(t)}{dt} = \begin{pmatrix} 2t \\ 2 \\ 3 \end{pmatrix} \text{ [m/s]}$$

同様にして、3 次元空間の加速度ベクトルは

第1章　物体の運動

$$\vec{a}(t) = \frac{d\vec{v}(t)}{dt} = \begin{pmatrix} 2 \\ 0 \\ 0 \end{pmatrix} \text{ [m/s}^2\text{]}$$

と与えられる。

演習 1-7　ある 3 次元空間の物体の位置座標 $x(t), y(t), z(t)$ [m]が、つぎのような時間 t[s]の関数として与えられているとき、この物体の速度ベクトルおよび加速度ベクトルを求めよ。

$$x(t) = t^2 + 3t + 2 \text{ [m]} \qquad y(t) = 2t + 4 \text{ [m]} \quad z(t) = \sin(3t) \text{ [m]}$$

解）　位置ベクトルは

$$\vec{r}(t) = \begin{pmatrix} x(t) \\ y(t) \\ z(t) \end{pmatrix} = \begin{pmatrix} t^2 + 3t + 2 \\ 2t + 4 \\ \sin(3t) \end{pmatrix} \text{ [m]}$$

したがって速度ベクトルは、各成分を t に関して微分して

$$\vec{v}(t) = \frac{d\vec{r}(t)}{dt} = \begin{pmatrix} dx(t)/dt \\ dy(t)/dt \\ dz(t)/dt \end{pmatrix} = \begin{pmatrix} 2t + 3 \\ 2 \\ 3\cos(3t) \end{pmatrix} \text{ [m/s]}$$

さらに加速度ベクトルは

$$\vec{a}(t) = \frac{d\vec{v}(t)}{dt} = \begin{pmatrix} 2 \\ 0 \\ -9\sin(3t) \end{pmatrix} \text{ [m/s}^2\text{]}$$

となる。

演習 1-8 ある 3 次元空間の物体の位置座標 $x(t), y(t), z(t)$ [m]が、つぎのような時間 t[s]の関数として与えられているとき、この物体の運動の軌跡と、速度ベクトルおよび加速度ベクトルを求めよ。

$$x(t) = 2\cos(\pi/4)t \ [\text{m}] \qquad y(t) = 2\sin(\pi/4)t \ [\text{m}] \qquad z(t) = 2t \ [\text{m}]$$

解） まず xy 平面に着目すると位置ベクトルは

$$\begin{pmatrix} 2\cos\{(\pi/4)t\} \\ 2\sin\{(\pi/4)t\} \end{pmatrix}$$

となるので、半径が 2 [m] で角速度が $\pi/4$ [rad/s] の円運動となる。この回転を続けながら z 方向に速度 2 [m/s] で進行していく運動である。よって、その軌道は図 1-7 のようになる。

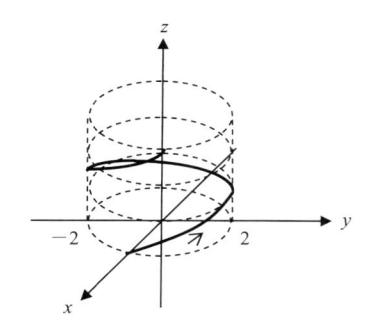

図 1-7 運動の軌跡

この運動の位置ベクトルは

$$\vec{r} = \begin{pmatrix} 2\cos\{(\pi/4)t\} \\ 2\sin\{(\pi/4)t\} \\ 2t \end{pmatrix} \ [\text{m}]$$

と与えられるので、速度ベクトルは

$$\vec{v} = \frac{d\vec{r}}{dt} = \begin{pmatrix} -(\pi/2)\sin\{(\pi/4)t\} \\ (\pi/2)\cos\{(\pi/4)t\} \\ 2 \end{pmatrix} \quad [\text{m/s}]$$

加速度ベクトルは

$$\vec{a} = \frac{d\vec{v}}{dt} = \begin{pmatrix} -(\pi^2/8)\cos\{(\pi/4)t\} \\ -(\pi^2/8)\sin\{(\pi/4)t\} \\ 0 \end{pmatrix} \quad [\text{m/s}]$$

となる。

1.4. 3次元空間の極座標

3次元空間においても、直交座標だけでなく極座標が使われるが、3時限空間では 2 種類がある。**円筒座標** (cylindrical coordinates) と **球座標** (spherical polar coordinates) である。

1.4.1. 円筒座標

円筒座標は円柱座標とも呼ばれる。これは、xy 平面に 2 次元平面の極座標を用い、z 座標は、直交座標をそのまま使う座標系である。したがって、直交座標との対応は

$$\vec{r} = \begin{pmatrix} x \\ y \\ z \end{pmatrix} \quad \rightarrow \quad \vec{r}_c = \begin{pmatrix} r \\ \theta \\ z \end{pmatrix}$$

となる。

座標変換は

$$r = \sqrt{x^2 + y^2} \qquad \theta = \tan^{-1}\left(\frac{y}{x}\right) \qquad z = z$$

となる。

例として

$$\vec{r} = \begin{pmatrix} 2\cos\{(\pi/4)t\} \\ 2\sin\{(\pi/4)t\} \\ t \end{pmatrix}$$

を円筒座標に変換すると

$$\vec{r}_c = \begin{pmatrix} 2 \\ (\pi/4)t \\ t \end{pmatrix}$$

となる。

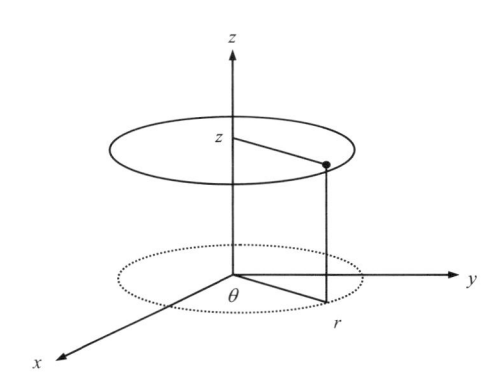

図 1-8　円筒座標

1.4.2. 球座標

　球座標は、3次元空間を、ちょうど地球の位置を指定するための緯度を経度を使って表現するものである。つまり、原点からの距離 r とともに、地球の緯度にあたる天頂角 θ と、経度にあたる方位角 ϕ によって位置を表示する。

第 1 章 物体の運動

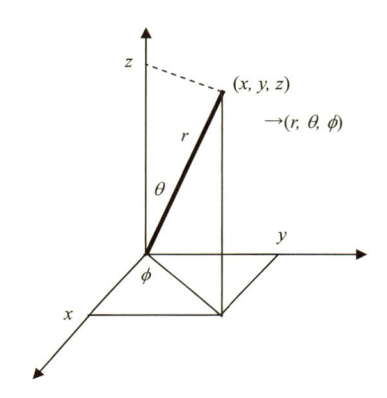

図 1-9 直交座標と球座標の対応関係

したがって、直交座標と極座標の位置ベクトルは

$$\vec{r} = \begin{pmatrix} x \\ y \\ z \end{pmatrix} \quad \rightarrow \quad \vec{r}_s = \begin{pmatrix} r \\ \theta \\ \phi \end{pmatrix}$$

となる。

対応関係を具体的に示すと

$$x = r\sin\theta\cos\phi$$
$$y = r\sin\theta\sin\phi$$
$$z = r\cos\theta$$

となる。よって (r, θ, ϕ) を直交座標で示すと[1]

$$r = \sqrt{x^2 + y^2 + z^2}$$

---

[1] 球座標における r, θ は、円筒座標のそれとは、定義が異なる。

$$\cos\theta = \frac{z}{r} = \frac{z}{\sqrt{x^2+y^2+z^2}} \quad \text{より} \quad \theta = \cos^{-1}\left(\frac{z}{\sqrt{x^2+y^2+z^2}}\right)$$

$$\tan\phi = \frac{y}{x} \quad \text{より} \quad \phi = \tan^{-1}\left(\frac{y}{x}\right)$$

となる。

演習 1-9 3次元空間の直交座標における位置ベクトル$(1, 1, \sqrt{2})$を球座標の位置ベクトルに変換せよ。

解）

$$r = \sqrt{x^2+y^2+z^2} = \sqrt{1+1+2} = \sqrt{4} = 2$$

$$\theta = \cos^{-1}\left(\frac{z}{\sqrt{x^2+y^2+z^2}}\right) = \cos^{-1}\left(\frac{\sqrt{2}}{2}\right) = \cos^{-1}\frac{1}{\sqrt{2}} \quad \text{から} \quad \theta = \frac{\pi}{4}$$

$$\phi = \tan^{-1}\left(\frac{y}{x}\right) = \tan^{-1}1 \quad \text{から} \quad \phi = \frac{\pi}{4}$$

したがって、極座標の位置ベクトルは

$$\vec{r}_s = \left(2 \quad \frac{\pi}{4} \quad \frac{\pi}{4}\right)$$

となる。

第2章 運動の法則

2.1. 運動方程式

2.1.1. 運動の第1法則

物体の運動を支配する方程式として、つぎの**運動方程式** (equation of motion) が知られている。

$$F = ma$$

ここで、m は物体の質量 (mass) で単位は[kg]、a は加速度 (acceleration) で単位は [m/s^2]、F は物体に働く力 (force) で単位は[N] である。N はニュートンと読み、Newton の頭文字である。この式から

$$[N] = [kg]\,[m/s^2]$$

という関係にあることがわかる。

運動方程式によれば、質量が 1[kg]の物体に 1[N]の力を加えると、加速度 1[m/s^2]で動き出すことになる。

> **演習 2-1** 質量が 0.5[kg]の物体に、20[N]の力を加えたときの加速度 a [m/s^2] を求めよ。

解） $F = ma$ より $a = \dfrac{F}{m} = \dfrac{20}{0.5} = 40$ [m/s^2]

第1章で見たように、加速度は速度 v[m/s]の時間に関する1階導関数 (first

order derivative) であり、位置 x[m]の時間に関する 2 階導関数 (second order derivative) である。

$$a = \frac{dv}{dt} = \frac{d^2x}{dt^2}$$

ここで、物体に力 F [N] が働かない場合を考えてみる。このとき $F = ma = 0$
から

$$a = \frac{dv}{dt} = 0$$

となる。速度 v の t に関する微分が 0 ということは、v が時間によって変化しないことを示している。
　いい換えれば、静止した物体に力が働かない限り、その物体は静止し続ける($v = 0$ [m/s])ことになる。あるいは、一定速度で直線運動をしている物体の場合には、速度を変えずに、そのまま運動を続けるということを示している。この法則は、**運動の第 1 法則** (the first law of motion) あるいは**慣性の法則** (law of inertia) とも呼ばれる。

2.1.2. 運動の第 2 法則

ところで、運動は 3 次元空間で生じるので、力も加速度もベクトルとなる。したがって

$$\vec{F} = m\vec{a}$$

のようなベクトル表示が必要となる。ただし、質量 m はスカラーである。成分で示すと

$$\vec{F} = \begin{pmatrix} F_x \\ F_y \\ F_z \end{pmatrix} = m \begin{pmatrix} a_x \\ a_y \\ a_z \end{pmatrix}$$

となり、成分ごとに

第2章 運動の法則

$$F_x = ma_x \qquad F_y = ma_y \qquad F_z = ma_z$$

という関係が成立する。

運動方程式を速度で書くと

$$\vec{F} = m\vec{a} = m\frac{d\vec{v}}{dt}$$

となる。

つまり、力が物体に働くと、物体の速度が変化するのである。

ここで、質量 m[kg]と速度 v[m/s]をかけたものを**運動量** (momentum) と呼び、p と表記する。すなわち $p = mv$ [kg m/s]となる。当然、運動量もベクトルであるので

$$\vec{p} = m\vec{v} \qquad \vec{p} = \begin{pmatrix} p_x \\ p_y \\ p_z \end{pmatrix} = \begin{pmatrix} mv_x \\ mv_y \\ mv_z \end{pmatrix}$$

となる。

ここで、運動方程式を、運動量を使って表記すると

$$\vec{F} = m\frac{d\vec{v}}{dt} = \frac{d(m\vec{v})}{dt} = \frac{d\vec{p}}{dt}$$

となる。

これは、物体に力を加えると、その運動量が変化し、その変化の向きと力の向きが一致することを示している。

例えば、x 軸に平行に力を加えた場合

$$\vec{F} = \frac{d\vec{p}}{dt} \qquad \text{から} \qquad \vec{F} = \begin{pmatrix} F_x \\ 0 \\ 0 \end{pmatrix} = \begin{pmatrix} dp_x/dt \\ dp_y/dt \\ dp_z/dt \end{pmatrix}$$

となって

$$\frac{dp_y}{dt} = 0 \qquad \frac{dp_z}{dt} = 0$$

から、y 方向、z 方向の運動量は変化しないことになる。つまり、力を加えた方向に運動量が変化するのである。この法則を**運動の第 2 法則** (the second law of motion) と呼んでいる。

演習 2-2 質量が 0.1[kg]の物質が(1 1 0) の方向に、速度 $2\sqrt{2}$ [m/s] で運動している。この物体に、つぎの力ベクトルを加えたときの変化を求めよ。

$$\vec{F} = \begin{pmatrix} 3 \\ 0 \\ 2 \end{pmatrix} \text{[N]}$$

解） (1 1 0) 方向に速度 $2\sqrt{2}$ [m/s]で動いているので、速度ベクトルは(2 2 0) となる。よって運動量ベクトルは

$$\vec{p} = \begin{pmatrix} p_x \\ p_y \\ p_z \end{pmatrix} = \begin{pmatrix} mv_x \\ mv_y \\ mv_z \end{pmatrix} = \begin{pmatrix} 0.2 \\ 0.2 \\ 0 \end{pmatrix} \text{[kg m/s]}$$

ここで

$$\vec{F} = \begin{pmatrix} 3 \\ 0 \\ 2 \end{pmatrix} = \begin{pmatrix} dp_x/dt \\ dp_y/dt \\ dp_z/dt \end{pmatrix} \quad \text{から} \quad \frac{dp_x}{dt} = 3 \quad \frac{dp_y}{dt} = 0 \quad \frac{dp_z}{dt} = 2$$

よって

$$\frac{dp_x}{dt} = 3 \quad \text{から} \quad dp_x = 3dt \quad \int dp_x = \int 3dt \quad \text{より} \quad p_x = 3t + C$$

となり、C は積分定数 (integration constant) である。力を印加する前の x 方向の運動量は 0.2[kgm/s]であるので、$C = 0.2$ となる。p_y は変化がなく、p_z も p_x と同様に解くと、結局

$$\vec{p} = \begin{pmatrix} p_x \\ p_y \\ p_z \end{pmatrix} = \begin{pmatrix} 0.2 + 3t \\ 0.2 \\ 2t \end{pmatrix} \text{ [kg m/s]}$$

がえられる。

2.1.3. 運動方程式の解法

運動方程式は、位置 x を使って表記すると 1 次元の運動では

$$F = ma = m\frac{d^2x}{dt^2} \qquad \frac{d^2x}{dt^2} = \frac{F}{m}$$

と表記できる。これは **2 階 1 次の微分方程式** (differential equation with two orders and one degree) と呼ばれ、積分を利用することで解法が可能である。

ここで、質量 m [kg] は定数であるが、力 F[N] も一定として、表記の方程式を解いてみよう。この場合、両辺を t に関して積分すればよい。すると、左辺は

$$\frac{d^2x}{dt^2} = \frac{d}{dt}\left(\frac{dx}{dt}\right)$$

なので、t に関して積分すれば dx/dt となる。したがって

$$\frac{dx}{dt} = \int \frac{F}{m} dt = \frac{F}{m}t + C$$

となる。

ここで、C は積分定数であり、**初期条件** (initial conditions) によって決まる定数である。$v = dx/dt$ であったので

$$v = \frac{F}{m}t + C$$

となり、C は $t=0$[s]における速度となる。よって、力が働くまでは物体が静

止していたとすれば $C = 0$ となり、速度 v_0 [m/s]で運動していたとすれば $C = v_0$ となる。

ここでは、$C = v_0$ を採用する。すると

$$\frac{dx}{dt} = \frac{F}{m}t + v_0$$

となる。さらに、両辺を t に関して積分すると

$$x = \int \left(\frac{F}{m}t + v_0\right)dt = \frac{1}{2}\left(\frac{F}{m}\right)t^2 + v_0 t + C_1$$

となる。

ここで、C_1 は積分定数であるが、この式からわかるように、$t = 0$[s]における位置 x の値となる。これを $x = x_0$ [m]とすると

$$x(t) = \frac{1}{2}\left(\frac{F}{m}\right)t^2 + v_0 t + x_0$$

という式がえられる。この式によって、任意の時間 t における位置 $x(t)$ がわかるので、この物体の運動を解析することが可能となる。

演習 2-3 原点 $x = 0$[m] に静止している質量 0.3[kg]の物体に 1.5[N]の力を加えたとき、この物体の位置 $x(t)$ [m]を時間 t [s]の関数として求めよ。

解） まず、運動方程式は

$$\frac{d^2 x}{dt^2} = \frac{F}{m} = \frac{1.5}{0.3} = 5$$

となる。両辺を積分して

第 2 章　運動の法則

$$\frac{dx}{dt} = \int 5\,dt = 5t + C$$

となるが、初速は $v_0 = dx/dt = 0$ であるので $C = 0$ から

$$\frac{dx}{dt} = 5t$$

となる。さらに積分して

$$x = \int 5t\,dt = 2.5t^2 + C_1$$

初期位置は $x = 0$ であったから、結局

$$x(t) = 2.5t^2$$

という関係がえられる。

演習 2-4　原点 $x = 0$[m] に静止している質量 0.5[kg]の物体に、時間 t [s]に依存し x 軸に沿って変動する力 $F(t) = 2\sin t$ [N]を加えたとき、この物体の位置 $x(t)$ [m]を時間 t [s]の関数として求めよ。

解）　まず、運動方程式は

$$\frac{d^2 x(t)}{dt^2} = \frac{F(t)}{m} = \frac{2\sin t}{0.5} = 4\sin t$$

となる。

t に関して両辺を積分して

$$\frac{dx(t)}{dt} = \int 4\sin t\,dt = -4\cos t + C$$

となるが、初速は 0 であるので

43

$$\left.\frac{dx}{dt}\right|_{x=0} = -4\cos 0 + C = C - 4 = 0$$

から $C=4$ となる。さらに積分して

$$x(t) = \int(-4\cos t + 4)dt = 4t - 4\sin t + C_1$$

初期位置は $x = 0$ であったから

$$x(0) = C_1 = 0$$

となり、結局

$$x(t) = 4t - 4\sin t$$

という関係がえられる。

いまの運動を第1章で紹介した手法で解析してみよう。まず速度は

$$v(t) = \frac{dx(t)}{dt} = 4 - 4\cos t \quad [\text{m/s}]$$

となり、加速度は

$$a(t) = \frac{dv(t)}{dt} = 4\sin t \quad [\text{m/s}^2]$$

となる。

ここで運動方程式を使うと、力は

$$F(t) = ma(t) = (0.5)4\sin t = 2\sin t \quad [\text{N}]$$

となり、確かに設定した値がえられる。

2.2. 作用反作用の法則

2個の物体があって、物体1から物体2に力が働いているとき、物体2から物体1には大きさが同じで、方向が逆の力が働くという経験則である。

これを**運動の第 3 法則**(the third law of motion)あるいは**作用反作用の法則**(law of action-reaction)と呼ぶ。

例えば、人間が壁を力で押すことを考えよう。このとき、壁から人間に対して大きさが同じで逆向きの力が働く。そして、経験でわかるように、大きな力で押せば、それだけ大きな力で押し返される。

ところで、われわれは、地球から常に重力を受けている。しかし、普段生活をしているときには、地球から力を受けているということを感じない。これは、作用反作用の法則にしたがって、地面から重力と大きさが同じで、反対方向の力、すなわち**抗力** (normal force) を受けているからである。つまり、重力と抗力が互いに打ち消しあい、結果として、力の働かない状態が生じているのである。

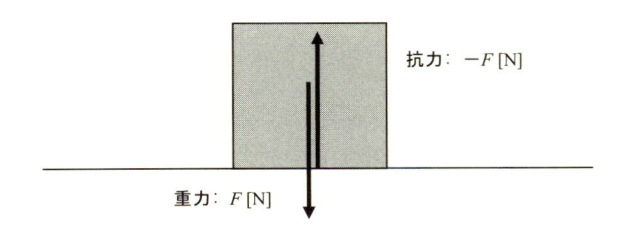

抗力：$-F$ [N]

重力：F [N]

図 2-1 地面に置いた物体には重力が働いているが、地面から作用反作用の法則にしたがい、大きさが同じで、方向が逆の抗力が働いているので、合成力はゼロとなって、力を感じない。よって、静止している。

作用反作用の法則は、静止物体だけではなく、運動している物体どうしにおいても成立する。

m_2

$\vec{F}_{12}$

m_1

$\vec{F}_{21}$

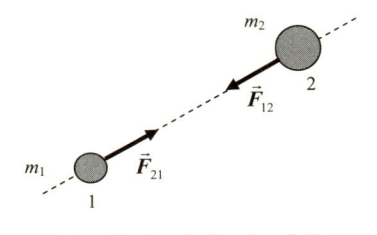

図 2-2 2 個の物体の相互作用

ここで、物体 1 の質量を m_1、速度ベクトルを $\vec{v}_1$、物体 2 の質量を m_2、速度ベクトルを $\vec{v}_2$ としよう。

物体 1 から 2 に働く力ベクトルを $\vec{F}_{12}$ とすると

$$\vec{F}_{12} = m_2 \frac{d\vec{v}_2}{dt}$$

物体 2 から 1 に働く力ベクトルを $\vec{F}_{21}$ とすると

$$\vec{F}_{21} = m_1 \frac{d\vec{v}_1}{dt}$$

という運動方程式がえられる。

ここで、作用反作用の法則が成立するということは

$$\vec{F}_{21} = -\vec{F}_{12}$$

となることを意味する。

よって

$$m_1 \frac{d\vec{v}_1}{dt} = -m_2 \frac{d\vec{v}_2}{dt}$$

から

$$m_1 \frac{d\vec{v}_1}{dt} + m_2 \frac{d\vec{v}_2}{dt} = 0$$

という関係が成立する。

両辺を t に関して積分すると

$$m_1 \vec{v}_1 + m_2 \vec{v}_2 = \vec{C}$$

となる。ただし、右辺は定数ベクトルである。

これは、外から力が働かないとき、2 個の物体の運動量ベクトルの和は保

第 2 章　運動の法則

存されるということを示している。これを**運動量保存の法則** (Law of conservation of momentum) と呼んでいる。

運動量保存の法則は、相互作用後の速度ベクトルを $\vec{v}_1{}'$, $\vec{v}_2{}'$ とすると

$$m_1 \vec{v}_1 + m_2 \vec{v}_2 = m_1 \vec{v}_1{}' + m_2 \vec{v}_2{}'$$

と表記することもできる。

演習 2-5　質量が 3[kg]の物体 1 の速度ベクトルを(3, 2, 4) [m/s]とし、質量が 2[kg]の物体 2 の速度ベクトルを(1, 3, 0) [m/s]とする。これら物体のみが相互作用し、外力は働いていない。物体 1 の速度ベクトルが(−1, 3, 4) [m/s] に変化したとき、物体 2 の速度ベクトルを求めよ。

解)　運動量保存の法則

$$m_1 \vec{v}_1 + m_2 \vec{v}_2 = m_1 \vec{v}_1{}' + m_2 \vec{v}_2{}'$$

を使う。物体 2 の速度ベクトルを (v_x, v_y, v_z) と置くと

$$3 \begin{pmatrix} 3 \\ 2 \\ 4 \end{pmatrix} + 2 \begin{pmatrix} 1 \\ 3 \\ 0 \end{pmatrix} = 3 \begin{pmatrix} -1 \\ 3 \\ 4 \end{pmatrix} + 2 \begin{pmatrix} v_x \\ v_y \\ v_z \end{pmatrix}$$

から

$$2 \begin{pmatrix} v_x \\ v_y \\ v_z \end{pmatrix} = \begin{pmatrix} 9 \\ 6 \\ 12 \end{pmatrix} + \begin{pmatrix} 2 \\ 6 \\ 0 \end{pmatrix} - \begin{pmatrix} -3 \\ 9 \\ 12 \end{pmatrix} = \begin{pmatrix} 14 \\ 3 \\ 0 \end{pmatrix}$$

したがって、求める速度ベクトルは

$$\begin{pmatrix} v_x \\ v_y \\ v_z \end{pmatrix} = \begin{pmatrix} 7 \\ 1.5 \\ 0 \end{pmatrix} \text{ [m/s]}$$

となる。

演習 2-6 宇宙空間を速度 $v = 10$ [m/s] で推進している質量 $M = 1000$[kg]のロケットが、質量 $m = 10$[kg]のガスを後方に速度 $u = 100$ [m/s] で噴射した。噴射後の速度 v' [m/s]を求めよ。

解) 運動量保存の法則を使うと

$$Mv = -mu + (M - m)v'$$

したがって

$$v' = \frac{Mv + mu}{M - m} = \frac{1000 \cdot 10 + 10 \cdot 100}{1000 - 10} = \frac{11000}{990} \cong 11 \text{ [m/s]}$$

となる。

実は、運動量保存の法則は 2 個の物体だけでなく、3 個、4 個と、それよりも数の多い物体に対しても一般的に成立し

$$m_1 \vec{v}_1 + m_2 \vec{v}_2 + m_3 \vec{v}_3 = \vec{C}$$
$$m_1 \vec{v}_1 + m_2 \vec{v}_2 + m_3 \vec{v}_3 + ... + m_n \vec{v}_n = \vec{C}$$

などという関係がえられる。

演習 2-7 2 次元平面を質量が $3m$[kg]の飛翔体が(1, 0)方向に速度 $3v$[m/s]で運動している。この物体から m[kg]の物体を $2v$ [m/s] の速度で (1, 1) 方向に打ち出した。このとき、残り $2m$[kg]の物体の速度を求めよ。

解) 運動量保存の法則を 3 体に適用する。

48

(1, 1) 方向の単位ベクトルは $\dfrac{1}{\sqrt{2}}\begin{pmatrix}1\\1\end{pmatrix}$ と与えられる。よって質量 m[kg]の物体の速度ベクトルは

$$\vec{v}_2 = \dfrac{2v}{\sqrt{2}}\begin{pmatrix}1\\1\end{pmatrix} = \sqrt{2}v\begin{pmatrix}1\\1\end{pmatrix} \text{ [m/s]}$$

となる。ここで、$2m$[kg]の物体の速度ベクトルを $\vec{v}_3$ [m/s] とすると、

$$m_1\vec{v}_1 = m_2\vec{v}_2 + m_3\vec{v}_3$$

したがって

$$3m(3v)\begin{pmatrix}1\\0\end{pmatrix} = m(2v)\cdot\dfrac{1}{\sqrt{2}}\begin{pmatrix}1\\1\end{pmatrix} + 2m\vec{v}_3$$

から

$$2m\vec{v}_3 = 9mv\begin{pmatrix}1\\0\end{pmatrix} - \sqrt{2}mv\begin{pmatrix}1\\1\end{pmatrix}$$

となり

$$\vec{v}_3 = \dfrac{v}{2}\begin{pmatrix}9-\sqrt{2}\\-\sqrt{2}\end{pmatrix} \text{ [m/s]}$$

と与えられる。

演習 2-8 3次元空間において、質量が $m_1 = 2m$ [kg]の物体1が速度 $\vec{v}_1 = (2, 3, 5)$ [m/s]で、質量が $m_2 = 3m$ [kg]の物体2が速度 $\vec{v}_2 = (-3, -1, -4)$ [m/s]で運動している。これら物体が衝突し、物体1が、速度 $\vec{v}_1{}' = (1, -3, 2)$ [m/s]へと変化したとき、物体2の速度を求めよ。

解) 物体2の速度を $\vec{v}_2{}'$ [m/s] として、運動量保存の法則を適用すると

$$m_1\vec{v}_1 + m_2\vec{v}_2 = m_1\vec{v}_1{}' + m_2\vec{v}_2{}'$$

となる。したがって
$$m_2\vec{v}_2' = m_1\vec{v}_1 + m_2\vec{v}_2 - m_1\vec{v}_1'$$
から
$$3m\vec{v}_2' = 2m\begin{pmatrix}2\\3\\5\end{pmatrix} + 3m\begin{pmatrix}-3\\-1\\-4\end{pmatrix} - 2m\begin{pmatrix}1\\-3\\2\end{pmatrix} = m\begin{pmatrix}-7\\9\\-6\end{pmatrix}$$
となり、結局
$$\vec{v}_2' = \begin{pmatrix}-7/3\\3\\-2\end{pmatrix} \quad [\text{m/s}]$$
となる。

ところで、運動量はベクトルであるから、運動量保存の法則もベクトルで成立する。したがって
$$m_1\vec{v}_1 + m_2\vec{v}_2 = m_1\vec{v}_1' + m_2\vec{v}_2'$$
は、成分表示すれば
$$m_1\begin{pmatrix}v_{1x}\\v_{1y}\\v_{1z}\end{pmatrix} + m_2\begin{pmatrix}v_{2x}\\v_{2y}\\v_{2z}\end{pmatrix} = m_1\begin{pmatrix}v_{1x}'\\v_{1y}'\\v_{1z}'\end{pmatrix} + m_2\begin{pmatrix}v_{2x}'\\v_{2y}'\\v_{2z}'\end{pmatrix}$$
となるので、運動量保存の法則は
$$m_1 v_{1x} + m_2 v_{2x} = m_1 v_{1x}' + m_2 v_{2x}'$$
$$m_1 v_{1y} + m_2 v_{2y} = m_1 v_{1y}' + m_2 v_{2y}'$$
$$m_1 v_{1z} + m_2 v_{2z} = m_1 v_{1z}' + m_2 v_{2z}'$$
のように、x 方向、y 方向、z 方向すべてで成立することになる。

2.3. 力積

運動方程式を、運動量ベクトル $\vec{p}$ を使って表記すると

$$\vec{F} = \frac{d\vec{p}}{dt}$$

となるが、両辺を t に関して時間 t_1 から t_2 まで積分してみよう。

$$\int_{t_1}^{t_2} \vec{F} dt = \int_{t_1}^{t_2} \frac{d\vec{p}}{dt} dt$$

右辺は

$$\int_{t_1}^{t_2} \frac{d\vec{p}}{dt} dt = \left[\vec{p}\right]_{t_1}^{t_2} = \vec{p}(t_2) - \vec{p}(t_1)$$

したがって

$$\int_{t_1}^{t_2} \vec{F} dt = \vec{p}(t_2) - \vec{p}(t_1)$$

という関係がえられる。

ここで、左辺の積分を**力積** (force product) と呼んでいる。この式は、物体の運動量の変化が、力積に対応することを示している。力が一定の場合には、力積は

$$\int_{t_1}^{t_2} \vec{F} dt = \vec{F}(t_2 - t_1)$$

となる。

演習 2-9 質量が 2[kg]の物体が速度ベクトルを(3, 2, 4) [m/s]で移動している。この物体に t [s]を時間として力ベクトル($4t+1$, $3t^2+2t$, 3) [N]が $t = 0$ から 5[s]間だけ作用した時の速度ベクトルを求めよ。

解) この物体の $t = 0$ における運動量ベクトルは

$$\vec{p}(0) = \begin{pmatrix} 2 \cdot 3 \\ 2 \cdot 2 \\ 2 \cdot 4 \end{pmatrix} = \begin{pmatrix} 6 \\ 4 \\ 8 \end{pmatrix} \text{ [kg m/s]}$$

となる。5[s]後の運動量ベクトルは

$$\vec{p}(5) - \vec{p}(0) = \int_0^5 \vec{F} dt = \int_0^5 \begin{pmatrix} 4t+1 \\ 3t^2+2t \\ 3 \end{pmatrix} dt = \begin{pmatrix} [2t^2+t]_0^5 \\ [t^3+t^2]_0^5 \\ [3t]_0^5 \end{pmatrix} = \begin{pmatrix} 55 \\ 150 \\ 15 \end{pmatrix}$$

よって

$$\vec{p}(5) = \vec{p}(0) + \begin{pmatrix} 55 \\ 150 \\ 15 \end{pmatrix} = \begin{pmatrix} 6 \\ 4 \\ 8 \end{pmatrix} + \begin{pmatrix} 55 \\ 150 \\ 15 \end{pmatrix} = \begin{pmatrix} 61 \\ 154 \\ 23 \end{pmatrix} \text{ [kg m/s]}$$

したがって、速度ベクトルは

$$\vec{v} = \frac{\vec{p}}{m} = \begin{pmatrix} 61 \\ 154 \\ 23 \end{pmatrix} \cdot \frac{1}{2} = \begin{pmatrix} 30.5 \\ 77 \\ 11.5 \end{pmatrix} \text{ [m/s]}$$

と与えられる。

演習 2-10 質量 $m = 3$[kg]の物体が、速度 $v = 5$[m/s]で運動している。この物体に、運動とは逆方向に $F = 2$ [N]の力を加えて、運動を止めるのに要する時間を求めよ。

解) 要する時間を t [s] とすると

$$m(v-0) = Ft$$

から

$$t = \frac{m(v-0)}{F} = \frac{3(5-0)}{2} = 7.5 \text{ [s]}$$

となる。

実は、力積のことを英語では、"impulse"と呼ぶこともある。「衝撃」である。例えば、10[kg]の質量の物体が速度 5[m/s]で、壁に衝突し、速度 −5[m/s]で跳ね返ったとしよう。このとき、衝突時間を 0.1[s]とすると

$$mv_1 - mv_2 = Ft$$

から

$$10 \cdot 5 - 10 \cdot (-5) = F \cdot (0.1) \quad F = 1000 \ [N]$$

と計算でき、壁に与える衝撃力が求められる。このため、力積を impulse と呼んでいる。

2.4. 反発係数

2.4.1. 衝突と運動量保存の法則

質量 m_1[kg]の物体 1 が速度 v_1[m/s]で等速運動しているとする。これが静止している質量 m_2[kg]の物体 2 に衝突したとする。このとき、これらの物体の速度がどうなるであろうか。例えば、物体 1 と 2 が合体して、一緒に運動したとしよう。このときの速度を v[m/s] とすると、運動量保存の法則から

$$m_1 v_1 = (m_1 + m_2)v$$

となり

$$v = \frac{m_1}{m_1 + m_2} v_1 \ [m/s]$$

となる。

これに対し、物体 1 の速度が $v_1/3$ [m/s] に減速し、物体 2 が速度 v[m/s]で正方向へ飛び出していくというケースもある。この場合の運動量保存の法則は

$$m_1 v_1 = m_1 \left(\frac{v_1}{3}\right) + m_2 v$$

となり、物体 2 の速度は

$$\frac{2m_1 v_1}{3} = m_2 v \quad \text{から} \quad v = \frac{2m_1}{3m_2} v_1 \ [\text{m/s}]$$

となる。

さらには、物体 1 が跳ね返される場合もある。例えば、物体 1 が跳ね返され、速度$-v_1/3$ [m/s]で逆方向に運動し、物体 2 が正方向に v[m/s]で運動したとしよう。すると、運動量保存の法則は

$$m_1 v_1 = -m_1 \left(\frac{v_1}{3}\right) + m_2 v$$

となり、物体 2 の速度は

$$v = \frac{4m_1}{3m_2} v_1 \ [\text{m/s}]$$

となる。

このように、同じ衝突でも、異なる結果が想定される。しかし、2 個の物体が同じものであれば、えられる結果は同じになるはずである。

では何が異なるかというと、物体間の**反発係数** (coefficient of restitution) あるいは跳ね返り係数と呼ばれるものである。

2.4.2. 反発係数の定義

それでは、最も簡単な例から見てみよう。ある壁に物体を 10[m/s]でぶつけたときに、-6[m/s]で跳ね返されたとしよう。このとき

$$e = \frac{6}{10} = 0.6$$

が反発係数となる。

速度の比としては、絶対値をとる。実は

第2章　運動の法則

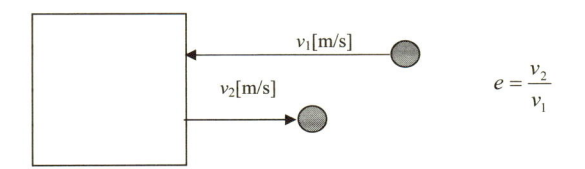

図 2-3　壁に物体をぶつけて、跳ね返った速度の絶対値の比を反発係数と呼ぶ。

$$0 \leq e \leq 1$$

の範囲にあり、$e = 1$ のときを**完全弾性衝突** (perfectly elastic collision) と呼び、10[m/s]で衝突させれば-10[m/s]で跳ね返ってくる。一方、$e = 0$ のときを**完全非弾性衝突** (perfectly inelastic collision) と呼ぶ。物体は壁から跳ね返らない。例えば、粘土を壁に衝突させるときに生じる現象である。

一般的には反発係数は $0 < e < 1$ の値をとり、**非弾性衝突** (inelastic collision) と呼んでいる。この反発係数の値によって、2個の物体が衝突したあとの挙動に変化が生じることになる。

それでは、2個の物体が互いに運動して衝突する場合に反発係数がどうなるかを考えてみよう。2個の物体の衝突なので、ここでは1次元を考える。そして、2個の物体の衝突前と衝突後に相対速度の絶対値の比をとる。これが反発係数になると考える。

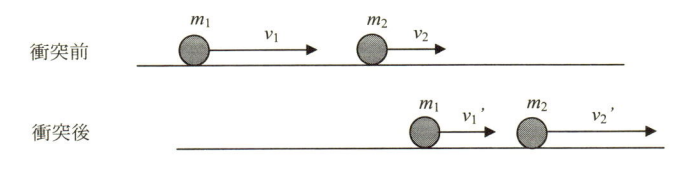

図 2-4　2個の物体の衝突

図 2-4 に示すように、衝突前には質量 m_1[kg]の物体 1 が速度 v_1[m/s]で、質量 m_2[kg]の物体 2 が速度 v_2[m/s]で運動していたとしよう。$v_1 > v_2$ とすると、

これら物体はいずれ衝突する。

そして、衝突後の速度を、それぞれ v_1' [m/s]および v_2' [m/s]としよう。すると、衝突前の相対速度は $v_1 - v_2$ [m/s] であり、衝突後の相対速度は $v_2' - v_1'$ [m/s]となる。したがって、反発係数は

$$e = \frac{v_2' - v_1'}{v_1 - v_2}$$

となる。

相対的な大きさを気にせずに、反発係数を表記するには

$$e = \frac{|v_1' - v_2'|}{|v_1 - v_2|}$$

のように絶対値をとればよい。

演習 2-11 質量 m_1[kg]の物体 1 が速度 v_1[m/s]で等速運動しているとする。これが静止している質量 m_2[kg]の物体 2 に衝突したとき、物体 1 と 2 が合体して、一緒に運動した場合の反発係数を求めよ。

解）

$$e = \frac{v_2' - v_1'}{v_1 - v_2}$$

において、$v_1' = v_2'$ の状態であるから、$e = 0$ となる。

演習 2-12 質量 m_1[kg]の物体 1 が速度 v_1[m/s]で等速運動しているとする。これが静止している質量 m_2[kg]の物体 2 に衝突したとき、物体 1 と 2 の反発係数が 0.5 の場合の速度を求めよ。

解） 物体 2 が静止しているので $v_2 = 0$ [m/s] から

第2章　運動の法則

$$e = \frac{v_2' - v_1'}{v_1} = 0.5$$

したがって

$$v_2' = v_1' + 0.5 v_1$$

運動量保存の法則から

$$m_1 v_1 = m_1 v_1' + m_2 v_2' = m_1 v_1' + m_2 (v_1' + 0.5 v_1)$$

$$\left(m_1 - \frac{m_2}{2} \right) v_1 = (m_1 + m_2) v_1' \qquad \left(\frac{2m_1 - m_2}{2} \right) v_1 = (m_1 + m_2) v_1'$$

よって

$$v_1' = \frac{2m_1 - m_2}{2(m_1 + m_2)} v_1 \quad [\text{m/s}]$$

$$v_2' = v_1' + 0.5 v_1 = \frac{2m_1 - m_2}{2(m_1 + m_2)} v_1 + \frac{1}{2} v_1 = \frac{3 m_1}{2(m_1 + m_2)} v_1 \quad [\text{m/s}]$$

となる。

演習 2-13　質量 m [kg]の物体1が速度 v_1[m/s]で等速運動しているとする。これが静止している質量 $10m$[kg]の物体2に衝突したとき、物体1と2の反発係数を1として、衝突後の速度を求めよ。

解)　物体2が静止しているので $v_2 = 0$ [m/s] から

$$e = \frac{v_2' - v_1'}{v_1} = 1$$

したがって

$$v_2' = v_1' + v_1$$

運動量保存の法則から

$$m v_1 = m v_1' + 10 m v_2' = m v_1' + 10 m (v_1' + v_1) = 11 m v_1' + 10 m v_1$$

よって

57

$$11mv_1' = mv_1 - 10mv_1 = -9mv_1$$

したがって

$$v_1' = -\frac{9}{11}v_1 \quad [\text{m/s}]$$

$$v_2' = v_1' + v_1 = v_1 - \frac{9}{11}v_1 = \frac{2}{11}v_1 \quad [\text{m/s}]$$

となる。

　この場合は物体 1 の衝突後の速度が負となっているので、跳ね返されることを示している。このように衝突物体よりも被衝突物体の質量が大きく、反発係数が 1 に近い場合には、跳ね返る。

　いま、被衝突物体の質量を $10000m$[kg]とすると

$$v_1' = -\frac{9999}{10001}v_1 \cong -0.9998v_1 \cong -v_1 \quad [\text{m/s}]$$

となり、反発係数 1 で、壁に衝突した場合には、このような状況に近い。実際の壁の質量は、もっと大きいので、$v_2' \to 0$ となり、壁に衝突する場合にも、運動量保存の法則が成立すると考えられるのである。

　一方、質量が m[kg]と同じ物体どうしの完全弾性衝突の場合には

$$mv_1 = mv_1' + mv_2' = mv_1' + m(v_1' + v_1) = 2mv_1' + mv_1$$

から

$$v_1' = 0 \quad [\text{m/s}] \qquad v_2' = v_1' + v_1 = v_1 \quad [\text{m/s}]$$

となって、衝突物体は止まり、同じ速度で、被衝突物体が動きだすことになる。実は、ビリヤードの玉は、反発係数ができるだけ 1 に近づくようにつくられている。

演習 2-14　質量 1 [kg]の物体 1 が速度 20[m/s]で等速運動し、その前を先行する速度 10 [m/s] で等速運動する質量 2[kg]の物体 2 に衝突したとき、物体 1 と 2 の反発係数が 0.5 として、衝突後のそれぞれの速度を求めよ。

第 2 章　運動の法則

解） 衝突後の物体 1 の速度を v_1[m/s]、物体 2 の速度を v_2[m/s]とする。まず、運動量の保存の法則から

$$1 \cdot 20 + 2 \cdot 10 = 1 \cdot v_1 + 2 \cdot v_2$$

から

$$v_1 + 2v_2 = 40$$

つぎに、反発係数が 0.5 であるから

$$\frac{|v_1 - v_2|}{20 - 10} = 0.5$$

よって

$$|v_1 - v_2| = 5 \quad \text{から} \quad v_1 - v_2 = 5 \quad \text{あるいは} \quad v_1 - v_2 = -5$$

$v_1 - v_2 = 5$ のとき

$$v_1 = 50/3 \ [\text{m/s}], \quad v_2 = 35/3 \ [\text{m/s}]$$

となるが、衝突後に v_1 が v_2 より大きいことはありえないので、これらは、物理的意味のある解ではない。

$v_1 - v_2 = -5$ のとき

$$v_1 = 10 \ [\text{m/s}], \ v_2 = 15 \ [\text{m/s}]$$

となり、こちらが解となる。

このように、物体間の衝突によって速度が変化する場合の解析には、運動量保存の法則に加えて、反発係数の値も必要となる。

また、弾性衝突、非弾性衝突ともに、衝突前後で運動量は保存されるが、完全弾性衝突でない限り、運動エネルギーは保存されない。運動エネルギーについては第 4 章で説明する。

ただし、運動量が保存されるのは、外力が働かない場合である。例えば、

マサツがある場合には、運動量の一部は、（マサツ力）×（時間）の力積に変換されてしまう。これは

$$\vec{F} = \frac{d\vec{p}}{dt}$$

のように、系に力が働けば、運動量が変化することからも理解できる。

では、物体どうしの衝突の場合はどうであろうか。衝突の際に、必ず力は働いているはずである。この力の影響はどうなるのであろうか。もちろん、物体 1 が 2 に衝突すれば、力積 Ft が働く。その結果、物体 1 の速度が v_1 から v_1' に変化したとすると

$$m_1 v_1 - m_1 v_1' = Ft$$

となる。

一方、衝突している時間は、物体 1 と 2 ではまったく同じであり、物体 2 から 1 に対して働く力は、作用反作用により $-F$ となるので、力積は $-Ft$ となる。この衝突によって、物体 2 の速度が v_2 から v_2' に変化したとすると

$$m_2 v_2 - m_2 v_2' = -Ft$$

となる。2 式を足せば、Ft の効果は相殺され、その結果、運動量は保存されるのである。結局、外力が働かない限り（内部で相互作用している限り）は、運動量は保存されることになる。

それでは、反発係数とはいったい何だろうか。実は、反発係数は、衝突の際にやりとりする Ft の大きさを反映することになる。まず、質量 m_1 で速度が v_1 の運動物体が、衝突相手に与えることのできる力積 Ft の最大値は $m_1 v_1$ となるはずである。この場合、静止した同じ質量 m_1 の物体に衝突して静止したとすると、$v_1' = 0, v_2 = 0$ であるから

$$m_1 v_1 - m_1 v_1' = m_1 v_1 = Ft$$
$$m_1 v_2 - m_1 v_2' = -m_1 v_2' = -Ft$$

第2章 運動の法則

から

$$v_2' = v_1$$

となり、衝突後は、衝突物体の速度 v_1' が 0 となり、被衝突物体の速度が v_1 となって離れていく。これは、完全弾性衝突: $e = 1$ の場合に相当する。

それでは、完全非弾性衝突の場合はどうなるであろうか。この場合、2個が合体して同じ速度となるので

$$m_1 v_1 - m_1 v_1' = Ft \qquad - m_1 v_1' = -Ft$$

となり

$$Ft = \frac{1}{2} m_1 v_1$$

となる。

このように、衝突の際に、物体間で、どの程度の力積のやりとりがあるかで、反発係数は決まることになる。

第 3 章　基本的な運動

　本章では、運動方程式をもとに、代表的な運動をいくつか数学的に解析してみる。解析の基本は初期条件の設定と、力をどのような関数として表現し、運動を記述する微分方程式をいかにつくるかにある。後は数学的手法を駆使して、微分方程式を解法すればよいことになる。

3.1.　鉛直運動

　地球上で、ある高さから物体を放すと落下する。この現象を**自由落下** (free fall) と呼んでいる（図 3-1）。この運動を解析してみよう。まず、物体の質量を m [kg]とすると、この物体にかかる力 F [N] は

$$F = -mg \quad [\text{N}]$$

となる。ここで、g は**重力加速度** (gravitational constant) と呼ばれる定数で、その単位は [m/s^2] である。値としては、ほぼ 9.8 [m/s^2] である。

　よって、運動方程式

$$F = -mg = m\frac{d^2 x}{dt^2}$$

から、自由落下の微分方程式は

$$\frac{d^2 x}{dt^2} = -g$$

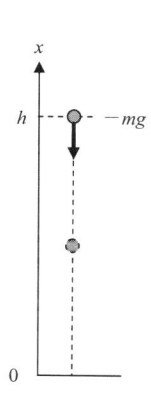

図 3-1　自由落下

第 3 章　基本的な運動

となる。

このように、方程式に質量 m は入っていない。つまり、自由落下では、質量に関係なく、すべての物体は同じ運動をすることになる。有名なガリレオのピサの斜塔の実験でも、重量の異なる 2 物体が同じ時間で落下することが証明されている。

ここで、高さ h[m]から、物体を自由落下させる場合の運動を解析しよう。まず、両辺を t に関して積分すると

$$\frac{dx(t)}{dt} = -\int g\,dt = -gt + C$$

となる。C は積分定数である。ここで、$t = 0$[s] で速度は 0[m/s]であるので、$C = 0$ となる。したがって

$$\frac{dx(t)}{dt} = -gt$$

となる。

さらに、両辺を t に関して積分すると

$$x(t) = -\int g\,t\,dt = -\frac{1}{2}gt^2 + C_1$$

となる。C_1 も積分定数である。

ここで、初期の高さが $x(0) = h$ [m] なので $C_1 = h$ となる。したがって、自由落下における高さの時間変化は

$$x(t) = -\frac{1}{2}gt^2 + h \quad [\text{m}]$$

と与えられる。

演習 3-1　高さ 100[m]から質量が 2[kg]の物体を落下させたときに、地上に到達する時間を求めよ。ただし、重力加速度を $g = 9.8$ [m/s^2] とする。

解） 高さが 0 [m]になる時間は、$-\frac{1}{2}gt^2 + h = 0$ を満足する t [s]となる。

$$h = \frac{1}{2}gt^2 \quad \text{から} \quad t^2 = \frac{2h}{g}$$

よって

$$t = \sqrt{\frac{2h}{g}} = \sqrt{\frac{2 \cdot 100}{9.8}} \cong \sqrt{20.4} \cong 4.5 \quad [s]$$

となる。

演習 3-2 真上に向かって野球のボールを初速 49 [m/s] で投げ上げる。このとき、ボールの最高到達点の高さと、ボールが落ちてきて地上に衝突する寸前の速度を求めよ。ただし、重力加速度を 9.8 [m/s²] とする。

解） 微分方程式は $\frac{d^2 x}{dt^2} = -9.8$ である。

$$v(t) = \frac{dx}{dt} = -\int 9.8 \, dt = -9.8t + C$$

となるが、初速が 49 [m/s] であるので $C = 49$

$$v(t) = -9.8t + 49$$

したがって

$$x(t) = \int v(t)\,dt = \int(-9.8t + 49)\,dt = -4.9t^2 + 49t + C_1$$

となる。

ここで、$t = 0$ [s] で $x = 0$ [m]であるので $C_1 = 0$ から

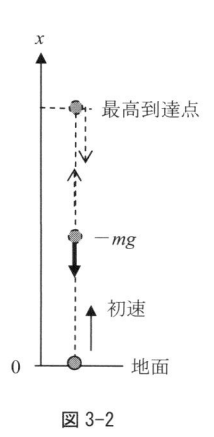

図 3-2

$$x(t) = -4.9t^2 + 49t$$

最高到達点に達する時点で速度は0となるので

$$v(t) = -9.8t + 49 = 0$$

より $t = 5$[s] である。よって、その高さは

$$x(5) = -4.9t^2 + 49t = -122.5 + 245 = 122.5 \ [\text{m}]$$

ここで、地上にもどってくる時間 t [s]は

$$x(t) = -4.9t^2 + 49t = 0 \ [\text{m}]$$

から

$$t = 10 \ [\text{s}]$$

このときの速度は

$$v(10) = -9.8 \cdot 10 + 49 \cong 49 - 98 = -49 \ [\text{m/s}]$$

となる。

3.2. 放物運動

　質量が m[kg]のボールを地面から仰角 θ (rad) $(0 \leq \theta \leq \pi/2)$、初速 v_0 [m/s]で投げ上げる場合の運動を解析してみよう。これは、物を放り投げるときの運動なので、**放物運動** (parabolic motion) と呼ぶ。ただし、空気抵抗はないものとする。また、重力加速度を g [m/s²]とする。

　水平方向 (x[m])と鉛直方向(y[m])からなる2次元運動と考える。すると初期の速度ベクトルは

$$\vec{v}_0 = \begin{pmatrix} v_0 \cos\theta \\ v_0 \sin\theta \end{pmatrix} \ [\text{m/s}]$$

となる。

ここで、空気抵抗がないので水平方向 (horizontal direction) は等速運動となり

$$v_x(t) = v_0 \cos\theta \qquad x(t) = (v_0 \cos\theta)t$$

となる。

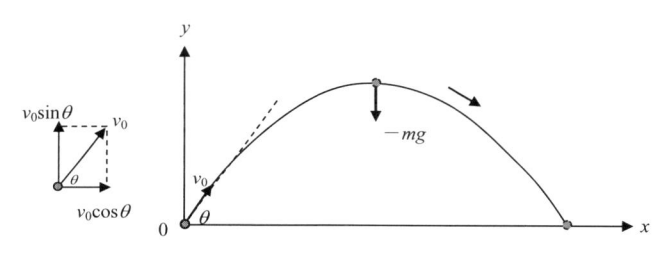

図 3-3　放物運動

一方、鉛直方向 (vertical direction) の微分方程式は

$$\frac{d^2y}{dt^2} = -g$$

初速が $v_0 \sin\theta$ [m/s] であるから、速度は

$$v_y(t) = \frac{dy}{dt} = -gt + v_0 \sin\theta$$

となる。また、$t = 0$[s]の高さは $y = 0$[m]なので

$$y(t) = \int(-gt + v_0 \sin\theta)dt = -\frac{1}{2}gt^2 + (v_0 \sin\theta)t$$

となる。

したがって、放物運動の速度ベクトルと位置ベクトルは

$$\vec{v} = \begin{pmatrix} v_0 \cos\theta \\ -gt + v_0 \sin\theta \end{pmatrix} \qquad \vec{r} = \begin{pmatrix} (v_0 \cos\theta)t \\ -(1/2)gt^2 + (v_0 \sin\theta)t \end{pmatrix}$$

と与えられる。
　ここで、最高到達点を求めてみよう。この点で、鉛直方向の速度は 0 となるので

$$v_y(t) = -gt + v_0 \sin\theta = 0$$

から、最高到達点までの時間 t_m[s]は

$$t_m = \frac{v_0 \sin\theta}{g} \quad [\text{s}]$$

したがって、最高到達点の座標は

$$\vec{r}_m = \begin{pmatrix} (v_0 \cos\theta)t_m \\ -(1/2)gt_m^2 + (v_0 \sin\theta)t_m \end{pmatrix} = \begin{pmatrix} v_0^2 \sin\theta \cos\theta / g \\ v_0^2 \sin^2\theta / 2g \end{pmatrix}$$

となる。
　つぎに、投げたボールが地面に到達するまでの距離を求めてみよう。このとき、$y(t) = 0$ であるので

$$y(t) = -\frac{1}{2}gt_g^2 + (v_0 \sin\theta)t_g = 0$$

から

$$y(t) = t_g\left(-\frac{1}{2}gt_g + (v_0 \sin\theta)\right) = 0$$

したがって

$$t_g = 0 \quad \text{あるいは} \quad t_g = \frac{2v_0 \sin\theta}{g} \quad [\text{s}]$$

$t = 0$ は始点であるので、求める時間は後者である。このときの水平方向の距離は

$$x = (v_0 \cos\theta)\frac{2v_0 \sin\theta}{g} = \frac{2v_0^2 \sin\theta \cos\theta}{g} \quad [\text{m}]$$

となる。

演習 3-3 仰角 $\theta = \pi/4$ [rad]で、ボールを初速 $v_0 = 30$ [m/s] で投げ上げたときの最高到達点の高さと、水平方向の到達距離を求めよ。ただし、重力加速度は $g = 9.8$ [m/s^2] とする。

解） 最高到達点の高さは

$$y = \frac{v_0^2 \sin^2\theta}{2g} = \frac{30^2 \sin^2(\pi/4)}{2 \cdot 9.8} = \frac{450}{19.6} \cong 23 \quad [\text{m}]$$

また、水平方向の到達点は

$$x = \frac{2v_0^2 \sin\theta \cos\theta}{g} = \frac{2 \cdot 30^2 \cdot \sin(\pi/4)\cos(\pi/4)}{9.8} = \frac{900}{9.8} \cong 92 \quad [\text{m}]$$

となる。

3.3. 単振動

質量 m[kg]の物体の 1 次元の運動において、図 3-2 に示すように、**平衡点** (equilibrium point)からの距離 x [m]に比例して、平衡点に戻そうとする**復元力** (restoring force): $F = -kx$ [N]が働く場合の運動について検討してみよう。ここで k は比例定数であるが、一般には**バネ定数** (spring constant) と呼ばれ、

単位は [N/m] である。バネだけではなく、一般の材料でも変形すれば元に戻ろうとする力が働き、ある範囲では $F=-kx$ [N] という関係が成立する。これを**フックの法則** (Hook's law) と呼んでいる。材料によっては、k のことを**弾性定数** (elastic constant) と称する。

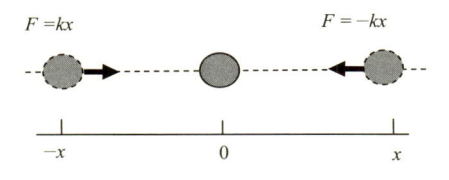

図 3-4 単振動

例えば、ばねにぶら下げられた錘を、その平衡点から引き離して放すと振動が生じる。

この運動の方程式 $F = ma$ は

$$-kx = m\frac{d^2 x}{dt^2}$$

となるが、変形して

$$m\frac{d^2 x}{dt^2} + kx = 0$$

としてみよう。

これは、**2階1次線形微分方程式** (linear differential equation with second order and first degree) に分類される微分方程式で、数学的な解法はよく知られている。

一般的な手法の前に、より簡便な方法で解法してみよう。x は t に関する関数であり、ここでは x の t に関する 2 階導関数が x と同じ関数にならなければ、方程式の解がないことがわかる。

この条件を満足する関数には sin 関数と cos 関数がある。そこで、表記の微分方程式の解を

$$x = A\sin\omega t$$

と仮定してみよう。

すると

$$\frac{dx}{dt} = A\omega\cos\omega t \qquad \frac{d^2x}{dt^2} = -A\omega^2\sin\omega t$$

となるので、与式に代入すると

$$m\frac{d^2x}{dt^2} + kx = -Am\omega^2\sin\omega t + Ak\sin\omega t = A\sin\omega t(k - m\omega^2) = 0$$

となり

$$k - m\omega^2 = 0 \qquad \omega^2 = \frac{k}{m} \qquad \omega = \pm\sqrt{\frac{k}{m}}$$

したがって

$$x = A\sin\left(\sqrt{\frac{k}{m}}t\right) \quad \text{あるいは} \quad x = A\sin\left(-\sqrt{\frac{k}{m}}t\right)$$

が表記の微分の方程式の解となる。$t = 0$ [s] のとき、$x = 0$ [m] であるから、始点は原点（平衡点）となる。

よって、この物体は単純な振動を繰り返すことになり、**単振動** (simple oscillation) あるいは**調和振動** (harmonic oscillation) と呼ばれている。ここで±の符号は、最初に正（右）の方向あるいは負（左）の方向に振れ出すかによる違いで、本質的な差はない。

この振動の様子を図 3-5 に示す。**縦軸** (vertical axis) に振動方向である x 軸を、**横軸** (horizontal axis) に時間軸を示している。この図は+の場合に相当する。ここで、微分方程式の解としての A は任意定数であるが、物理現象としては、振動の**振幅** (amplitude) に相当する。つまり、$\pm A$ の範囲で振動を繰り返すことになる。

第 3 章　基本的な運動

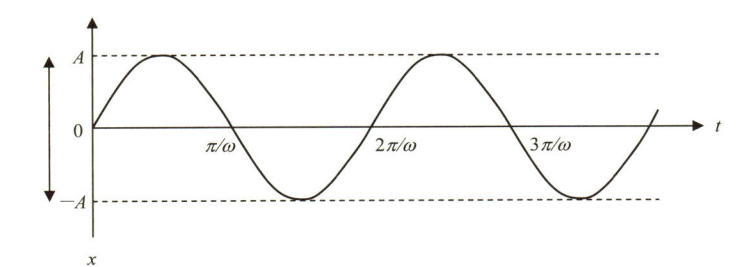

図 3-5　単振動の様子

演習 3-4　単振動の運動方程式に対応した微分方程式 $m(d^2x/dt^2) + kx = 0$ の解として $x = A\cos\omega t$ を仮定し、ω の値を求めよ。

解）

$$\frac{dx}{dt} = -A\omega\sin\omega t \qquad \frac{d^2x}{dt^2} = -A\omega^2\cos\omega t$$

となるので、代入すると

$$m\frac{d^2x}{dt^2} + kx = -Am\omega^2\cos\omega t + Ak\cos\omega t = A\cos\omega t(k - m\omega^2) = 0$$

となり

$$k - m\omega^2 = 0 \qquad \omega^2 = \frac{k}{m} \qquad \omega = \pm\sqrt{\frac{k}{m}}$$

したがって

$$x = A\cos\left(\pm\sqrt{\frac{k}{m}}t\right)$$

が表記の微分方程式の解となる。

このように、$\cos\omega t$ も解となる。これは考えれば当たり前で、sin 関数も cos 関数も $\pi/2$ だけ位相 (phase) が異なるだけで、本質的には、両者とも同

71

じ振動を与えるからである。

$$\sin\left(\theta \pm \frac{\pi}{2}\right) = \mp\cos\theta \qquad \cos\left(\theta \pm \frac{\pi}{2}\right) = \mp\sin\theta$$

という変換をみてもわかるであろう。

　では、何が違うかというと、$t = 0$[s]の時点で、振動物体が$x = 0$にあったか、$x = A$にあったかである。前者がsin関数、後者がcos関数となる。ただし、この間の位置で振動が開始する場合もある。そのときは、位相によって調整できる。例えば

$$x = A\cos\left(\sqrt{\frac{k}{m}}t + \phi\right)$$

も表記の微分方程式を満足するが、ϕが位相である。例えば、位相が$\phi = \pi/3$のときは、$x = A/2$ が振動の始点となり、位相が$\phi = \pi/4$のときは、$x = A/\sqrt{2}$ が振動の始点となる。

3.4. 2階微分方程式の解法

　単振動の微分方程式の解法では、sin関数あるいはcos関数が解と予想して求めたが、実は、2階の線形微分方程式の解法は、数学的に確立されているので、その紹介をしておく。運動方程式にはdx^2/dt^2という2階導関数が含まれるので、汎用性が高い。

　つぎの定係数の2階微分方程式を考える。

$$a\frac{d^2x}{dt^2} + b\frac{dx}{dt} + cx = 0$$

実は、この方程式は、解として

$$x = e^{\lambda t} = \exp(\lambda t)$$

のかたちのものを有することがわかっている。

exp は英語の exponential の略で指数という意味である。e^x という表記において、べきが複雑な関数 $f(x)$ になった場合には、表記がみにくいので、$\exp(f(x))$ のように書く。例えば $\exp(3x^3+2x^2+7)$ は $e^{3x^2+2x^2+7}$ のことである。

ここで、$x = \exp(\lambda t)$ を表記の方程式に代入してみる。

$$\frac{de^x}{dx} = e^x \qquad \frac{d^2 e^x}{dx^2} = e^x$$

であるので

$$a\lambda^2 \exp(\lambda t) + b\lambda \exp(\lambda t) + c \exp(\lambda t) = (a\lambda^2 + b\lambda + c)\exp(\lambda t) = 0$$

と変形できる。この式を満足するのは

$$a\lambda^2 + b\lambda + c = 0$$

である。これを**特性方程式** (characteristic equation) と呼んでいる。これは、λ に関する一般的な **2 次方程式** (quadratic equation) であるので、その解はよく知られているように

$$\lambda = \frac{-b \pm \sqrt{b^2 - 4ac}}{2a}$$

と与えられる。線形微分方程式においては、これら解の線形和がすべて微分方程式の解となるため、**一般解** (general solution) として

$$x = C_1 \exp\left(\frac{-b + \sqrt{b^2 - 4ac}}{2a} t\right) + C_2 \exp\left(\frac{-b - \sqrt{b^2 - 4ac}}{2a} t\right)$$

がえられる[1]。ここで C_1, C_2 は任意の定数であり、それぞれの値は**境界条件**

---

[1] 詳しくは、拙著『なるほど微分方程式』を参照していただきたい。

(boundary conditions)や**初期条件**(initial conditions)などで決まる。

このように 2 階微分方程式の解が、いとも簡単に求められるのである。

ところで、上に示した一般解で、**判別式** (determinant) $D = b^2 - 4ac$ が負になる場合には、解に虚数(i)が含まれることになる。これに問題はないのであろうか。

実は、物理的な問題を解く際には、解が複素数ということではなく、**実部** (real part) と**虚部** (imaginary part) に独立した解がえられていると考えればよいのである。

そして、虚数解がえられた場合には、**オイラーの公式** (Euler's formula)

$$e^{\pm i\theta} = \exp(\pm i\theta) = \cos\theta \pm i\sin\theta$$

を使って、実部と虚部に分離する操作を行う。そのうえで、実数解を考えればよいのである。オイラーの公式は、数学を物理学に応用する際に非常に重要なものである。特に振動をともなう現象を扱うときには重宝するし、量子力学においては電子波を表現する際になくてはならないものである。ファインマンはこの式を「人類の至宝」と呼んでいる。

実は、物理現象を考えるとき、λ が実数の場合には、解が指数関数となるので、図 3-6 に示すように、λ の符号が負ならば、いずれ減衰して 0 になる。一方、符号が正ならば時間とともに無限大に発散することになる。したがって、それほど興味ある物理現象とはならないのである。

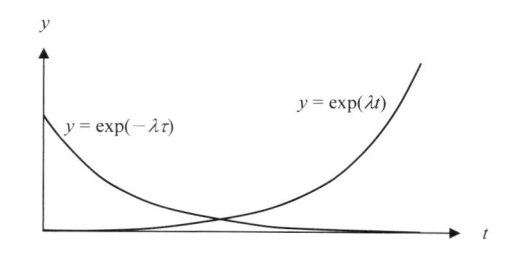

図 3-6　指数関数のべきが実数の場合の変化

第 3 章 基本的な運動

一方、λが虚数の場合には sin 波と cos 波の組み合わせとなり、定常的な振動状態がえられることになる。したがって、解としては虚数解のほうが興味ある現象なのである。なお、オイラーの公式については、第 5 章で証明を行う。

演習 3-5 つぎの 2 階微分方程式を解法せよ。

$$3\frac{d^2x}{dt^2} + 4\frac{dx}{dt} + 2x = 0$$

解) 表記の微分方程式の解として $x = \exp(\lambda t)$ を仮定し、代入すると

$$(3\lambda^2 + 4\lambda + 2)\exp(\lambda t) = 0$$

から

$$\lambda = \frac{-4 \pm \sqrt{16-24}}{6} = \frac{-2 \pm \sqrt{2}i}{3}$$

よって、一般解は

$$x = C_1 \exp\left(\frac{-2+\sqrt{2}i}{3}t\right) + C_2 \exp\left(\frac{-2-\sqrt{2}i}{3}t\right)$$

となる。

ここで、オイラーの公式: $\exp(\pm i\theta) = \cos\theta \pm i\sin\theta$ を使って、実部と虚部に分けると

$$x(t) = C_1 \exp\left(-\frac{2}{3}t\right) \cdot \exp\left(i\frac{\sqrt{2}}{3}t\right) + C_2 \exp\left(-\frac{2}{3}t\right) \cdot \exp\left(-i\frac{\sqrt{2}}{3}t\right)$$

$$= (C_1 + C_2)\exp\left(-\frac{2}{3}t\right)\cos\left(\frac{\sqrt{2}}{3}t\right) + i(C_1 - C_2)\exp\left(-\frac{2}{3}t\right)\sin\left(\frac{\sqrt{2}}{3}t\right)$$

となる。したがって一般解は

$$x(t) = A\exp\left(-\frac{2}{3}t\right)\cos\left(\frac{\sqrt{2}}{3}t\right) + B\exp\left(-\frac{2}{3}t\right)\sin\left(\frac{\sqrt{2}}{3}t\right)$$

と与えられる。

演習 3-6 次の微分方程式を指数関数を利用して解法せよ。

$$m\frac{d^2x}{dt^2} + kx = 0$$

解） $x = \exp(\lambda t)$ という解を仮定して、表記の方程式に代入すると

$$(m\lambda^2 + k)\exp(\lambda t) = 0$$

より、特性方程式は

$$m\lambda^2 + k = 0$$

したがって

$$\lambda^2 = -\frac{k}{m} \qquad \lambda = \pm i\sqrt{\frac{k}{m}}$$

一般解は

$$x = C_1 \exp\left(i\sqrt{\frac{k}{m}}t\right) + C_2 \exp\left(-i\sqrt{\frac{k}{m}}t\right)$$

ただし、C_1 および C_2 は任意定数である。

オイラーの公式: $\exp(\pm i\theta) = \cos\theta \pm i\sin\theta$ を使って、実部と虚部に分けると

$$x = C_1\left(\cos\sqrt{\frac{k}{m}}t + i\sin\sqrt{\frac{k}{m}}t\right) + C_2\left(\cos\sqrt{\frac{k}{m}}t - i\sin\sqrt{\frac{k}{m}}t\right)$$
$$= (C_1 + C_2)\cos\left(\sqrt{\frac{k}{m}}t\right) + i(C_1 - C_2)\sin\left(\sqrt{\frac{k}{m}}t\right)$$

したがって一般解は

第3章　基本的な運動

$$x(t) = A\cos\left(\sqrt{\frac{k}{m}}t\right) + B\sin\left(\sqrt{\frac{k}{m}}t\right)$$

となる。

ここで、任意定数 A, B の値は、初期条件および境界条件によって決まることになる。

3.5. 減衰運動

いままでは、物体の運動について抵抗というものを考えてこなかったが、実際の運動は、しだいに弱まっていき、ついには止まってしまう。

これは、運動に対する抵抗が存在することを示している。この減衰 (damping) は、空気抵抗 (air resistance) やまさつ (friction) などによって生じる。抵抗力 f [N]は、物体の速度(dx/dt) に比例することが知られており、その比例定数を η [Ns/m]とおくと

$$f = -\eta \frac{dx}{dt}$$

と与えられる。この η を粘性係数 (coefficient of viscosity) と呼んでいる。よって微分方程式は

$$m\frac{d^2x}{dt^2} = -\eta\frac{dx}{dt} - kx$$

と修正されることになる。したがって減衰運動に対応した方程式は

$$m\frac{d^2x}{dt^2} + \eta\frac{dx}{dt} + kx = 0$$

となる。これも2階の微分方程式であるから、前項で紹介した方法で解法できる。$x = \exp(\lambda t)$ という解を仮定すると、特性方程式として

$$m\lambda^2 + \eta\lambda + k = 0$$

がえられる。

　よって

$$\lambda = \frac{-\eta \pm \sqrt{\eta^2 - 4mk}}{2m}$$

がえられ、一般解は

$$x = C_1 \exp\left(\frac{-\eta + \sqrt{\eta^2 - 4mk}}{2m}t\right) + C_2 \exp\left(\frac{-\eta - \sqrt{\eta^2 - 4mk}}{2m}t\right)$$

となる。ただし、C_1, C_2 は任意の定数である。

　それでは、実際の現象と対応しながら解の特性を考えてみよう。ここで判別式を利用する。

$\eta^2 - 4mk > 0$ のとき

$$\lambda_1 = \frac{-\eta + \sqrt{\eta^2 - 4mk}}{2m} < 0 \quad \lambda_2 = \frac{-\eta - \sqrt{\eta^2 - 4mk}}{2m} < 0$$

という 2 個の異なる実数解を有するが、いずれも負の値をとることがわかる。指数関数のべきが負の場合は、時間 t とともに急激に減衰する。$\eta^2 > 4mk$ ということは速度に比例した抵抗がかなり大きいことを示しており、振動がいっきに弱まることになる。

　グラフを描けば図 3-7 に示すように、逆方向に振れることなく指数関数的に減衰して振動が止まることを意味している。このような現象を**過減衰** (over damping) と呼んでいる。急激な制振が必要な場合には、このような制御が必要となる。

第 3 章　基本的な運動

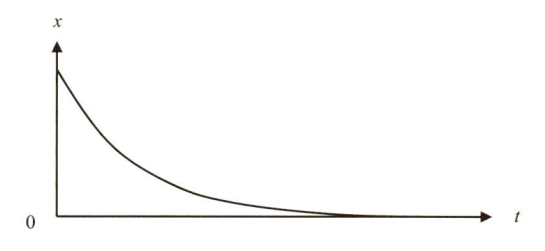

図 3-7　過減衰

つぎに、$\eta^2 - 4mk < 0$ のとき、その根は虚数となる。ここで

$$\sqrt{\eta^2 - 4mk} = i\xi$$

と置くと

$$\lambda_1 = \frac{-\eta + \sqrt{\eta^2 - 4mk}}{2m} = -\frac{\eta}{2m} + i\frac{\xi}{2m}$$

$$\lambda_2 = \frac{-\eta - \sqrt{\eta^2 - 4mk}}{2m} = -\frac{\eta}{2m} - i\frac{\xi}{2m}$$

となって、異なる 2 個の虚数解を持つことになり、一般解は

$$x = C_1 \exp\left(\frac{-\eta + i\xi}{2m}t\right) + C_2 \exp\left(\frac{-\eta - i\xi}{2m}t\right)$$

となり

$$x = \exp\left(-\frac{\eta}{2m}t\right)\left\{C_1 \exp\left(i\frac{\xi}{2m}t\right) + C_2 \exp\left(-i\frac{\xi}{2m}t\right)\right\}$$

と変形できる。
　ここで、最初の項の

$$\exp\left(-\frac{\eta}{2m}t\right)$$

は時間とともに減衰する項である。一方、つぎの項は振動項に対応する。それをみてみよう。オイラーの公式を使って変形すると

$$C_1 \exp\left(i\frac{\xi}{2m}t\right) + C_2 \exp\left(-i\frac{\xi}{2m}t\right) = (C_1 + C_2)\cos\left(\frac{\xi}{2m}t\right) + i(C_1 - C_2)\sin\left(\frac{\xi}{2m}t\right)$$

となり、sin 関数あるいは cos 関数となる。したがって、振動しながら、振幅が次第に減衰する運動となる。この様子を図示すると、図 3-8 のようになる。

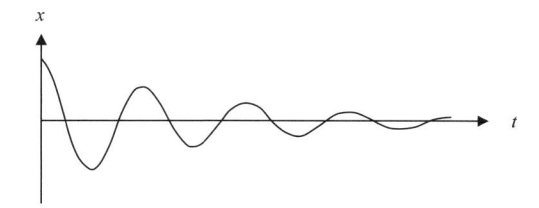

図 3-8 不足減衰

制御という観点からは、振動しながら減衰していくということは制振が不十分ということになり、**不足減衰** (under damping) と呼んでいる。

それでは、最後に $\eta^2 - 4mk = 0$ の場合を考えてみよう。このとき、特性方程式の解は、重解となり

$$x = C_1 \exp\left(\frac{-\eta}{2m}t\right)$$

となる。しかし、2 階の微分方程式であるので、線形独立な解がもう 1 個あるはずである。このような場合

$$x = C_1(t)\exp\left(\frac{-\eta}{2m}t\right)$$

のように定数 (constant) を変数 (variable) とみなして、表記の微分方程式に代入し解を求める方法がある。定数変化法[2]と呼ばれている。すると、もうひとつの独立解として

$$x = C_2 t \exp\left(\frac{-\eta}{2m}t\right)$$

がえられ、結局、一般解は

$$x = C_1 \exp\left(\frac{-\eta}{2m}t\right) + C_2 t \exp\left(\frac{-\eta}{2m}t\right)$$

となる。

この振動を図示すると、図 3-9 のようになり、臨界減衰 (critical damping) と呼ばれている。

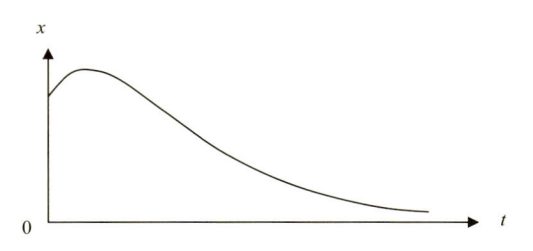

図 3-9　臨界振動

臨界減衰とは、過減衰と不足減衰の境界にある状態であり、振動が生じるか、単に指数的に減衰するかの境目である。

---

[2] 定数変化法については、拙著『なるほど微分方程式』を参照していただきたい。

演習 3-7 質量が 1[kg]の錘が、ばね定数 $k = 2$[N/s]のもとで振動するとき、減衰の粘性係数が $\eta = 3$[Ns/m]のときの運動を解析せよ。

解） 復元力および抵抗力の合成は、$m=1$ より

$$F = -2x - 3\frac{dx}{dt}$$

であるので

$$F = -2x - 3\frac{dx}{dt} = \frac{d^2x}{dt^2}$$

したがって、微分方程式は

$$\frac{d^2x}{dt^2} + 3\frac{dx}{dt} + 2x = 0$$

となり、解として $x = \exp(\lambda t)$ を仮定すると特性方程式は

$$\lambda^2 + 3\lambda + 2 = (\lambda + 2)(\lambda + 1) = 0$$

よって

$$x = C_1 \exp(-2t) + C_2 \exp(-t)$$

となる。

これは過減衰となる。しかし、このままでは定数が決まっていない。実際に物理現象を解析する場合には、初期条件などを付与することで、定数が決まる。

例えば、$t = 0$ [s] のとき $x = 3$ [m]，$t = 1$[s] のとき

$$x = \frac{e + 2}{e^2} \ [\mathrm{m}]$$

という条件を付与すると

$$x(0) = C_1 + C_2 = 3$$
$$x(1) = C_1 \exp(-2) + C_2 \exp(-1) = \frac{C_1}{e^2} + \frac{C_2}{e} = \frac{C_1 + eC_2}{e^2} = \frac{e+2}{e^2}$$

から

$$C_1 = 2, C_2 = 1$$

となり

$$x(t) = 2\exp(-2t) + \exp(-t)$$

という解がえられる。

演習 3-8 質量が 1[kg]の錘が、ばね定数 $k = 3$[N/s]のもとで振動するとき、減衰の粘性係数が $\eta = 3$[Ns/m]の場合の運動を解析せよ。

解) 復元力および抵抗力の合成は

$$F = -3x - 3\frac{dx}{dt}$$

であるので

$$F = -3x - 3\frac{dx}{dt} = \frac{d^2x}{dt^2}$$

したがって、微分方程式は

$$\frac{d^2x}{dt^2} + 3\frac{dx}{dt} + 3x = 0$$

となり、解として $x = \exp(\lambda t)$ を仮定すると特性方程式は

$$\lambda^2 + 3\lambda + 3 = 0$$

よって

$$\lambda = \frac{-3 \pm \sqrt{3^2 - 4 \cdot 3}}{2} = \frac{-3 \pm \sqrt{-3}}{2} = \frac{-3 \pm i\sqrt{3}}{2}$$

となる。
　一般解は

$$x(t) = C_1 \exp\left(\frac{-3 + i\sqrt{3}}{2}t\right) + C_2 \exp\left(\frac{-3 - i\sqrt{3}}{2}t\right)$$

となる。オイラーの公式を使って変形すると

$$x(t) = \exp\left(-\frac{3}{2}t\right)\left\{(C_1 + C_2)\cos\left(\frac{\sqrt{3}}{2}t\right) + i(C_1 - C_2)\sin\left(\frac{\sqrt{3}}{2}t\right)\right\}$$

定数を置き換えると

$$x(t) = \exp\left(-\frac{3}{2}t\right)\left\{A\cos\left(\frac{\sqrt{3}}{2}t\right) + B\sin\left(\frac{\sqrt{3}}{2}t\right)\right\}$$

となる。

　これは、振動しながら減衰していく不足減衰に相当する。この場合も初期条件などを付与することで定数が決まる。例えば $t = 0$[s]で $x = 0$[m], $v = 3$[m/s] という条件を付与すると

$$x(0) = A = 0$$

から

$$x(t) = B\exp\left(-\frac{3}{2}t\right)\sin\left(\frac{\sqrt{3}}{2}t\right)$$

となる。ここで

$$v(t) = \frac{dx(t)}{dt} = -\frac{3}{2}B\exp\left(-\frac{3}{2}t\right)\sin\left(\frac{\sqrt{3}}{2}t\right) + \frac{\sqrt{3}}{2}B\exp\left(-\frac{3}{2}t\right)\cos\left(\frac{\sqrt{3}}{2}t\right)$$

となり

$$v(0) = \frac{\sqrt{3}}{2}B = 3 \quad \text{から} \quad B = 2\sqrt{3}$$

となるので

$$x(t) = 2\sqrt{3}\exp\left(-\frac{3}{2}t\right)\sin\left(\frac{\sqrt{3}}{2}t\right)$$

が求める解となる。

3.6. 強制振動

いままでの振動では、外から力を加えるということを想定していない。ここでは、外力を加えることで振動を維持する**強制振動** (forced oscillation) について考えてみる。

まず、基本として、単振動に外力を加えることを考えてみよう。振動を続ける力として

$$f_0 \sin \Omega t$$

を印加することも考えられる。すると微分方程式は

$$m\frac{d^2x}{dt^2} = -kx + f_0 \sin \Omega t$$

から

$$m\frac{d^2x}{dt^2} + kx = f_0 \sin \Omega t$$

となる。右辺は t のみの項であり、x に関する項は入っていない。このような項を非同次項 (inhomogeneous term) と呼び、非同次の項が入った微分方程式を非同次微分方程式 (inhomogeneous differential equation) と呼ぶ。残念

ながら、非同次方程式を簡単に解くことはできない。

　この微分方程式を解く場合には、まず

$$m\frac{d^2x}{dt^2} + kx = 0$$

という同次方程式の一般解を求める。その上で非同次方程式を満足する解（特解）を 1 個でも見つけることができれば

(同次方程式の一般解) ＋ (非同次方程式の特解)

によって一般解が求められるのである。まず、同次方程式の一般解によって、2 階の微分方程式に求められる線形独立な解が 2 個あるという条件を満足する。この解は、同次方程式に代入すれば 0 である。そして、一般解に特解を足せば、この成分が非同次項をつくり出してくれることになる。これで、非同次方程式の一般解がえられるのである。

　同次方程式の一般解のほうは簡単に求められるので、ここでは、まず特解を探してみよう。解としては、強制振動の振動に対応したものがえられると予想されるので、特解は項として $\sin\Omega t$ を含むはずである。よって

$$x = A\sin\Omega t$$

と仮定して、微分方程式に代入して探りを入れてみる。すると

$$-m\Omega^2 A\sin\Omega t + kA\sin\Omega t = f_0\sin\Omega t$$

から

$$-m\Omega^2 A + kA = f_0$$

したがって

$$A = \frac{f_0}{k - m\Omega^2}$$

となり、特解は
$$x = \frac{f_0}{k - m\Omega^2} \sin\Omega t$$
となる。

ここで、同次方程式の一般解は

$$x(t) = C_1 \cos\left(\sqrt{\frac{k}{m}}t\right) + C_2 \sin\left(\sqrt{\frac{k}{m}}t\right)$$

であったので、$f_0 \sin\Omega t$ という外力を加えた強制振動の一般解は

$$x(t) = C_1 \cos\left(\sqrt{\frac{k}{m}}t\right) + C_2 \sin\left(\sqrt{\frac{k}{m}}t\right) + \frac{f_0}{k - m\Omega^2} \sin\Omega t$$

となる。

> **演習 3-9** 単振動に与える外力が
> $$f_0 \exp(-\Omega t)$$
> の場合の一般解を求めよ。

解) 求める微分方程式は

$$m\frac{d^2 x}{dt^2} + kx = f_0 \exp(-\Omega t)$$

となる。ここで、特解として

$$x = A\exp(-\Omega t)$$

を仮定する。

微分方程式に代入すると

$$m\Omega^2 A\exp(-\Omega t) + kA\exp(-\Omega t) = f_0 \exp(-\Omega t)$$
$$m\Omega^2 A + kA = f_0$$

から

$$A = \frac{f_0}{k + m\Omega^2}$$

となり、特解は

$$x = \frac{f_0}{k + m\Omega^2}\exp(-\Omega t)$$

となる。

したがって、一般解は

$$x(t) = C_1 \cos\left(\sqrt{\frac{k}{m}}t\right) + C_2 \sin\left(\sqrt{\frac{k}{m}}t\right) + \frac{f_0}{k + m\Omega^2}\exp(-\Omega t)$$

となる。

ところで、いまの解において $t \to \infty$ とすると、最後の項は 0 となるから、この系の振動は時間とともに単振動に近づいていくことになる。

このように、外力の指数関数のべきが実数で負の場合は、外力の影響は次第に減衰し、最終的には消えてしまう。一方、実数で正の場合には、∞ に発散することになる。

一方、すでに紹介したように、指数関数のべきが虚数の場合には振動する状態がえられる。しかも、2 階微分方程式の解法では、三角関数よりも指数関数を解と仮定した場合のほうが、計算が簡単である。なぜなら、指数関数は何回微分しても指数関数のままであるからである。

そこで、外力の項として

$$f_0 \exp(i\Omega t)$$

を考える。すると微分方程式は

$$m\frac{d^2x}{dt^2} + kx = f_0\exp(i\Omega t)$$

となる。
　ここで、特解のみ求めてみる。解は、項 $\exp(i\Omega t)$ を含むはずである。よって

$$x = A\exp(i\Omega t)$$

と仮定して、上式に代入して探りを入れてみる。すると

$$A(-m\Omega^2 + k)\exp(i\Omega t) = f_0(\exp i\Omega t)$$

となり

$$A = \frac{f_0}{k - m\Omega^2}$$

となる。よって特解は

$$x = \frac{f_0}{k - m\Omega^2}\exp(i\Omega t)$$

となる。
　それでは、粘性のある振動に外力を加えた場合を解析してみよう。微分方程式は

$$m\frac{d^2x}{dt^2} + \eta\frac{dx}{dt} + kx = f_0\exp(i\Omega t)$$

のように粘性項の $\eta\,(dx/dt)$ が加わる。
　ここでは、特解を探してみよう。解は、強制振動の振動に対応したものがえられると予想されるでの項 $\exp(i\Omega t)$ を含むはずである。よって

$$x = A\exp(i\Omega t)$$

と仮定して、上式に代入して探りを入れてみる。すると

$$(-mA\Omega^2 + iA\eta\Omega + Ak)\exp(i\Omega t) = f_0(\exp i\Omega t)$$

となり、A が満たすべき条件は

$$A = \frac{f_0}{-m\Omega^2 + i\eta\Omega + k} = \frac{f_0}{(k - m\Omega^2) + i\eta\Omega}$$

となる。よって特解は

$$x = \frac{f_0}{(k - m\Omega^2) + i\eta\Omega}\exp(i\Omega t)$$

と与えられる。

ただし、この解は特解であり、一般解ではない。求める解は

$$m\frac{d^2x}{dt^2} + \eta\frac{dx}{dt} + kx = 0$$

という同次方程式の一般解に特解を足したものとなるので

$$x = C_1 \exp\left(\frac{-\eta + \sqrt{\eta^2 - 4mk}}{2m}t\right) + C_2 \exp\left(\frac{-\eta - \sqrt{\eta^2 - 4mk}}{2m}t\right)$$
$$+ \frac{f_0}{(k - m\Omega^2) + i\eta\Omega}\exp(i\Omega t)$$

と与えられる。

物理的に意味のある解は、初期条件などを与えることによって決定される。ここで、えられた係数 A について、さらにくわしく解析をしてみよう。係数 A には虚数が含まれており、複素数である。そこで、分母を実数化すると

第3章 基本的な運動

$$A = \frac{f_0\{(k-m\Omega^2)-i\eta\Omega\}}{\{(k-m\Omega^2)+i\eta\Omega\}\{(k-m\Omega^2)-i\eta\Omega\}}$$

整理すると

$$A = \frac{f_0}{\{(k-m\Omega^2)^2+(\eta\Omega)^2\}}\{(k-m\Omega^2)-i\eta\Omega\}$$

ここで、A は複素数なので、**極形式** (polar form)

$$A = B\exp(-i\phi) = B(\cos\phi - i\sin\phi)$$

に置き換えられる。
ただし、B および ϕ は

$$B = \frac{f_0}{\sqrt{(k-m\Omega^2)^2+(\eta\Omega)^2}}$$

$$\cos\phi = \frac{k-m\Omega^2}{\sqrt{(k-m\Omega^2)^2+(\eta\Omega)^2}} \qquad \sin\phi = \frac{\eta\Omega}{\sqrt{(k-m\Omega^2)^2+(\eta\Omega)^2}}$$

となる。よって、解は

$$x = A\exp(i\Omega t) = B\exp(-i\phi)\exp(i\Omega t) = B\exp\{i(\Omega t - \phi)\}$$

のかたちを持つことになる。これは、現象論的に考えれば、外部から強制的に与えている振動に対して、系は同期せずに、ϕ だけ遅れて応答するということを示している。そして、ϕ のことを遅れ角 (delayed angle) と呼んでいる。
ここで、$\cos\phi = 0$ となる場合を考えてみよう。すると

$$\cos\phi = \frac{k-m\Omega^2}{\sqrt{(k-m\Omega^2)^2+(\eta\Omega)^2}} = 0$$

より

$$k - m\Omega^2 = 0 \quad から \quad \Omega = \sqrt{\frac{k}{m}}$$

となる。さらに、このとき

$$B = \frac{f_0}{\sqrt{(k-m\Omega^2)^2 + (\eta\Omega)^2}} = \frac{f_0}{(\eta\Omega)^2}$$

となって、振幅も最大となる。これを**共鳴** (resonance) と呼んでいる。また、Ωのことを**共鳴振動数** (resonance frequency) と呼んでいる。

第4章　運動とエネルギー

　物体の運動を解析するとき、エネルギー (energy) という概念が重要となる。実は、力学だけではなく、あらゆる物理分野でエネルギーが本質的な役割をはたすことが知られている。

　それでは、エネルギーとは何であろうか。活力や精力などと訳される場合もあるが、物理用語として、エネルギーという外来語をそのままカタカナ語として使っているのは、それに適合する概念が日本語になかったということを示している。実は、**仕事** (work) とエネルギーは同義に近く、単位も同じである。ただし、同一のものではない。

　そこで、まず物理における**仕事** (work) の定義を紹介して、そののち、エネルギーについて説明する。

4.1. 仕事とエネルギー

　われわれが、物体をある地点から別の地点に移動するとき、仕事 (work) をしたという。このとき、どれだけの仕事をしたかの量 W は

$$W = Fs$$

によって与えられる。ここで F は力 (force) で単位は[N]、s は移動した距離 (displacement) で単位は[m]となる。したがって、仕事 W の単位は[Nm] となる。

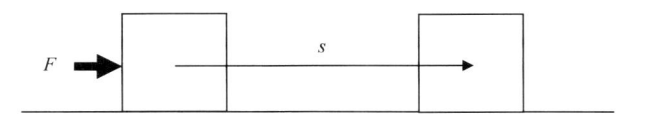

図 4-1 力 F [N]を作用させ、物体が s[m]だけ移動したときの仕事 W は $W = Fs$ [Nm]によって与えられる。

演習 4-1 物体の質量を m [kg]、重力加速度を g [m/s^2] とするとき、この物体を高さ h [m]まで持ち上げるときの仕事を求めよ。

解） このときの力 F[N]は

$$F = mg \quad [\text{kg m/s}^2] = mg \ [\text{N}]$$

となるので

$$W = Fs = mg(h-0) = mgh \quad [\text{Nm}]$$

となる。

このように仕事の単位は[kg m/s] あるいは[Nm] となるが、一般にはジュール(Joule)という単位を使い、表記は[J]となる。つまり

$$[\text{J}] = [\text{Nm}]$$

という関係が成立する。そして、[J]は仕事だけではなく、エネルギーの単位としても使われる。

演習 4-2 質量が 10[kg]の物体を高さ 100[m]まで持ち上げるのに要する仕事を求めよ。ただし、重力加速度を 9.8[m/s^2] とする。

解）

$$W = Fs = mgh = 10 \times 9.8 \times 100 = 9800 \quad [\text{J}]$$

となる。

ところで、実際には、力 F [N]も変位 s[m]もベクトルであり、3次元空間では

$$\vec{F} = \begin{pmatrix} F_x \\ F_y \\ F_z \end{pmatrix} \qquad \vec{s} = \begin{pmatrix} s_x \\ s_y \\ s_z \end{pmatrix}$$

となる。この場合の仕事はどうなるのであろうか。1次元では、力の働く方向と移動する方向が一致しているが、ベクトルの場合には、物体が移動する方向の力の成分のみが仕事に寄与することになる。

この場合には、ベクトルの内積をとる必要があり

$$W = \vec{F} \cdot \vec{s} = (F_x \ F_y \ F_z) \begin{pmatrix} s_x \\ s_y \\ s_z \end{pmatrix} = F_x s_x + F_y s_y + F_z s_z$$

となる。

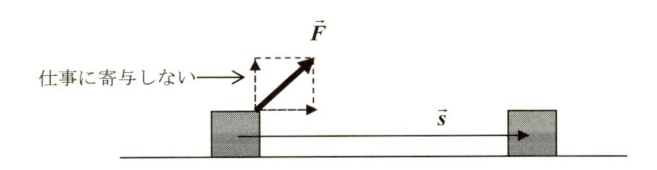

図 4-2 物体を動かそうとして、図のように斜め上向きの力を与えながら移動したとしよう。このとき、移動方向に平行な力の成分のみが仕事に寄与したことになる。そして、移動方向に垂直な上向きの力は仕事に寄与しないことになる。

ここで、力と変位はベクトルであるが、仕事はスカラー (scalar) となることに注意しよう。確かに、右に移動させようが、左に移動させようが、仕事は変わらない。

演習 4-3 3次元空間の原点(0 0 0)に質量 m[kg]の物質が静止している。このとき(1 1 1)方向にまっすぐ伸びたレールに沿って、この物体が移動するものとする。この物体に力ベクトル $\vec{F} = (F_x \ F_y \ 0)$[N]を加えて、レールに沿って s[m]移動したときの仕事を求めよ。

解） (1 1 1) 方向の単位ベクトルは

$$\frac{1}{\sqrt{3}}(1\ 1\ 1)$$

である。したがって変位ベクトルは

$$\vec{s} = \frac{s}{\sqrt{3}}(1\ 1\ 1)\ \ [\text{m}]$$

よって、仕事は

$$W = \vec{F} \cdot \vec{s} = \frac{s}{\sqrt{3}}(F_x \ F_y \ 0)\begin{pmatrix}1\\1\\1\end{pmatrix} = \frac{1}{\sqrt{3}}(F_x s + F_y s)\ \ [\text{J}]$$

となる。

演習 4-4 3次元空間の (0 0 0)に質量 10[kg]の物質が静止している。このとき(0 1 1)方向にまっすぐ伸びたレールに沿って、この物体が移動するものとする。この物体に力ベクトル $\vec{F} = (5\ 4\ 2)$[N]を加えて、レールに沿って 10[m]移動したときの仕事を求めよ。

解） (0 1 1) 方向の単位ベクトルは

$$\frac{1}{\sqrt{2}}(0\ 1\ 1)$$

である。したがって変位ベクトルは

$$\vec{s} = \frac{10}{\sqrt{2}}(0 \quad 1 \quad 1) \quad [m]$$

よって、仕事は

$$W = \vec{F} \cdot \vec{s} = \frac{10}{\sqrt{2}}(5 \quad 4 \quad 2)\begin{pmatrix}0\\1\\1\end{pmatrix} = \frac{10}{\sqrt{2}}(4+2) \cong 42 \quad [J]$$

となる。

演習 4-5 質量が 10000[kg] ある大きな岩を動かそうと、大勢の人間で一生懸命押したが、岩はまったく動かなかった。この際の仕事を求めよ。

解） 仕事は $W = Fs$ によって与えられる。したがって、どんなに大きな力 F [N] を与えても、移動距離がゼロであれば $s = 0$[m] から $W = 0$[J] となって仕事はゼロとなる。

このように、物体が動いたという結果がなければ、どんなに頑張ったとしても仕事はゼロである。無駄骨ということになる。しかし、仕事はゼロであっても、それを一生懸命押した人たちのエネルギーは消耗しているはずである。

それでは、エネルギーとはいったい何であろうか。人間でいえば、生きる源、すなわち活力である。自動車でいえば、ガソリンがエネルギーの源となる。電化製品であれば、電気がエネルギー源となる。

ところで、多くの人には、エネルギーの単位としてはジュール[J]よりもカロリー[cal]のほうがなじみがあるであろう。人間が生きていくためには、食物を摂取してエネルギーを補給する必要があるが、この単位にカロリーが使われるからである。例えば、成人男子が一日に摂取すべきエネルギーは 1500[kcal] = 1500000 [cal] 程度とされている。女子では 1200 [kcal] 程度

である。

　人間は必要なエネルギーを摂取しなければ、やせ衰えていく。一方、この量を超えて、摂取すると、余ったエネルギーが体内に蓄積されて肥満となる。
　実は

$$1[\text{cal}] = 4.2\ [\text{J}]$$

という関係にあり、**熱の仕事等量** (mechanical equivalent of heat) と呼ばれている。もともと、1[cal]とは、水 1[g]の温度を 1[℃]だけ上昇するのに必要な**熱量** (heat) のことである。この熱がエネルギーと等価なのである。

　ところで、演習 4-2 で求めたように 10[kg]の物体を高さ 100[m]まで持ち上げるときの仕事は 9800[J]であった。これは 2300[cal]程度で、2.3[kcal]でしかない。人間は、かなりはげしい仕事（運動）をしないと 1500[kcal]のエネルギー消費が難しいことがわかる。

演習 4-6 体重 50[kg]のひとが、フルマラソン 42.195[km]を完走したときに消費するエネルギーを求めよ。ただし、重力加速度を 9.8[m/s^2]とする。

　解）　実際のマラソンでは、いろいろな要素が絡んでいて消費エネルギーの計算は単純ではないが、ここでは、質量 50[kg]の物体を 42195[m]移動させる仕事と考えてみよう。ここでは 1 次元の運動としてベクトルは考えない。すると

$$W = Fs = mgs = 50 \times 9.8 \times 42195 = 20675550\ [\text{J}]$$

となる。これをカロリーに直すと

$$20675550/4.2 = 4922750\ [\text{cal}] = 4922.75\ [\text{kcal}]$$

と与えられる。

このように、成人男子の一日の必要摂取量よりも 3 倍以上のエネルギーを消費することになり、やはり、マラソンは過酷なレースであることがわかる。

さらに、エネルギーは総量で決まるもので、仕事と同様にベクトルではなく、スカラーである。マラソンのコースが変わったからといって、42.195[km]という距離さえ走れば、エネルギー消費量は変わらない。

実は、物体の運動を解析するときに、エネルギーに注目すれば、ベクトルではなくスカラーとして取り扱うことが可能となる。これが、エネルギーという物理量を導入するひとつの利点である。

4.2. 力学的エネルギー

4.2.1. 位置エネルギー

質量が m[kg]の物体を高さ h[m]まで持ち上げるのに要する仕事は、重力加速度を g[m/s^2]と置くと mgh [J] となる。

これを別の視点から見れば、地上、すなわち 0[m]の位置にある物体よりも、高さ h[m]にある物体が有するエネルギーがこれだけ高いということを示している。このように、地上よりも高い位置にある物体は、すべて、地上の物体よりもエネルギーが高いのである。これを**位置エネルギー**(potential energy) と呼んでいる。位置エネルギーを U [J]とすると

$$U = mgh \quad [J]$$

となる。

そして、位置エネルギーから仕事を取り出すこともできる。川の水の流れは、海面よりも高い場所に降った雨が、その位置エネルギーを消費しながら、高度を下げているものである。川の流れを利用すると水車をまわして粉をひくという仕事をすることができる。

川を堰き止めて水を貯めるダムは、水の位置エネルギーを利用して発電するものである。ダムにはものすごい位置エネルギーが貯まっているのである。このように、エネルギーは仕事の源と考えることができる。

演習 4-7 質量が 10[t]の飛行機が高さ 5000[m]を飛んでいるときの位置エネルギーを求めよ。ただし、重力加速度を 9.8[m/s^2]とする。

解） 10[t] = 10000 [kg] であるから

$$U = mgh = 10000 \times 9.8 \times 5000 = 4.9 \times 10^8 \text{ [J]}$$

となる。

演習 4-8 たて、横、高さが 100[m]の貯水槽に満杯の水が蓄えられえている。このときの位置エネルギーを求めよ。ただし、水の比重ρを 1[g/cm^3]、重力加速度 g を 9.8[m/s^2]とする。

解） 水の比重 1[g/cm^3]の単位を MKS 単位に変換すると、10^6[g/m^3]から 10^3[kg/m^3]となる。

ここで、この貯水槽の単位高さ 1[m]あたりの水の体積 V[m^3] は

$$V = 100^2 = 10^4 \text{ [m}^3\text{]}$$

となるので、単位高さあたりの水の質量は

$$m = \rho V = 10^3 \times 10^4 = 10^7 \text{ [kg]}$$

よって、任意の高さ h[m]における単位長さあたりの位置エネルギーは

$$U(h) = mgh = 9.8 \times 10^7 h$$

これを $0 \leq h \leq 100$ [m]の範囲で積分すると

$$U = \int_0^{100} U(h)\,dh = \int_0^{100} 9.8 \times 10^7 h\,dh = \left[\frac{9.8 \times 10^7}{2}h^2\right]_0^{100} = 4.9 \times 10^{11} \text{ [J]}$$

第 4 章　運動とエネルギー

となる。

これを電気使用でよく使われる単位のワット時[Wh] に換算してみよう[1]。すると 1[Wh] = 3600 [J] であるので、貯水槽に貯まった水の位置エネルギーは

$$U = \frac{4.9 \times 10^{11}}{3600} = \frac{4.9}{3.6} \times 10^8 \cong 1.36 \times 10^8 \text{ [Wh]} = 1.36 \times 10^5 \text{ [kWh]}$$

に相当する。1 世帯あたりの 1 ヶ月の電力消費量が 300[kWh]とされているので、これは、約 450 世帯分の 1 ヶ月の電力消費量となる。

4.2.2. 運動エネルギー

静止している物体に、運動している物体を衝突させると、静止している物体は動き出す。つまり、運動している物体は、仕事をさせる能力を有するのである。これを**運動エネルギー** (kinetic energy) と呼んでいる。

図 4-3 速度 v[m/s]で動いている物体は、静止状態よりもエネルギーが高い。別の物体に衝突させれば、はじき飛ばすことができる。

それでは、速度 v[m/s]で運動している質量 m[kg]の物体が有するエネルギーはどれくらいであろうか。

$$W = Fs$$

---

[1] ワット[W]は仕事率 (power) と呼ばれる単位で、単位時間にどれくらい仕事ができるかという指標である。そして 1[W]=1[J/s]という関係にある。よって 1[Ws]=1[J]となり、1[h] = 3600[s]であるから 1[Wh]=3600[J]となる。

という関係を利用して求めてみよう。ここでは、物体の速度を 0[m/s] から v[m/s]まで加速させるのに必要な仕事を計算する。

ここで、要する時間を t [s] とし、加速度を a [m/s^2] とする。すると

$$v = at \quad [\text{m/s}]$$

となる。

また、この間に進む距離 s [m] は

$$s = \int v\,dt = \int at\,dt = \frac{1}{2}at^2 = \frac{1}{2}vt \quad [\text{m}]$$

と与えられる。したがって

$$W = Fs = mas = m\frac{v}{t}\left(\frac{1}{2}vt\right) = \frac{1}{2}mv^2 \quad [\text{J}]$$

となる。

別な視点でみれば、速度 v[m/s]で運動する質量 m[kg]の物体は、静止している状態に比べて、この仕事の量に相当するエネルギーを有することになる。これを**運動エネルギー** (kinetic energy) と呼び、通常は K [J]と表記する。K は kinetic の頭文字である。

ところで、速度も実際にはベクトル $\vec{v}$ である。したがって、運動エネルギーは正式には

$$K = \frac{1}{2}m|\vec{v}|^2 \quad [\text{J}]$$

と表記しなければならない。このように、運動エネルギーはスカラーである。例えば

$$\vec{v} = \begin{pmatrix} 2 \\ 1 \\ 3 \end{pmatrix} [\text{m/s}]\text{のとき} \quad |\vec{v}|^2 = \vec{v}\cdot\vec{v} = (2\ 1\ 3)\begin{pmatrix} 2 \\ 1 \\ 3 \end{pmatrix} = 2\cdot 2 + 1\cdot 1 + 3\cdot 3 = 14$$

となってスカラーとなる。

しかし、運動物体がなにかに衝突して、エネルギーを伝えるときは、ある方向性をもって作用が行われるはずである。この方向性はどのように扱われるのであろうか。

実は、この方向性を伝えるのが、つぎの**運動量ベクトル** (momentum vector) である。

$$\vec{p} = m\vec{v} = m\begin{pmatrix} 2 \\ 1 \\ 3 \end{pmatrix}$$

つまり、運動エネルギーはスカラーであり、運動量がベクトルなのである。そして、衝突の際の方向性を与えるのは、運動エネルギーではなく、後者の運動量であることに注意されたい。

例えば、同じ質量の物体が、それぞれ速度ベクトル

$$\vec{v}_1 = \begin{pmatrix} 2 \\ 1 \\ 3 \end{pmatrix} [m/s] \quad \vec{v}_2 = \begin{pmatrix} 1 \\ 3 \\ 2 \end{pmatrix} [m/s] \quad \vec{v}_3 = \begin{pmatrix} 3 \\ 2 \\ 1 \end{pmatrix} [m/s]$$

で運動しているとき、運動エネルギーは等しいが、運動量ベクトルは異なることになる。

演習 4-9 重さ 1[t]の自動車が、時速 50[km/h] で走行しているときの運動エネルギーの大きさを求めよ。

解） 単位を変換する。まず、重さ1[t]は 1000[kg] となる。つぎに、時速 50[km/h] を[m/s]に変換すると

$$\frac{50 \times 1000}{3600} \cong 14 \ [m/s]$$

となる。したがって、運動エネルギーは

$$K = \frac{1}{2}mv^2 = \frac{1}{2} \times 1000 \times (14)^2 = 98000 \ [\text{J}]$$

と与えられる。

演習 4-10 2次元空間を質量 5[kg]の物体が(1, 3)方向に 20[m/s]の速さで運動しているときの運動量ベクトルおよび運動エネルギーを求めよ。

解) 速度ベクトルを求めると

$\begin{pmatrix} 1 \\ 3 \end{pmatrix}$ 方向の単位ベクトルは $\frac{1}{\sqrt{1^2+3^2}}\begin{pmatrix} 1 \\ 3 \end{pmatrix} = \frac{1}{\sqrt{10}}\begin{pmatrix} 1 \\ 3 \end{pmatrix}$ であるから

$$\vec{v} = \frac{20}{\sqrt{10}}\begin{pmatrix} 1 \\ 3 \end{pmatrix} = \begin{pmatrix} 2\sqrt{10} \\ 6\sqrt{10} \end{pmatrix} \ [\text{m/s}]$$

となる。

したがって、運動量ベクトルは

$$\vec{p} = m\vec{v} = 5\begin{pmatrix} 2\sqrt{10} \\ 6\sqrt{10} \end{pmatrix} = \begin{pmatrix} 10\sqrt{10} \\ 30\sqrt{10} \end{pmatrix} \ [\text{kg m/s}]$$

となる。

また、運動エネルギーは

$$K = \frac{1}{2}m\vec{v} \cdot \vec{v} = \frac{5}{2}(2\sqrt{10} \ \ 6\sqrt{10})\begin{pmatrix} 2\sqrt{10} \\ 6\sqrt{10} \end{pmatrix} = \frac{5}{2}(40+360) = 1000 \ [\text{J}]$$

と与えられる。

演習 4-11 3次元空間を質量 10[kg]の物体が(1, 1, 2)の方向に 6 [m/s]の速さで運動しているときの運動エネルギーを求めよ。

解) 速度ベクトルを求めると

$\begin{pmatrix} 1 \\ 1 \\ 2 \end{pmatrix}$ 方向の単位ベクトルは $\dfrac{1}{\sqrt{1^2+1^2+2^2}} \begin{pmatrix} 1 \\ 1 \\ 2 \end{pmatrix} = \dfrac{1}{\sqrt{6}} \begin{pmatrix} 1 \\ 1 \\ 2 \end{pmatrix}$ であるから

$$\vec{v} = \dfrac{6}{\sqrt{6}} \begin{pmatrix} 1 \\ 1 \\ 2 \end{pmatrix} = \begin{pmatrix} \sqrt{6} \\ \sqrt{6} \\ 2\sqrt{6} \end{pmatrix} \quad [\text{m/s}]$$

となる。
よって、運動エネルギーは

$$K = \dfrac{1}{2} m \vec{v} \cdot \vec{v} = \dfrac{10}{2} (\sqrt{6} \ \sqrt{6} \ 2\sqrt{6}) \begin{pmatrix} \sqrt{6} \\ \sqrt{6} \\ 2\sqrt{6} \end{pmatrix} = 5(6+6+24) = 180 \quad [\text{J}]$$

と与えられる。

4.3. エネルギー保存の法則

質量が m[kg]の物体が、高さ h[m]にあるときの位置エネルギーU[J]は、重力加速度を g[m/s^2]とすると

$$U = mgh \quad [\text{J}]$$

と与えられる。
ここで、この物体が $(h/2)$[m]の高さまで落ちたとしよう。すると、位置エネルギーは

$$U_1 = \dfrac{U}{2} = \dfrac{mgh}{2} \quad [\text{J}]$$

となって、1/2 となる。それでは、速度 v[m/s]はどうなるだろうか。重力加速度が g[m/s^2]であるので、$(h/2)$[m]の高さまで到達する時間を t[s]とすると

$$\frac{h}{2} = \frac{1}{2}gt^2 \quad \text{から} \quad t^2 = \frac{h}{g} \quad \text{となり} \quad t = \sqrt{\frac{h}{g}} \quad [\text{s}]$$

となる。
　したがって、この時点での速度は

$$v = gt = g\sqrt{\frac{h}{g}} = \sqrt{gh} \quad [\text{m/s}]$$

となるので、運動エネルギーは

$$K_1 = \frac{1}{2}mv^2 = \frac{1}{2}m(\sqrt{gh})^2 = \frac{1}{2}mgh \quad [\text{J}]$$

と与えられる。

演習 4-12 高さ h [m]から質量 m [kg]の物体を落下させたとき、地上に到達したときの運動エネルギーの大きさを求めよ。ただし、重力加速度を g [m/s^2]とする。

　解) 　高さ h [m]から地面 0 [m]まで落下するのに要する時間 t [s]は

$$h = \frac{1}{2}gt^2 \quad \text{から} \quad t^2 = \frac{2h}{g} \quad \text{となり} \quad t = \sqrt{\frac{2h}{g}} \quad [\text{s}]$$

となる。
　したがって、地上に到達したときの速度は

$$v = gt = g\sqrt{\frac{2h}{g}} = \sqrt{2gh} \quad [\text{m/s}]$$

第4章 運動とエネルギー

となる。よって運動エネルギーは

$$K_2 = \frac{1}{2}mv^2 = \frac{1}{2}m(\sqrt{2gh})^2 = mgh \ [\text{J}]$$

と与えられる。

ここで、高さ h [m]から、物体を落下させたときの、高さによるエネルギー変化を整理してみよう。すると

高さ h[m]: $U = mgh$ [J]; $K = 0$ [J]

高さ $\dfrac{h}{2}$ [m]: $U_1 = \dfrac{1}{2}mgh$ [J]; $K_1 = \dfrac{1}{2}mgh$ [J]

高さ 0 [m]: $U_2 = 0$ [J]; $K_2 = \dfrac{1}{2}mv^2 = mgh$ [J]

となる。

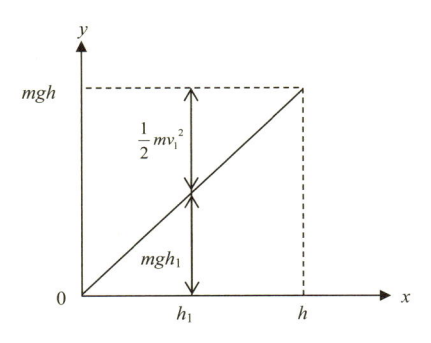

図 4-4 自由落下におけるエネルギー保存の法則

ここで、すべての高さで、位置エネルギーと運動エネルギーの和が mgh [J]となっていることがわかる。これは、偶然ではなく、任意の高さで計算すれば、この和は常に保存されるのである。

いまの自由落下の過程を追うと、高さ h[m]では位置エネルギーが mgh [J]

で、運動エネルギーはゼロである。高さが $h/2$ [m]まで落下すると、位置エネルギーは$(1/2)mgh$ [J]に減少するが、その分、運動エネルギーが 0 から $(1/2)mgh$ [J]へと増大する。地上では、位置エネルギーがゼロとなるが、運動エネルギーが mgh [J]となる。

よって、落下にともない位置エネルギーは減少するが、その減少分が運動エネルギーに変換され、力学的エネルギーは保存されるのである。これを**エネルギー保存の法則** (Law of conservation of energy) と呼んでおり

$$E = U + K = \text{const.}$$

と表現される。

演習 4-13 エネルギー保存の法則を使って、質量が 10[kg]の物体を高さ 100[m]から落下させて、高さ 20[m]に達したときの速度 v[m/s]を求めよ。ただし、重力加速度を 9.8[m/s^2]とする。

解） 高さ 100[m]での位置エネルギーは

$$mgh_1 = 10 \times 9.8 \times 100 = 9800 \quad [\text{J}]$$

高さ 20[m]での位置エネルギーは

$$mgh_2 = 10 \times 9.8 \times 20 = 1960 \quad [\text{J}]$$

エネルギー保存の法則から

$$mgh_1 = \frac{1}{2}mv^2 + mgh_2$$

したがって

$$\frac{1}{2}mv^2 = mgh_1 - mgh_2 = 9800 - 1960 = 7840 \quad [\text{J}]$$

となる。

よって、この高さでの速度 v[m/s]は

$$v^2 = \frac{7840 \times 2}{10} = 1568 \quad から \quad v = \sqrt{1568} \cong 40 \quad [\text{m/s}]$$

と与えられる。

質量が m [kg]のボールを地面から仰角 θ(rad) $(0 \leq \theta \leq \pi/2)$、初速 v_0 [m/s]で投げ上げる場合の放物運動において、エネルギー保存の法則を確かめてみよう。

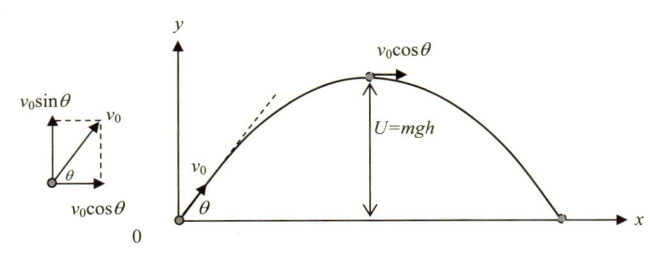

図 4-5 放物運動

第3章で示したように、t [s]後の速度ベクトルと位置ベクトルは

$$\vec{v}(t) = \begin{pmatrix} v_0 \cos\theta \\ -gt + v_0 \sin\theta \end{pmatrix} \qquad \vec{r}(t) = \begin{pmatrix} (v_0 \cos\theta)t \\ -(1/2)gt^2 + (v_0 \sin\theta)t \end{pmatrix}$$

と与えられる。よって

$$|\vec{v}|^2 = v_0^2 \cos^2\theta + v_0^2 \sin^2\theta - 2gtv_0 \sin\theta + g^2 t^2$$
$$= v_0^2 - 2gtv_0 \sin\theta + g^2 t^2$$

から、運動エネルギーは

$$K = \frac{1}{2}mv^2 = \frac{1}{2}mv_0^2 - mgtv_0\sin\theta + \frac{1}{2}mg^2t^2$$

一方、位置エネルギーは

$$U = -\frac{1}{2}mg^2t^2 + mgtv_0\sin\theta$$

となる。したがって、常に

$$U + K = \frac{1}{2}mv_0^2$$

が成立し、放物運動においても、エネルギー保存の法則が成立することがわかる。

演習 4-14 質量が m [kg]のボールを地面から仰角 θ (rad)、初速 v_0 [m/s] で投げ上げる場合の放物運動において、エネルギー保存の法則を用いて、最高到達点の高さを求めよ。ただし、重力加速度を g [m/s^2]とする。

解) 最高到達点の高さを h [m]とすると、この点での位置エネルギーは

$$U = mgh \ [\mathrm{J}]$$

運動エネルギーは

$$K = \frac{1}{2}mv_0^2\cos^2\theta \ [\mathrm{J}]$$

ここで、エネルギー保存の法則から

$$\frac{1}{2}mv_0^2 = \frac{1}{2}mv_0^2\cos^2\theta + mgh$$

したがって

$$mgh = \frac{1}{2}mv_0^2 - \frac{1}{2}mv_0^2 \cos^2\theta = \frac{1}{2}mv_0^2 \sin^2\theta$$

よって

$$h = \frac{1}{2g}v_0^2 \sin^2\theta \quad [\text{m}]$$

となる。

4.4. 単振動のエネルギー

単振動の場合の力 F [N]は、変位 x [m]に比例した復元力であり、つぎの式によって与えられる。

$$F = -kx \quad [\text{N}]$$

ここで、k はバネ定数 (spring constant) と呼ばれる定数であった。ここで、バネを s [m]まで平衡点から変位させることを考えてみよう。このときの仕事は

$$W = \int_0^s -F dx = \int_0^s kx\, dx = \left[\frac{1}{2}kx^2\right]_0^s = \frac{1}{2}ks^2 \quad [\text{J}]$$

となる。

これは、ある力 F [N]をもって、バネを s [m]だけ伸ばしたときに蓄えられるエネルギーであり、一種の位置エネルギーと考えられる。この位置から解放すると、バネは振動を始める。このとき、何の抵抗もなければ、単振動となることはすでに紹介した。

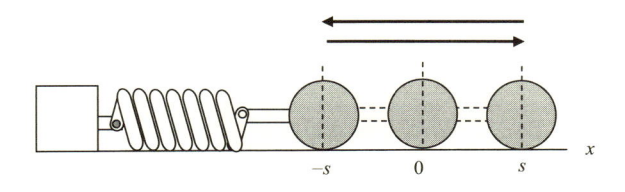

図 4-6 単振動

ここで、錘の質量を m [kg]としよう。このバネを解放すると、元の平衡点に戻ろうとするはずである。そして、$x = 0$ [m]の地点で、位置エネルギーはゼロとなり、運動エネルギーに変化する。このときの、速度を v [m/s]とすると、エネルギー保存の法則から

$$\frac{1}{2}mv^2 = \frac{1}{2}ks^2$$

となり

$$v^2 = \frac{k}{m}s^2 \qquad v = \sqrt{\frac{k}{m}}s \quad [\text{m/s}]$$

と与えられる。

　錘は、この速度を有するので、そのまま逆方向に移動するが、平衡点から変位することになるので、再び元に戻そうとする力が働き、あるところで運動エネルギーがゼロになる。この点は、ふたたびエネルギー保存の法則から $x = -s$ であることは明らかである。あとは、$-s \leq x \leq s$ の範囲で振動を繰り返すことになる。

演習 4-15　単振動の運動方程式を用いて、平衡点から s [m]だけ変位させて、解放した際の平衡点における速度 v [m/s]を求めよ。

　解）　単振動の運動方程式の一般解において、$x = s$ [m]の最大振幅点を起点とした場合の振動は

$$x = s\cos\left(\sqrt{\frac{k}{m}}t\right)$$

によって与えられる。よって、平衡点、すなわち $x = 0$ に達する時間 t [s]は

$$\sqrt{\frac{k}{m}}t = \frac{\pi}{2} \quad \text{より} \quad t = \frac{\pi}{2}\sqrt{\frac{m}{k}} \quad [\text{s}]$$

ところで、単振動の速度 v [m/s]は

$$v = \frac{dx}{dt} = -s\sqrt{\frac{k}{m}}\sin\left(\sqrt{\frac{k}{m}}t\right)$$

と与えられ、$t = \frac{\pi}{2}\sqrt{\frac{m}{k}}$ [s]における速度は

$$v = \frac{dx}{dt} = -s\sqrt{\frac{k}{m}}\sin\left(\frac{\pi}{2}\right) = -\sqrt{\frac{k}{m}}s \quad [\text{m/s}]$$

となる。

運動方程式から一般解を導き、さらに時間を求めるという手法と比べると、エネルギー保存則を使った解法は、はるかに簡単である。

ここで、単振動のポテンシャルエネルギーを位置の関数として描くと、図 4-7 のようになる。

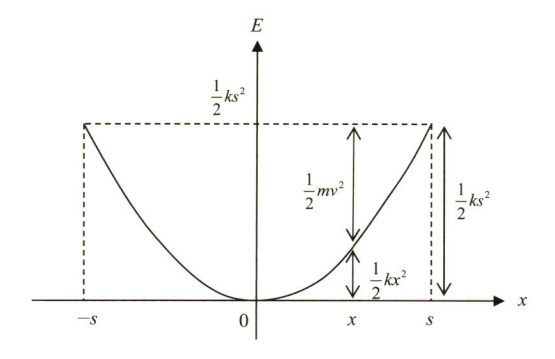

図 4-7 単振動のエネルギー

この系の、力学的エネルギーは常に $(1/2)\,ks^2$ [J]であり、曲線の下が位置エネルギー $U = (1/2)\,kx^2$ [J]、上が運動エネルギー $K = (1/2)\,mv^2$ [J]に相当する。

4.5. 保存力

位置エネルギーは $U = mgh$ [J] と与えられる。ところで、$F = mg$ [N] であるから、単純には

$$U = Fh \text{ [J]}$$

となる。もともと仕事の定義が

$$W = Fs \text{ [J]}$$

であり、s [m]は力 F [N]の作用する移動距離、h [m]は高さで $F = mg$ [N]の作用する移動距離と等価であり、U [J]と W [J]は等価であるので、対応関係は納得できる。

以上を踏まえて、図4-8を参照いただきたい。同じ位置エネルギーを有する質量 m [kg]の物体を、**勾配** (gradient) の異なる坂の上に置いたときに作用する力を図示したものである。

物体に働くのは $F = -mg$ [N] である。ただし、勾配によって力の成分が変化し、図からわかるように、勾配が急になるほど、坂に沿って物体を降下させようとする力の成分は大きくなる。

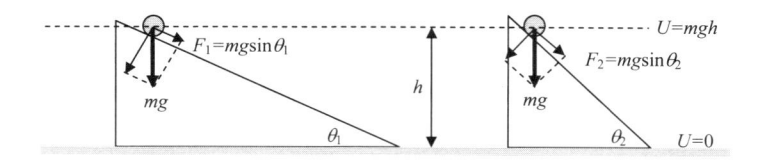

図 4-8 勾配の異なる坂に置かれた物体に作用する力

坂に対して垂直の成分は、坂からの**抗力** (normal force) によってキャンセルされるので、物体には直接働かない。坂の角度を θ_1[rad]とすると

$$F_1 = -mg \sin \theta_1 \text{ [N]}$$

となる。負の符号がつくのは、力が下向きであることに対応している。これを変形すると

$$F_1 = -mgh\frac{\sin\theta_1}{h} = -\frac{U}{h/\sin\theta_1}$$

となる。
　この式を、つぎのように変形する。

$$U = (-F_1)\cdot\frac{h}{\sin\theta_1} = mg\sin\theta_1\cdot\frac{h}{\sin\theta_1} = F_1\cdot s_1$$

となる。ここで、$s_1 = h/\sin\theta_1$ [m]は坂の斜面の距離となる。
　すると、勾配が急になると F_1 は大きくなるが、その分、移動距離は短くなる。一方、勾配が緩やかになると、F_1 は小さくなるが、その分、移動距離は長くなって、結局、h の高さまで、坂を上って物体を移動させるのに必要な仕事は常に $U = mgh$ [J] となることがわかる。坂の勾配の極限は $\theta_1 = \pi/2$ であるが、これは鉛直方向の移動に対応する。
　これは、高さ h [m]まで質量 m [kg]の物体を移動させるのに要する仕事は、どんな経路をとっても同じということを示している。勾配が緩やかであれば、小さな力で移動できるが、それだけ移動距離が長くなり、勾配が急であれば、大きな力を要するが、それだけ移動距離は短くて済むということに対応する。
　ここで、ふたたび

$$F_1 = -\frac{U}{h/\sin\theta_1}\ [\mathrm{N}]$$

という関係に着目してみよう。この式の分子は位置エネルギー（ポテンシャル）であり、分母が移動距離である。つまり、ポテンシャルが距離でどのように変化するかが力を与えることを示している。これを一般化すると

$$F = -\frac{\Delta U}{\Delta s} \quad [\text{N}]$$

と表記することができる。

本来、力はベクトルであるので

$$F_x = -\frac{\Delta U}{\Delta x} \quad F_y = -\frac{\Delta U}{\Delta y} \quad F_x = -\frac{\Delta U}{\Delta z} \quad [\text{N}]$$

となる。

つまり、x 方向の力 F_x は、この方向で位置エネルギーU がどのように変化するかの度合いに対応している。

ここで、U は位置の関数であるので

$$U = U(x, y, z)$$

となる。さらに U の勾配は常に一定ということはなく、場所によって変化するはずである。この場合には、位置によって勾配が変化するので、ある点における力をえるためには、微分をとる必要がある。さらに、F_x は、x 方向の変化であるので、**偏微分** (partial derivative) となり

$$F_x = -\frac{\partial U(x, y, z)}{\partial x}$$

となる。

したがって、$U(x, y, z)$ という位置エネルギー（ポテンシャル）を有する空間において、力ベクトルは

$$\vec{F} = \begin{pmatrix} F_x \\ F_y \\ F_z \end{pmatrix} = -\begin{pmatrix} \partial U(x, y, z)/\partial x \\ \partial U(x, y, z)/\partial y \\ \partial U(x, y, z)/\partial z \end{pmatrix}$$

と与えられる。

第4章　運動とエネルギー

演習 4-16　ある3次元空間においてポテンシャルが位置の関数として

$$U(x, y, z) = 3x + 4y + 2z \ [J]$$

と与えられるとき、この空間における力ベクトルを求めよ。

解）
$$\frac{\partial U(x,y,z)}{\partial x} = 3, \quad \frac{\partial U(x,y,z)}{\partial y} = 4, \quad \frac{\partial U(x,y,z)}{\partial z} = 2$$

から

$$\vec{F} = \begin{pmatrix} F_x \\ F_y \\ F_z \end{pmatrix} = -\begin{pmatrix} \partial U(x,y,z)/\partial x \\ \partial U(x,y,z)/\partial y \\ \partial U(x,y,z)/\partial z \end{pmatrix} = -\begin{pmatrix} 3 \\ 4 \\ 2 \end{pmatrix} \ [N]$$

となる。

演習 4-17　ある3次元空間においてポテンシャルが位置の関数として

$$U(x, y, z) = \frac{1}{r} = \frac{1}{\sqrt{x^2 + y^2 + z^2}} \ [J]$$

と与えられるとき、この空間における力ベクトルを求めよ。

解）　$U(x,y,z) = (x^2 + y^2 + z^2)^{-\frac{1}{2}}$ であるので

$$\frac{\partial U(x,y,z)}{\partial x} = -\frac{1}{2} \cdot (2x)(x^2 + y^2 + z^2)^{-\frac{3}{2}} = -\frac{x}{r^3}$$

同様にして

$$\frac{\partial U(x,y,z)}{\partial y} = -\frac{y}{r^3}, \quad \frac{\partial U(x,y,z)}{\partial z} = -\frac{z}{r^3}$$

から

$$\vec{F} = \begin{pmatrix} F_x \\ F_y \\ F_z \end{pmatrix} = \frac{1}{r^3} \begin{pmatrix} x \\ y \\ z \end{pmatrix} \ [\text{N}]$$

となる。

　これは、中心からの距離 r に反比例して、ポテンシャルが小さくなる空間（場）である。距離 r については、どの方向をとっても同じなので、x 軸に沿った方向で考えてみよう。すると $y = 0, z = 0$ であるから $x = r$ となり

$$\vec{F} = \begin{pmatrix} F_x \\ F_y \\ F_z \end{pmatrix} = \frac{1}{r^3} \begin{pmatrix} r \\ 0 \\ 0 \end{pmatrix} = \frac{1}{r^2} \ [\text{N}]$$

となる。つまり、力は距離の 2 乗に反比例することになる。実は、重力、電気力、磁気力は、すべて、このような距離依存性を示すことが知られており、**逆二乗の法則** (inverse square law) と呼ばれている。

　位置エネルギーあるいはポテンシャルを $U(x, y, z)$ とするとき、力が

$$\vec{F} = - \begin{pmatrix} \partial U(x,y,z)/\partial x \\ \partial U(x,y,z)/\partial y \\ \partial U(x,y,z)/\partial z \end{pmatrix}$$

のようにポテンシャルの距離に関する偏微分として与えられるとき、この力を**保存力** (conservative force) と呼ぶ。また、このような関係の成立する空間を**保存力場** (conservative force field) と呼んでいる。

　保存力場とは、エネルギー保存の法則が成立する空間という意味である。重力、電気力、磁気力は保存力である。一方、**まさつ力** (friction) は**非保存力** (non-conservative force) の代表である[2]。

---

[2] まさつによって生じる熱エネルギーを含めるとエネルギー保存の法則は成り立つ。

第4章 運動とエネルギー

　例えば、まさつの働く床の上を物体が移動するとき、経路が長いほど消費するエネルギーは増大する。つまり、仕事が距離に依存するので、まさつ力は保存力ではないことになる。空気抵抗や水の抵抗なども、移動距離が長くなれば消費エネルギーが増えるので非保存力である。

　ここで、grad という**ベクトル演算子** (vector operator) を導入してみよう。grad とは gradient の略で勾配という意味の英語である。

　grad という演算子は、スカラー関数 $U(x, y, z)$ に作用してベクトルをつくる働きがあり

$$\mathrm{grad}\, U(x,y,z) = \begin{pmatrix} \dfrac{\partial U(x,y,z)}{\partial x} \\ \dfrac{\partial U(x,y,z)}{\partial y} \\ \dfrac{\partial U(x,y,z)}{\partial z} \end{pmatrix}$$

となる。2次元の場合には

$$\mathrm{grad}\, U(x,y) = \begin{pmatrix} \dfrac{\partial U(x,y)}{\partial x} \\ \dfrac{\partial U(x,y)}{\partial y} \end{pmatrix}$$

となる。つまり演算子としての働きだけを取り出せば grad は

$$\mathrm{grad} = \begin{pmatrix} \partial/\partial x \\ \partial/\partial y \\ \partial/\partial z \end{pmatrix} \qquad \mathrm{grad} = \begin{pmatrix} \partial/\partial x \\ \partial/\partial y \end{pmatrix}$$

という操作になる。

　ただし、この操作そのものに物理的意味はなく、スカラー関数に、この演算子を作用することで、はじめて物理的に意味のあるベクトルがえられることになる。そして、スカラー関数がポテンシャルの場合に、その演算結果は力ベクトルとなる。

　この演算子をナブラ（∇）と表記する場合もあり

$$\text{grad} = \nabla = \begin{pmatrix} \partial/\partial x \\ \partial/\partial y \\ \partial/\partial z \end{pmatrix}$$

としてもよい。

したがって、保存力場では

$$\vec{F} = -\text{grad}U(x,y,z) = -\nabla U(x,y,z) \qquad \vec{F} = -\text{grad}U(x,y) = -\nabla U(x,y)$$

という関係が成立する。

演習 4-18 $\vec{F} = (F_x, F_y)$ が保存力であるとき

$$\frac{\partial F_x}{\partial y} = \frac{\partial F_y}{\partial x}$$

という関係が成立することを確かめよ。

解) 保存力では、あるポテンシャル $U(x,y)$ が存在し

$$\vec{F} = \begin{pmatrix} F_x \\ F_y \end{pmatrix} = -\begin{pmatrix} \dfrac{\partial U(x,y)}{\partial x} \\ \dfrac{\partial U(x,y)}{\partial y} \end{pmatrix}$$

という関係が成立している。

ここで

$$\frac{\partial F_x}{\partial y} = -\frac{\partial}{\partial y}\left(\frac{\partial U(x,y)}{\partial x}\right) = -\frac{\partial^2 U(x,y)}{\partial y \partial x} \qquad \frac{\partial F_y}{\partial x} = -\frac{\partial}{\partial x}\left(\frac{\partial U(x,y)}{\partial y}\right) = -\frac{\partial^2 U(x,y)}{\partial x \partial y}$$

となり

120

第4章 運動とエネルギー

$$\frac{\partial^2 U(x,y)}{\partial y \partial x} = \frac{\partial^2 U(x,y)}{\partial x \partial y}$$

であるから

$$\frac{\partial F_x}{\partial y} = \frac{\partial F_y}{\partial x}$$

が成立する。

演習 4-19 2次元空間の力ベクトルが

$$\vec{F} = \begin{pmatrix} F_x \\ F_y \end{pmatrix} = \begin{pmatrix} xy \\ y^2 \end{pmatrix}$$

と与えられるとき、保存力かどうかを検証せよ。

解) $\dfrac{\partial F_x}{\partial y} = \dfrac{\partial F_y}{\partial x}$ が成立するかどうかを検証する。すると

$\dfrac{\partial F_x}{\partial y} = x \quad \dfrac{\partial F_y}{\partial x} = 0 \quad$ となり $\quad \dfrac{\partial F_x}{\partial y} \ne \dfrac{\partial F_y}{\partial x} \quad$ なので保存力ではない。

演習 4-20 2次元空間の力ベクトルが

$$\vec{F} = \begin{pmatrix} F_x \\ F_y \end{pmatrix} = \begin{pmatrix} xy \\ (1/2)x^2 \end{pmatrix}$$

と与えられるとき、保存力かどうかを検証せよ。

解)

$\dfrac{\partial F_x}{\partial y} = x \quad \dfrac{\partial F_y}{\partial x} = x \quad$ となり $\quad \dfrac{\partial F_x}{\partial y} = \dfrac{\partial F_y}{\partial x} \quad$ なので保存力である。

ちなみに、保存力であるときは、ポテンシャル $U(x, y)$ を求めることができる。

$$F_x = -\frac{\partial U(x,y)}{\partial x} = xy$$

であるので

$$U(x,y) = -\frac{1}{2}x^2 y + f(y)$$

ただし、$f(y)$ は y に関する任意関数である。

つぎに

$$F_y = -\frac{\partial U(x,y)}{\partial y} = \frac{1}{2}x^2$$

であるので

$$U(x,y) = -\frac{1}{2}x^2 y + g(x)$$

となる。

ここで $U(x, y)$ は同じ関数であるので、任意関数は定数となり

$$U(x,y) = -\frac{1}{2}x^2 y + C$$

と与えられる。ただし、C は定数である。

このように、力はポテンシャル $U(x, y)$ の差で与えられるので、その絶対値には、C だけの任意性がある。

第 4 章 運動とエネルギー

補遺 4-1　運動量と運動エネルギー

　運動の勢いを示す指標には、運動量 ($p = mv$) と運動エネルギー ($E = (1/2)mv^2$) がある。では、どちらを採用するのが良いのだろうか。実は、この問題は、17 世紀頃に、科学者の間で論争になった話題である。ニュートンは運動量をライプニッツは運動エネルギーを支持したとされている。

　ここでは、まず、これら物理量の違いを明確にしておこう。まず明らかな違いは、運動量はベクトルであり、運動エネルギーはスカラーであることが挙げられる。

$$\vec{p} = m\vec{v} = m\begin{pmatrix} v_x \\ v_y \\ v_z \end{pmatrix}$$

$$K = \frac{1}{2}m|\vec{v}|^2 = \frac{1}{2}m(v_x\ v_y\ v_z)\begin{pmatrix} v_x \\ v_y \\ v_z \end{pmatrix} = \frac{1}{2}m(v_x^2 + v_y^2 + v_z^2)$$

　つまり、運動量は方向性を持つが、運動エネルギーは方向性を持たないことになる。この結果、物体の衝突前後で、運動量は保存されるが、完全弾性衝突ではない限り、運動エネルギーは保存されないという側面を持つ。

　それでは、なぜ、非弾性衝突では運動エネルギーは保存されないのだろうか。非弾性衝突では、衝突の際に運動エネルギーの一部が熱エネルギーに変わってしまうからである。

　例えば、ボールを床に落とすと、もとの高さには戻ってこない。これは運動エネルギーの一部が、ボールが床と非弾性衝突する際に、熱エネルギーに変わるためである。そして、衝突のたびに高さ（運動エネルギー）を失い、最後は床の上に停止する。

一方、運動量は方向性を持つため、方向性のない熱エネルギーの影響を受けない。あるいは、熱エネルギーはスカラーであるので、ベクトルの保存には影響を与えないともいえる。よって、運動の方向性は失われないとみなせるのである。
　ところで、最初の課題である運動の勢いという観点ではどうであろうか。まず、運動方程式

$$F = m\frac{d^2 x}{dt^2} = m\frac{dv}{dt} = \frac{d(mv)}{dt} = \frac{dp}{dt}$$

から

$$dp = Fdt$$

したがって

$$p = F\int dt = Ft$$

となり、運動量は力に時間をかけたものと考えられる。実際に単位解析すると $p = mv$ から

$$[kg][m/s] = [kg\ m/s^2]\ [s] = [N][s]$$

となり、確かに力に時間をかけたものとなる。
　一方、運動エネルギーは

$$dE = Fdx \qquad から \qquad E = F\int dx = Fx$$

となって、力に距離をかけたものと考えられる。つまり、運動量は、力がどれくらいの時間持続するかの指標であり、運動エネルギーは力がどの程度の距離まで維持されるかの指標と考えられるのである。
　いわば、運動の勢いを、それぞれ、時間と距離で表現したものとなっており、どちらを採用してもよいということになる。
　例えば、$m = 2$ [kg]の質量を持つ物体が $v = 5$ [m/s]の速度で動いている場合、その運動量は $p = 10$ [kg m/s]となるが、この動きを、力 $F = 4$[N]で止めよう

第4章 運動とエネルギー

とすると

$$m(v-0) = Ft \quad から \quad 2(5-0) = 4t$$

よって $t = 2.5$ [s]だけ時間がかかることになる。
　一方、この物体の運動エネルギーは

$$E = \frac{1}{2}mv^2 = \frac{1}{2} \cdot 2 \cdot 5^2 = 25 \quad [\text{J}]$$

となるので、これを力 4[N]で止めようとすると

$$E = Fx = 4x = 25$$

から、物体は $x = 6.25$ [m]だけ動いて止まる。
　ところで、これらは同じ物理現象を扱っているので、この物体を止めるために、$x = 6.25$ [m]だけ移動するのに要する時間は $t = 2.5$[s]となるはずである。実際に、確かめてみよう。

$$F = ma = 2a = 4$$

から、4[N]による加速度は $-2[\text{m/s}^2]$ である。したがって、t [s]の間に進む距離 x [m]は

$$x = vt - \frac{1}{2}at^2 = 5t - t^2$$

$t = 2.5$ [s] を代入すると

$$x = 5t - t^2 = 5 \cdot (2.5) - (2.5)^2 = 6.25 \quad [\text{m}]$$

となって、確かに、整合性がとれていることがわかる。

第 5 章　角運動量

　第 1 章で取り扱った円運動について復習してみよう。**角速度** (angular velocity)が ω [rad/s]の等速円運動において、回転半径を r [m]とすると、任意の時間 t [s]における位置ベクトルは

$$\vec{r}(t) = \begin{pmatrix} x(t) \\ y(t) \end{pmatrix} = \begin{pmatrix} r\cos\omega t \\ r\sin\omega t \end{pmatrix} \text{ [m]}$$

と与えられる（図 5-1 参照）。

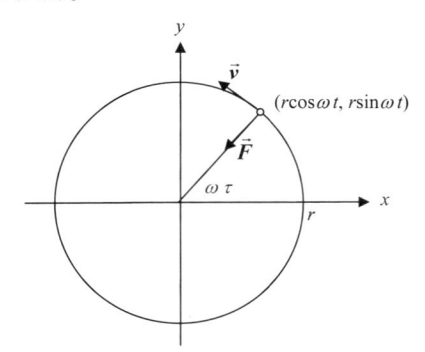

図 5-1　円運動において、力は常に中心を向いている。

　等速円運動の速度ベクトルは

$$\vec{v}(t) = \frac{d\vec{r}(t)}{dt} = \begin{pmatrix} -r\omega\sin\omega t \\ r\omega\cos\omega t \end{pmatrix} \text{ [m/s]}$$

第 5 章 角運動量

となり、位置ベクトルと速度ベクトルの内積はゼロとなるので、これらベクトルは直交することがわかる。つまり、速度ベクトルの向きは、回転軌道である円の接線方向となる。

つぎに、加速度ベクトルは

$$\vec{a}(t) = \frac{d\vec{v}(t)}{dt} = \begin{pmatrix} -r\omega^2 \cos\omega t \\ -r\omega^2 \sin\omega t \end{pmatrix} = -\omega^2 \vec{r}(t) \quad [\text{m/s}^2]$$

となって、位置ベクトル（動径ベクトル）の向きとは逆となる。

ところで、力ベクトルは、回転運動している物体の質量を m[kg]とすると、運動方程式によって

$$\vec{F} = m\vec{a}(t) = -m\omega^2 \vec{r}(t) \quad [\text{N}]$$

と与えられる。つまり、常に力は中心方向を向くことになる。このような力を**中心力** (central force) と呼んでいる。等速円運動に限らず、多くの回転運動では中心力が働いている。例えば、太陽のまわりの惑星運動は中心力のもとでの運動である。

このような中心力場の中で運動している物体においては、**角運動量** (angular momentum) という物理量が重要になる。

5.1. 角運動量

角運動量 (L) とは、**運動量** (momentum: mv) に**動径** (r) をかけたものである。

$$L = mvr \quad [\text{kg m}^2/\text{s}]$$

これは、どのような物理量であろうか。

実は、正確には、角運動量はベクトルであり

$$\vec{L} = \vec{r} \times \vec{p}$$

127

というベクトル積（外積）によって与えられる。ここで、$\vec{r}$ は動径ベクトル、$\vec{p}$ は運動量ベクトルである。この運動量は回転運動に対して定義されるが、なぜ回転の場合には、運動量だけではだめなのであろうか。

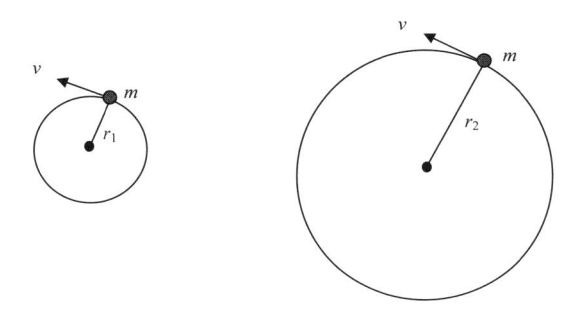

図 5-2　回転半径（動径）の異なる回転運動

　ここで、図 5-2 のように、質量 m [kg]の物体が速度 v [m/s]で等速円運動している場合を想定してみよう。ただし、回転半径の大きさ（動径）が異なるものとする。このとき、運動量だけみれば、どちらの回転体においても $p = mv$ [kg m/s]と変わらない。しかし、経験からわかるように、回転半径の大きい方が、物体を回転させようとする能力は大きくなる。

　これを理解するには、図 5-2 に示した**モーメント** (moment)との対応関係を思い出してもらえばよい。

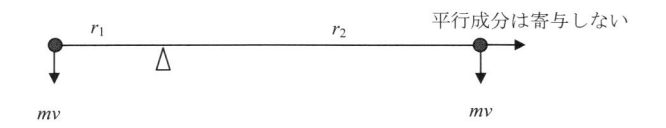

図 5-3　回転モーメントと角運動量

　同じ運動量 mv であっても、当然、腕の長い方（$r_2 > r_1$）が回転させようとする能力は大きくなる。この違いを反映したのが角運動量

第 5 章　角運動量

$$mvr_2 > mvr_1$$

なのである。また、図から明らかなように、腕に平行な運動量成分は回転には寄与しない。つまり、運動量の垂直成分のみが回転に寄与するのである。これが、角運動量が外積となる理由である。それでは、ベクトルの外積について、少し復習してみよう。

5.2. ベクトルの外積

2 個のベクトル $\vec{a}, \vec{b}$ どうしのかけ算で、その結果がベクトルになるものがある。それが**外積** (outer product) である。外積は

$$\vec{a} \times \vec{b} = \vec{c}$$

と書いて、ベクトル $\vec{c}$ で与えられる。

このようにベクトルの外積では、その結果がベクトルとして与えられるので、**ベクトル積** (vector product) とも呼ばれる。ベクトル $\vec{a}, \vec{b}$ のなす角を θ とすると、その大きさは

$$|\vec{c}| = |\vec{a}||\vec{b}| \sin \theta$$

と与えられる。ふたつのベクトルが平行ならば $\sin 0 = 0$ から外積はゼロとなる。図 5-4 に示すように、この大きさは $\vec{a}, \vec{b}$ がつくる**平行四辺形** (parallelogram) の面積に相当する。

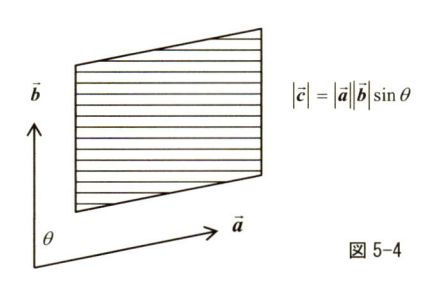

図 5-4　$|\vec{c}| = |\vec{a}||\vec{b}| \sin \theta$

また、外積ベクトル ($\vec{c}$) の向きは、ベクトル $\vec{a}, \vec{b}$ のそれぞれに直交する方向（つまりベクトル $\vec{a}, \vec{b}$ がつくる面に対して垂直方向）である。よって、$\vec{a}, \vec{b}$ が xy 平面にあるとすると、$\vec{c}$ の方向は z 軸方向ということになる。（この事実は、外積は 3 次元ベクトルでしか定義できないことを示している。）

　さらに、その正負の向きは、ベクトルのかけ算の順序によって変わり、**右手系** (right-handed system) と呼ばれる約束に従う。

　例えば、$\vec{a} \times \vec{b}$ の場合に、右手の親指、人さし指、中指をたてて、親指が $\vec{a}$ の向き、人さし指が $\vec{b}$ の向きとすると、中指の方向がベクトル $\vec{c}$ の正の方向となる。すでに紹介したように、3 次元空間の xyz 座標が、この順序になっている。図 5-5 に示したベクトル $\vec{a}, \vec{b}$ の場合には、$\vec{c}$ の正の向きは図に書いた方向になる。よって、外積ではかけるベクトルの順序を変えると、符号が反転する。つまり

$$\vec{a} \times \vec{b} \neq \vec{b} \times \vec{a} \quad \text{であり} \quad \vec{b} \times \vec{a} = -\vec{c}$$

あるいは

$$\vec{a} \times \vec{b} = -\vec{b} \times \vec{a}$$

となる。ここで、内積と比較すると、内積はふたつのベクトルが平行の場合に、その値がもっとも大きくなるが、外積は、その逆で平行の場合には 0 となり、ふたつのベクトルが直交している場合にもっとも大きくなる。

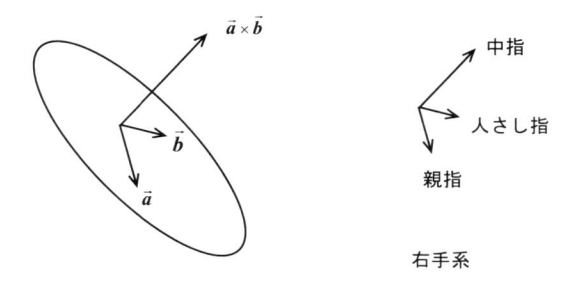

図 5-5 外積ベクトルの方向。ふたつのベクトルの外積 $\vec{a} \times \vec{b}$ は、これらベクトルを含む平面に対して垂直な方向であり、いわゆる右手系 (right handed system) と呼ばれる法則に従う。右手の親指の方向を $\vec{a}$、人さし指の方向に $\vec{b}$ をとると、外積は中指の指す方向になる。

第5章 角運動量

　それでは、なぜ外積が必要なのであろうか。実は、多くの物理現象において、ベクトルの外積が重要な物理量を表現するのに役立っているからである。物理現象の作用が外積に従うことがあるといっても良い。ただし、これは、理屈ではなく、経験に基づくものである。すなわち、自然（物理現象）がそのような法則に従うということであり、われわれは、それをそのまま受け入れるしかないのである。

　例えば、**電磁気学** (electromagnetism) においてはベクトル積が主役を演ずる。**磁場** (magnetic field) が存在する空間で**電流** (electric current) を流すと**電磁力** (electromagnetic force) が働くが、これら諸量はすべてベクトルであり、磁束密度ベクトルを $\vec{B}$ [Wb/m^2]、電流ベクトルを $\vec{I}$ [A]、電磁力ベクトルを $\vec{F}$ [N]とすると

$$\vec{F} = \vec{I} \times \vec{B}$$

という外積の関係にある。これは、発電やモータの特性を支配する基本公式である。この例のように、多くの物理現象における物理量の相互作用の結果が外積となるのである。本章で紹介する角運動量ベクトルも外積であり、モーメントやトルクも外積となる（直観ではわかりにくいが）。

　よって、われわれが物理現象を解析する場合には、ベクトルの外積の導入が不可欠となる。よって、その計算方法をマスターしておくことが重要である。便利な方法として、ベクトルの外積の成分表示がある。

$$\vec{a} = \begin{pmatrix} a_x \\ a_y \\ a_z \end{pmatrix} \quad \vec{b} = \begin{pmatrix} b_x \\ b_y \\ b_z \end{pmatrix}$$

の外積は

$$\vec{c} = \vec{a} \times \vec{b} = \begin{pmatrix} a_y b_z - a_z b_y \\ a_z b_x - a_x b_z \\ a_x b_y - a_y b_x \end{pmatrix}$$

という成分を有する3次元ベクトルで与えられる。成分表示から

$$\vec{a}\times\vec{a} = \begin{pmatrix} a_y a_z - a_z a_y \\ a_z a_x - a_x a_z \\ a_x a_y - a_y a_x \end{pmatrix} = \begin{pmatrix} 0 \\ 0 \\ 0 \end{pmatrix}$$

となることも確かめられる。

ここで、x, y, z 方向の単位ベクトルを

$$\vec{e}_x = \begin{pmatrix} 1 \\ 0 \\ 0 \end{pmatrix} \qquad \vec{e}_y = \begin{pmatrix} 0 \\ 1 \\ 0 \end{pmatrix} \qquad \vec{e}_z = \begin{pmatrix} 0 \\ 0 \\ 1 \end{pmatrix}$$

とすると、単位ベクトル間の外積は

$$\begin{array}{lll} \vec{e}_x \times \vec{e}_x = 0 & \vec{e}_y \times \vec{e}_y = 0 & \vec{e}_z \times \vec{e}_z = 0 \\ \vec{e}_x \times \vec{e}_y = \vec{e}_z & \vec{e}_y \times \vec{e}_z = \vec{e}_x & \vec{e}_z \times \vec{e}_x = \vec{e}_y \end{array}$$

となる。

演習 5-1 単位ベクトルの外積を利用することで

$$\vec{a}\times\vec{b} = \begin{pmatrix} a_y b_z - a_z b_y \\ a_z b_x - a_x b_z \\ a_x b_y - a_y b_x \end{pmatrix}$$

となることを示せ。

解) 単位ベクトルを使うと

$$\vec{a} = a_x \vec{e}_x + a_y \vec{e}_y + a_z \vec{e}_z \qquad \vec{b} = b_x \vec{e}_x + b_y \vec{e}_y + b_z \vec{e}_z$$

したがって

$$\vec{a}\times\vec{b} = (a_x \vec{e}_x + a_y \vec{e}_y + a_z \vec{e}_z) \times (b_x \vec{e}_x + b_y \vec{e}_y + b_z \vec{e}_z)$$

第5章　角運動量

となる。ここで、x 成分となるのは、y と z の単位ベクトルをかけたものなので

$$(\vec{a}\times\vec{b})_x = a_y b_z \vec{e}_y \times \vec{e}_z + a_z b_y \vec{e}_z \times \vec{e}_y$$

となり

$$(\vec{a}\times\vec{b})_x = a_y b_z - a_z b_y$$

他の成分も同様に求めると

$$(\vec{a}\times\vec{b})_y = a_z b_x - a_x b_z \qquad (\vec{a}\times\vec{b})_z = a_x b_y - a_y b_x$$

となり、結局

$$\vec{a}\times\vec{b} = \begin{pmatrix} a_x \\ a_y \\ a_z \end{pmatrix} \times \begin{pmatrix} b_x \\ b_y \\ b_z \end{pmatrix} = \begin{pmatrix} a_y b_z - a_z b_y \\ a_z b_x - a_x b_z \\ a_x b_y - a_y b_x \end{pmatrix}$$

となる。

ところで、外積は3次元空間でしか定義できない。n 次元ベクトルの外積を定義することも便宜的にはできるが、物理現象との対応はないので、あまり意味はない。また、2次元ベクトルの外積を主張するひともいるが、それは3次元ベクトルにおいて成分を $z=0$ としたもので、結果は、z 成分を含んだ3次元ベクトルとなる。よって、外積では、3次元ベクトルが対象となる。もともと、物理現象は3次元空間で生じるので、それを解析するのには、3次元ベクトルが必要であり、かつ、3次元ベクトルで十分である。

演習 5-2　原点 $(0, 0, 0)$ に回転の中心を置く物体が、位置 $\vec{r} = (2, 3, 5)$ [m] において、運動量 $\vec{p} = (2, 0, 1)$ [kg m/s] を有するとき、この物体の角運動量を求めよ。

解） 運動は $\vec{L} = \vec{r} \times \vec{p}$ [kg m²/s]によって与えられる。よって

$$\vec{L} = \begin{pmatrix} 2 \\ 3 \\ 5 \end{pmatrix} \times \begin{pmatrix} 2 \\ 0 \\ 1 \end{pmatrix} = \begin{pmatrix} 3 \cdot 1 - 5 \cdot 0 \\ 5 \cdot 2 - 2 \cdot 1 \\ 2 \cdot 0 - 3 \cdot 2 \end{pmatrix} = \begin{pmatrix} 3 \\ 8 \\ -6 \end{pmatrix} \text{ [kg m}^2/\text{s]}$$

となる。

演習 5-3 原点(0, 0, 0)に回転の中心を置く物体が、位置 $\vec{r} = (2, 3, 5)$ [m]において、運動量 $\vec{p} = (4, 6, 10)$ [kg m/s]を有するとき、この物体の角運動量を求めよ。

解） 運動は $\vec{L} = \vec{r} \times \vec{p}$ [kg m²/s]によって与えられる。よって

$$\vec{L} = \begin{pmatrix} 2 \\ 3 \\ 5 \end{pmatrix} \times \begin{pmatrix} 4 \\ 6 \\ 10 \end{pmatrix} = \begin{pmatrix} 3 \cdot 10 - 5 \cdot 6 \\ 5 \cdot 4 - 2 \cdot 10 \\ 2 \cdot 6 - 3 \cdot 4 \end{pmatrix} = \begin{pmatrix} 0 \\ 0 \\ 0 \end{pmatrix} \text{ [kg m}^2/\text{s]}$$

となる。

これは、まさに $\vec{r} \parallel \vec{p}$ の場合であり、動径ベクトルと平行な成分は、角運動量には寄与しないことに対応している。

角運動量、運動量、動径ともにベクトルであるから、成分で書くと

$$\vec{L} = \begin{pmatrix} L_x \\ L_y \\ L_z \end{pmatrix} = \vec{r} \times \vec{p} = \begin{pmatrix} x \\ y \\ z \end{pmatrix} \times \begin{pmatrix} p_x \\ p_y \\ p_z \end{pmatrix} = \begin{pmatrix} yp_z - zp_y \\ zp_x - xp_z \\ xp_y - yp_x \end{pmatrix}$$

となる。ただし、周期的な回転運動の場合には、回転はある決まった 2 次元平面で生じる。そこで、この平面を xy 平面にとると

第5章　角運動量

$$\begin{pmatrix} L_x \\ L_y \\ L_z \end{pmatrix} = \begin{pmatrix} x \\ y \\ 0 \end{pmatrix} \times \begin{pmatrix} p_x \\ p_y \\ 0 \end{pmatrix} = \begin{pmatrix} 0 \\ 0 \\ xp_y - yp_x \end{pmatrix}$$

と簡単化される。つまり

$$L_x = 0, \ L_y = 0, \ L_z = xp_y - yp_x$$

となり、xy 平面の回転に対して、角運動量は z 方向となる。

ここで、角運動量ベクトルの方向について考えみよう。

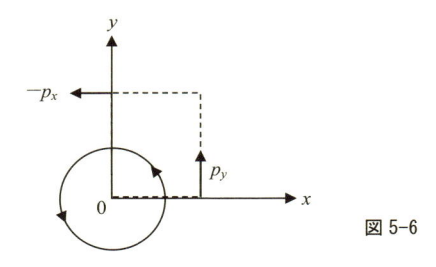

図 5-6

図 5-6 において、原点を中心とした反時計まわりの回転を与えるためには、運動量のモーメントは、図のように x をうでの長さにとると、p の y 成分 p_y は正の向きでなければならない。一方、y をうでの長さにとると、同じむきの回転を与える p の x 成分 p_x は負の向きとなる。この結果、同じ方向の回転を与える要素として

$$L_z = xp_y - yp_x$$

のように第 2 項には負の符号がつくのである。

また、角運動量ベクトルのイメージとしては、図 5-7 のようなものを考えればよい。

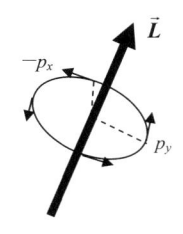

図 5-7

例えば、コマは自転していなければ倒れるが、回転していると図のような方向の角運動量が発生し、自立が可能となる。これを、方向も含めた角運動量とみなしてもよい。

演習 5-4 質量 m [kg]の物体が、半径 r [m]の軌道を、角速度 ω [rad/s]で等速円運動しているときの角運動量ベクトルを求めよ。

解) 円軌道を xy 平面にとると、角運動量の成分は z 成分のみとなり

$$L_z = xp_y - yp_x$$

となる。

$$\vec{r} = \begin{pmatrix} x \\ y \end{pmatrix} = \begin{pmatrix} r\cos\omega t \\ r\sin\omega t \end{pmatrix} \qquad \vec{p} = \begin{pmatrix} p_x \\ p_y \end{pmatrix} = m\vec{v} = \begin{pmatrix} -mr\omega\sin\omega t \\ mr\omega\cos\omega t \end{pmatrix}$$

であるから

$$L_z = xp_y - yp_x = mr^2\omega\cos^2\omega t + mr^2\omega\sin^2\omega t = mr^2\omega$$

となり、角運動量ベクトルは

$$\vec{L} = \begin{pmatrix} 0 \\ 0 \\ mr^2\omega \end{pmatrix} \text{ [kg m}^2\text{/s]}$$

第 5 章 角運動量

となる。

この結果からわかるように、角運動量の z 成分は時間の項を含んでいないので

$$\frac{d\vec{L}}{dt} = 0$$

となり、時間変化せずに常に一定の値 $mr^2\omega$ をとる。

演習 5-5 角運動ベクトルの方向が常に一定のとき、その運動は、ある 2 次元平面内で生じることを示せ。

解) 角運動量ベクトルが常に x 方向を向いていると仮定すると

$$\vec{L} = \begin{pmatrix} L_x \\ L_y \\ L_z \end{pmatrix} = \begin{pmatrix} yp_z - zp_y \\ zp_x - xp_z \\ xp_y - yp_x \end{pmatrix}$$

において、$L_y = 0, L_z = 0$ となる。

したがって

$$L_y = zp_x - xp_z = 0 \qquad L_z = xp_y - yp_x = 0$$

さらに

$$y\,L_y = yzp_x - xyp_z = 0 \qquad zL_z = xzp_y - yzp_x = 0$$

として和をとると

$$y\,L_y + zL_x = -xyp_z + xzp_y = -x(yp_z - zp_y) = -xL_x = 0$$

ここで

$$L_x \neq 0 \quad であるから \quad x = 0$$

したがって、常に $x = 0$ となり、運動は yz 平面で生じることになる。

ここで、運動量は

$$\vec{p} = m\vec{v} = m\frac{d\vec{r}}{dt}$$

であるから

$$\frac{d\vec{p}}{dt} = m\frac{d^2\vec{r}}{dt^2} = \vec{F}$$

となって、すでに紹介したように、運動量の時間変化は力となる。これを利用すると、角運動量の時間変化は

$$\frac{d\vec{L}}{dt} = \frac{d\vec{r}}{dt} \times \vec{p} + \vec{r} \times \frac{d\vec{p}}{dt}$$

となるが、右辺の第1項は

$$\frac{d\vec{r}}{dt} \times \vec{p} = \vec{v} \times (m\vec{v}) = 0$$

となるので

$$\frac{d\vec{L}}{dt} = \vec{r} \times \frac{d\vec{p}}{dt} = \vec{r} \times \vec{F}$$

という外積で与えられることになる。ここで、右辺は、力ベクトルに動径ベクトルをかけたもので、力のモーメント: $\vec{N}$ となる。これを**トルク** (torque) と呼ぶ場合もある。

$$\vec{N} = \vec{r} \times \vec{F} \quad [\text{Nm}]$$

よって

第 5 章　角運動量

$$\frac{d\vec{L}}{dt} = \vec{N}$$

という重要な関係が導かれる。

演習 5-6　ある物体が $\vec{r} = (1, 0, 0)$ [m] に位置し、力 $\vec{F} = (0, 2, 0)$ [N] が働いている。このとき、この物体に働く原点まわりのトルクを求めよ。

解） トルクは $\vec{N} = \vec{r} \times \vec{F}$ と与えられる。よって

$$\vec{N} = \vec{r} \times \vec{F} = \begin{pmatrix} 1 \\ 0 \\ 0 \end{pmatrix} \times \begin{pmatrix} 0 \\ 2 \\ 0 \end{pmatrix} = \begin{pmatrix} 0 \\ 0 \\ 2 \end{pmatrix} \quad \text{[Nm]}$$

となる。

演習 5-7　ある物体が $\vec{r} = (1, 0, 3)$ [m] に位置し、力 $\vec{F} = (2, 2, 0)$ [N] が働いている。このとき、この物体に働く点 $(1, 0, 1)$ まわりのトルクを求めよ。

解） $\vec{r}_0 = (1, 0, 1)$ と置くと、この点のまわりの力トルクは $\vec{N} = (\vec{r} - \vec{r}_0) \times \vec{F}$ と与えられる。よって

$$\vec{N} = (\vec{r} - \vec{r}_0) \times \vec{F} = \begin{pmatrix} 1-1 \\ 0-0 \\ 3-1 \end{pmatrix} \times \begin{pmatrix} 2 \\ 2 \\ 0 \end{pmatrix} = \begin{pmatrix} 0 \\ 0 \\ 2 \end{pmatrix} \times \begin{pmatrix} 2 \\ 2 \\ 0 \end{pmatrix} = \begin{pmatrix} -4 \\ 4 \\ 0 \end{pmatrix} \quad \text{[Nm]}$$

となる。

演習 5-8　運動している質量 m [kg] の物体の位置ベクトルが時間 t [s] の関数として $\vec{r} = (t, t^2, 3t)$ [m] と与えられるとき、この物体に働く力のモーメントを求めよ。

解）

$$\frac{d\vec{r}}{dt} = (1, 2t, 3) \text{ [m/s]} \qquad \frac{d^2\vec{r}}{dt^2} = (0, 2, 0) \text{ [m/s}^2\text{]}$$

から

$$\vec{F} = m\frac{d^2\vec{r}}{dt^2} = \begin{pmatrix} 0 \\ 2m \\ 0 \end{pmatrix} \text{ [N]}$$

よって

$$\vec{N} = \vec{r} \times \vec{F} = \begin{pmatrix} t \\ t^2 \\ 3t \end{pmatrix} \times \begin{pmatrix} 0 \\ 2m \\ 0 \end{pmatrix} = \begin{pmatrix} -6mt \\ 0 \\ 2mt \end{pmatrix} \text{ [Nm]}$$

となる。

演習 5-9 運動している質量 m [kg]の物体の位置ベクトルが時間 t [s]の関数として $\vec{r} = (t, t^2, \sin t)$ [m]と与えられるとき、この物体に働く原点まわりの力のモーメントを求めよ。

解）

$$\frac{d\vec{r}}{dt} = (1, 2t, \cos t) \text{ [m/s]} \qquad \frac{d^2\vec{r}}{dt^2} = (0, 2, -\sin t) \text{ [m/s}^2\text{]}$$

から

$$\vec{F} = m\frac{d^2\vec{r}}{dt^2} = \begin{pmatrix} 0 \\ 2m \\ -m\sin t \end{pmatrix} \text{ [N]}$$

よって

$$\vec{N} = \vec{r} \times \vec{F} = \begin{pmatrix} t \\ t^2 \\ \sin t \end{pmatrix} \times \begin{pmatrix} 0 \\ 2m \\ -m\sin t \end{pmatrix} = \begin{pmatrix} -mt^2\sin t - 2m\sin t \\ mt\sin t \\ 2mt \end{pmatrix} \text{ [Nm]}$$

となる。

第 5 章　角運動量

> **演習 5-10**　ある物体が $\vec{r} = (1, 1, 2)$ [m]に位置し、力 $\vec{F} = (2, 2, 4)$ [N]が働いている。このとき、この物体に働く点$(1, 0, 1)$まわりと原点まわりの力のモーメントを求めよ。

解） $\vec{r}_0 = (1, 0, 1)$ と置くと、この点のまわりの、力モーメントは $\vec{N} = (\vec{r} - \vec{r}_0) \times \vec{F}$ と与えられる。

$$\vec{N} = (\vec{r} - \vec{r}_0) \times \vec{F} = \begin{pmatrix} 1-1 \\ 1-0 \\ 2-1 \end{pmatrix} \times \begin{pmatrix} 2 \\ 2 \\ 4 \end{pmatrix} = \begin{pmatrix} 0 \\ 1 \\ 1 \end{pmatrix} \times \begin{pmatrix} 2 \\ 2 \\ 4 \end{pmatrix} = \begin{pmatrix} 1\cdot 4 - 1\cdot 2 \\ 1\cdot 2 - 0\cdot 4 \\ 0\cdot 2 - 1\cdot 2 \end{pmatrix} = \begin{pmatrix} 2 \\ 2 \\ -2 \end{pmatrix} \ [\text{Nm}]$$

となる。
一方、原点のまわりでは

$$\vec{N} = \vec{r} \times \vec{F} = \begin{pmatrix} 1 \\ 1 \\ 2 \end{pmatrix} \times \begin{pmatrix} 2 \\ 2 \\ 4 \end{pmatrix} = \begin{pmatrix} 1\cdot 4 - 2\cdot 2 \\ 2\cdot 2 - 1\cdot 4 \\ 1\cdot 2 - 1\cdot 2 \end{pmatrix} = \begin{pmatrix} 0 \\ 0 \\ 0 \end{pmatrix} \ [\text{Nm}]$$

のように 0 となる。

この演習において、原点に関して力ベクトルと動径ベクトルは平行 ($\vec{r} \mathbin{/\mkern-5mu/} \vec{F}$) となっている。この場合

$$\vec{N} = \vec{r} \times \vec{F} = 0$$

となり、モーメント、すなわち回転能力はゼロとなる。中心力場では、$\vec{r} \mathbin{/\mkern-5mu/} \vec{F}$ となるので、常に

$$\frac{d\vec{L}}{dt} = 0$$

となり、角運動量の時間変化がないことを示している。言い換えれば、中心力場では角運動量は保存されることになる。これを**角運動量の保存法則**(Law of conservation of angular momentum) と呼んでいる。

> **演習 5-11** 等速円運動においては、回転物体に働く力のモーメントがゼロとなることを示せ。

解） いままでは、等速円運動を 2 次元平面の運動として解析してきたが、ここでは、xyz 座標の 3 次元空間における xy 平面内の運動としよう。

円運動の中心を原点とし、半径を r [m]、角速度を ω [rad/s] とすると、時間 t [s] における位置ベクトルは

$$\vec{r}(t) = \begin{pmatrix} r\cos\omega t \\ r\sin\omega t \\ 0 \end{pmatrix} \text{ [m]}$$

となり、加速度ベクトルは

$$\frac{d^2\vec{r}(t)}{dt^2} = -\begin{pmatrix} r\omega^2\cos\omega t \\ r\omega^2\sin\omega t \\ 0 \end{pmatrix} \text{ [m/s}^2\text{]}$$

となる。したがって、力ベクトルは

$$\vec{F} = m\frac{d^2\vec{r}(t)}{dt^2} = -\begin{pmatrix} mr\omega^2\cos\omega t \\ mr\omega^2\sin\omega t \\ 0 \end{pmatrix} = -m\omega^2\vec{r}(t) \text{ [N]}$$

と与えられる。

よって、トルクは

$$\vec{N} = \vec{r} \times \vec{F} = -m\omega^2\vec{r} \times \vec{r} = 0$$

となり、ゼロとなる。

第 5 章 角運動量

5.3. 角速度（回転）ベクトル

いままでは、角速度ω [rad/s]をスカラーとして扱ってきた。実は、速度ベクトルと同じように角速度もベクトルとなる。復習すると、回転体の速さv [m/s]は、回転半径をr [m]、角速度をω [rad/s]とすると

$$v = r\omega$$

となる。

ところで、本来は位置もベクトルであり、速度もベクトルであるから、角速度もベクトルとなるはずである。実は、これらベクトルは

$$\vec{v} = \vec{\omega} \times \vec{r}$$

のようなベクトル積の関係にある。

ここでは、イメージをえるために

$$\vec{\omega} = \begin{pmatrix} 0 \\ 0 \\ \omega \end{pmatrix} \text{ [rad/s]}$$

というベクトルを考みよう。

このベクトルを図示すると、図 5-8 のようになる。

つまり、xy 平面でω [rad/s]の回転速度に対応した反時計まわりの回転が、**角速度ベクトル** (angular momentum vector) となり、その大きさはωで、向きはz方向となる。あるいは、回転によって、右ねじが進む方向と見ることもできる。

したがって、このベクトルが、与えられれば、図 5-8 の右図のように、xy平面においてω [rad/s]という速度に対応した回転があるということを意味している。よって、角速度ベクトルのことを**回転ベクトル** (rotation vector) とも呼ぶ。

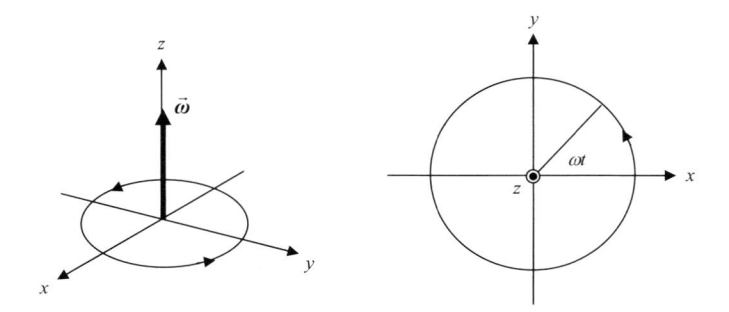

図 5-8　角速度ベクトル（回転ベクトル）のイメージ：xy 平面の反時計まわりの ω [rad/s] の回転が z 方向に大きさ ω のベクトルをつくる。

また

$$\vec{\omega} = \begin{pmatrix} \omega_x \\ 0 \\ 0 \end{pmatrix} \text{[rad/s]} \qquad \vec{\omega} = \begin{pmatrix} 0 \\ \omega_y \\ 0 \end{pmatrix} \text{[rad/s]}$$

というように x 成分および y 成分からなる角速度ベクトルは、yz 平面および xz 平面内において、それぞれ ω_x [rad/s] および ω_y [rad/s] に対応した回転があるということを意味している。

以上を踏まえて、xy 平面内で、中心からの距離 r [m] を角速度 ω [rad/s] で回転している物体の速度ベクトルを求めてみよう。角速度ベクトルおよび位置ベクトルは、それぞれ

$$\vec{\omega} = \begin{pmatrix} 0 \\ 0 \\ \omega \end{pmatrix} \qquad \vec{r} = \begin{pmatrix} r\cos\omega t \\ r\sin\omega t \\ 0 \end{pmatrix}$$

となるから

$$\vec{\omega} \times \vec{r} = \begin{pmatrix} 0 \\ 0 \\ \omega \end{pmatrix} \times \begin{pmatrix} r\cos\omega t \\ r\sin\omega t \\ 0 \end{pmatrix} = \begin{pmatrix} -r\omega\sin\omega t \\ r\omega\cos\omega t \\ 0 \end{pmatrix}$$

第 5 章　角運動量

となる。ここで

$$\vec{v} = \frac{d\vec{r}}{dt} = \begin{pmatrix} -r\omega\sin\omega t \\ r\omega\cos\omega t \\ 0 \end{pmatrix}$$

となるから、確かに $\vec{v} = \vec{\omega}\times\vec{r}$ という関係が成立することがわかる。

これを図で考えてみると、ベクトル積の対応関係は、右手系の直交座標に対応するので図 5-9 の左図のような関係となる。

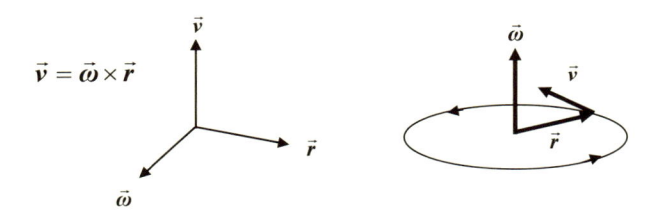

図 5-9　右手系におけるベクトル積の対応関係。回転の速度ベクトルと角速度ベクトルの関係。

これを、回転に対応させて、ベクトルとして図示すると図 5-9 の右図のようになる。$\vec{v} = \vec{\omega}\times\vec{r}$ を成分で示せば

$$\vec{v} = \begin{pmatrix} v_x \\ v_y \\ v_z \end{pmatrix} = \vec{\omega}\times\vec{r} = \begin{pmatrix} \omega_x \\ \omega_y \\ \omega_z \end{pmatrix} \times \begin{pmatrix} x \\ y \\ z \end{pmatrix} = \begin{pmatrix} \omega_y z - \omega_z y \\ \omega_z x - \omega_x z \\ \omega_x y - \omega_y x \end{pmatrix}$$

となる。

演習 5-12　角速度ベクトルが y 成分のみからなるとき、速度ベクトルの y 成分が 0 となることを示せ。

解)　角速度ベクトルが y 成分のみの場合

$$\vec{v} = \begin{pmatrix} v_x \\ v_y \\ v_z \end{pmatrix} = \vec{\omega} \times \vec{r} = \begin{pmatrix} 0 \\ \omega_y \\ 0 \end{pmatrix} \times \begin{pmatrix} x \\ y \\ z \end{pmatrix} = \begin{pmatrix} \omega_y z \\ 0 \\ -\omega_y x \end{pmatrix}$$

となり、速度ベクトルの y 成分が 0 となることが確かめられる。

ところで、$\vec{v} = \vec{\omega} \times \vec{r}$ という関係にあるならば、外積の性質から

$$v = \omega r \sin\theta$$

という関係にあるはずである。

これを最後に確認してみよう。図 5-10 のように、角速度ベクトル $\vec{\omega}$ と位置ベクトル $\vec{r}$ が角度 θ をなしている場合を想定する。

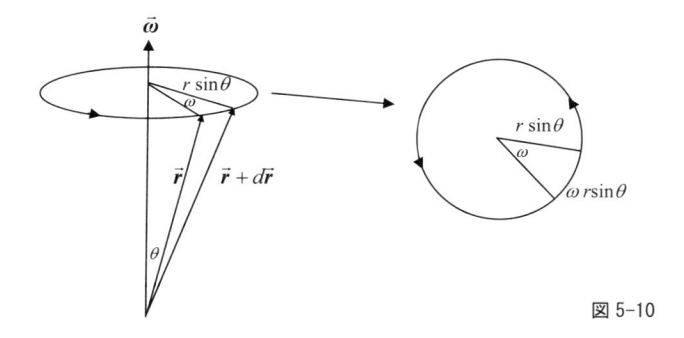

図 5-10

回転している円を図のようにとると、この回転半径は $r\sin\theta$ となる。したがって、回転速度 v [m/s] の大きさは、右図からわかるように、角速度の大きさが ω [rad/s] であるので $v = \omega r \sin\theta$ となり、確かに、外積の関係を満たしている。

第6章　単振り子

6.1. 単振り子の微分方程式

　ひもの先端に**錘り** (weight) をつけて、他端を固定し、鉛直面内で振らせる振り子を**単振り子** (simple pendulum) と呼ぶ（単振子；たんしんし、ともいう）。錘りは支点を中心とし、半径をひもの長さとした円周上を運動するから、基本的には円周に沿った1次元の運動となるはずである。

　ここで図 6-1 に示したように、点 O に固定された長さ ℓ [m]のひもの先に質量 m [kg]のおもり P をつるしたとしよう。このとき、重力加速度を g [m/s^2] とすると、錘りには鉛直下向き方向に mg [N]の力が働くことになる。

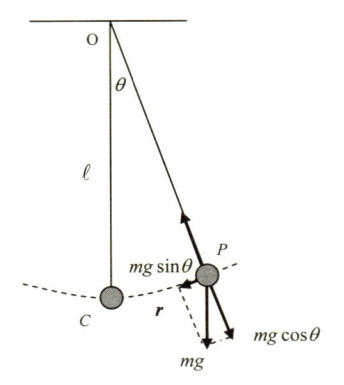

図 6-1　単振り子運動

　ここで、錘りが中心角 θ [rad] だけ中心 C から離れた状態を考える。ここで、弧 CP の長さを r [m] とすると

$$r = \ell\theta$$

となる。

　ここで、運動方程式を考える。ひもに平行な方向では、力はつりあっているので、錘りにこの方向の力は働かない。一方、ひもに垂直な方向では、$-mg\sin\theta$という力が円周に沿った方向に働く。したがって、運動方程式は

$$m\frac{d^2r}{dt^2} = -mg\sin\theta$$

となる。$r = \ell\theta$ から

$$\frac{d^2r}{dt^2} = \ell\frac{d^2\theta}{dt^2}$$

となるので、結局

$$\frac{d^2\theta}{dt^2} = -\frac{g}{\ell}\sin\theta$$

というθに関する2階微分方程式がえられる。この方程式を解けば、単振り子の運動の様子がわかることとなる。さらに、この式をみると、錘りの質量m[kg]は運動に影響を与えないこともわかる。

　後は、この微分方程式を解けばよいことになるが、このままのかたちで解法しようとしても、残念ながら、初等数学では解くことができないのである。そこで、ここではθが小さいとして

$$\sin\theta \cong \theta$$

いう近似を使う。すると、表記の微分方程式は

$$\frac{d^2\theta}{dt^2} = -\frac{g}{\ell}\theta$$

となって、単振動（p.69 参照）と同じかたちとなり

$$\theta(t) = C_1 \sin\left(\sqrt{\frac{g}{\ell}}\, t\right) + C_2 \cos\left(\sqrt{\frac{g}{\ell}}\, t\right)$$

が一般解となる。C_1 および C_2 は任意定数であり、初期条件や境界条件を与えることによって、具体的な値を求めることができる。

演習 6-1 単振り子の初期条件として $t = 0$ [s] において、$\theta = 0$ [rad], $d\theta/dt = \omega_0$ [rad/s] のとき、単振り子の運動を記述する式を求めよ。

解) 一般解 $\theta(t) = C_1 \sin\left(\sqrt{\frac{g}{\ell}}\, t\right) + C_2 \cos\left(\sqrt{\frac{g}{\ell}}\, t\right)$ に $t = 0$ を代入すると

$$\theta(0) = C_2 = 0$$

よって

$$\theta(t) = C_1 \sin\left(\sqrt{\frac{g}{\ell}}\, t\right)$$

t に関して微分すると

$$\frac{d\theta(t)}{dt} = C_1 \sqrt{\frac{g}{\ell}} \cos\left(\sqrt{\frac{g}{\ell}}\, t\right)$$

から

$$\left.\frac{d\theta(t)}{dt}\right|_{t=0} = C_1 \sqrt{\frac{g}{\ell}} = \omega_0 \quad \text{から} \quad C_1 = \omega_0 \sqrt{\frac{\ell}{g}}$$

となる。したがって

$$\theta(t) = \omega_0 \sqrt{\frac{\ell}{g}} \sin\left(\sqrt{\frac{g}{\ell}}\, t\right)$$

が解となる。

ここで、単振り子の周期 T [s]について考えてみよう。θ が小さいという近似のもとでは、単振り子の運動は、角速度が

$$\omega = \sqrt{\frac{g}{\ell}} \quad [\text{rad/s}]$$

の単振動と同じである。1周に相当する角度は 2π [rad]であるので、周期は

$$T = \frac{2\pi}{\omega} = 2\pi\sqrt{\frac{\ell}{g}} \quad [\text{s}]$$

となる。

この結果から、単振り子の周期は、錘りの質量 m [kg]に依存しないことがわかる。このことを単振り子の**同時性** (syncronism) と呼んでいる。

演習 6-2 単振り子の錘りを $\theta = \theta_0$ [rad]まで持ち上げて手を放したときの運動を記述する式を求めよ。

解) 初期条件として、$t = 0$[s] において $\theta = \theta_0$ [rad]となる。
一般解 $\theta(t) = C_1 \sin\left(\sqrt{\frac{g}{\ell}}\, t\right) + C_2 \cos\left(\sqrt{\frac{g}{\ell}}\, t\right)$ に $t = 0$ を代入すると

$$\theta(0) = C_2 = \theta_0$$

よって

$$\theta(t) = C_1 \sin\left(\sqrt{\frac{g}{\ell}}\, t\right) + \theta_0 \cos\left(\sqrt{\frac{g}{\ell}}\, t\right)$$

となる。つぎに、この振り子の角速度 [rad/s]は

$$\frac{d\theta(t)}{dt} = C_1 \sqrt{\frac{g}{\ell}} \cos\left(\sqrt{\frac{g}{\ell}}\, t\right) - \theta_0 \sqrt{\frac{g}{\ell}} \sin\left(\sqrt{\frac{g}{\ell}}\, t\right)$$

となるが、$t = 0$ [s] で角速度は 0[rad/s]であるから

第6章　単振り子

$$\left.\frac{d\theta(t)}{dt}\right|_{t=0} = C_1\sqrt{\frac{g}{\ell}}\cos 0 - \theta_0\sqrt{\frac{g}{\ell}}\sin 0 = C_1\sqrt{\frac{g}{\ell}} = 0$$

より $C_1 = 0$ となり

$$\theta(t) = \theta_0 \cos\left(\sqrt{\frac{g}{\ell}}\,t\right)$$

と与えられる。

ところで、いま紹介した解法では、錘りが半径 ℓ の円周に沿って1次元の運動をすると考えて1個の微分方程式をつくった。

一方、単振り子は図 6-2 に示すように、xy 平面における運動と考えることもでき、水平方向に対応した x 軸方向と、鉛直方向に対応した y 軸方向において、運動方程式をつくることも可能である。

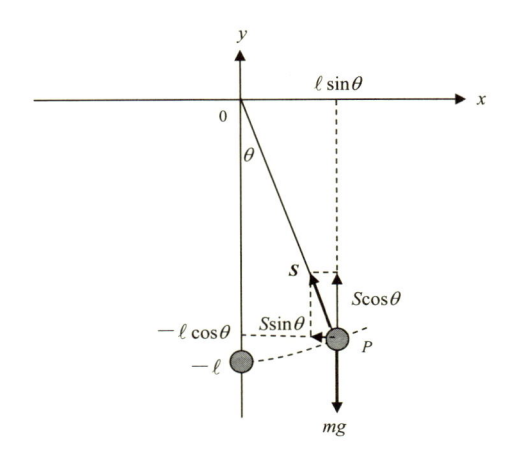

図 6-2　単振り子の xy 座標による解析

ここで、ひもの張力を S [N] とすると x 方向の運動方程式は

$$-S\sin\theta = m\frac{d^2x}{dt^2}$$

y 方向の運動方程式は

$$S\cos\theta - mg = m\frac{d^2y}{dt^2}$$

となる。

ここで、$S = mg\cos\theta$ であるから

$$-mg\sin\theta\cos\theta = m\frac{d^2x}{dt^2} \quad \text{および} \quad mg(\cos^2\theta - 1) = -mg\sin^2\theta = m\frac{d^2y}{dt^2}$$

という 2 個の微分方程式ができる。さらに、m は消えて

$$-g\sin\theta\cos\theta = \frac{d^2x}{dt^2} \qquad -g\sin^2\theta = \frac{d^2y}{dt^2}$$

という 2 個の微分方程式となる。

ここで

$$x = \ell\sin\theta \qquad y = -\ell\cos\theta$$

であるので

$$\sin\theta = \frac{x}{\ell} \qquad \cos\theta = \sqrt{1-\sin^2\theta} = \sqrt{1-\left(\frac{x}{\ell}\right)^2}$$

$$\cos\theta = -\frac{y}{\ell} \qquad \sin^2\theta = 1-\cos^2\theta = 1-\left(\frac{y}{\ell}\right)^2$$

ということを踏まえれば

$$\frac{d^2x}{dt^2} = -\frac{g}{\ell}x\sqrt{1-\left(\frac{x}{\ell}\right)^2} \qquad \frac{d^2y}{dt^2} = -g\left\{1-\left(\frac{y}{\ell}\right)^2\right\}$$

第6章 単振り子

と変形できる。

後は、これら微分方程式を解けば、錘りの運動の様子を (x, y) 座標として表現することができる。

実は、これら2個の微分方程式をひとつにまとめることができる。そのため、つぎのような操作を考える。まず、x, y を t に関して微分すると

$$\frac{dx}{dt} = \ell \cos\theta \frac{d\theta}{dt} \qquad \frac{dy}{dt} = \ell \sin\theta \frac{d\theta}{dt}$$

となる。

さらに、t に関して微分すると

$$\frac{d^2x}{dt^2} = -\ell \sin\theta \left(\frac{d\theta}{dt}\right)^2 + \ell \cos\theta \frac{d^2\theta}{dt^2} \qquad \frac{d^2y}{dt^2} = \ell \cos\theta \left(\frac{d\theta}{dt}\right)^2 + \ell \sin\theta \frac{d^2\theta}{dt^2}$$

という関係がえられる。

これらを、先ほど求めた2個の微分方程式に代入すると

$$-g \sin\theta \cos\theta = -\ell \sin\theta \left(\frac{d\theta}{dt}\right)^2 + \ell \cos\theta \frac{d^2\theta}{dt^2}$$

$$-g \sin^2\theta = \ell \cos\theta \left(\frac{d\theta}{dt}\right)^2 + \ell \sin\theta \frac{d^2\theta}{dt^2}$$

となる。

ここで、上辺に $\cos\theta$, 下辺に $\sin\theta$ を乗じて、辺々を加えれば

$$-g \sin\theta (\sin^2\theta + \cos^2\theta) = \ell \sin^2\theta \frac{d^2\theta}{dt^2} + \ell \cos^2\theta \frac{d^2\theta}{dt^2}$$

から

$$-g \sin\theta = \ell \frac{d^2\theta}{dt^2}$$

から

$$\frac{d^2\theta}{dt^2} = -\frac{g}{\ell}\sin\theta$$

となり、結局、1個の微分方程式に還元できる。

これは、円弧に沿った 1 次元運動として解析した微分方程式と同じものである。

6.2. 級数展開

6.2.1. マクローリン展開

前節では、問題を簡単化するために

$$\sin\theta \cong \theta$$

という近似を行った。

しかし、これはあくまでも近似であり、θ すなわち振れ幅が大きくなれば、当然のことながら誤差が生じる。それでは、どの程度の誤差が生じるのであろうか。

これは級数展開によって解析できる。実は、$\sin\theta$ という関数は、つぎのような**無限級数** (infinite series) に展開が可能であることが知られている。

$$\sin\theta = \theta - \frac{1}{3!}\theta^3 + \frac{1}{5!}\theta^5 - \frac{1}{7!}\theta^7 + \ldots + (-1)^n \frac{1}{(2n+1)!}\theta^{2n+1} + \ldots$$

ここで、θ が小さければ、θ^3 よりも高次の項の値は無視できるほど小さくなるので $\sin\theta \cong \theta$ という近似が成り立つことがわかる。

例えば、$\theta = 0.1$ とすると、第 2 項は

$$\frac{1}{3!}\theta^3 = \frac{0.001}{6} \cong 0.00016$$

となり、桁数で 4 桁ほど小さくなる。これより以降の項は、さらに値が小

第6章 単振り子

さくなるので、結局、$\sin\theta \cong \theta$ がよい近似となるのである。

あるいは、このような近似をしたときの誤差が

$$\sin\theta - \theta = -\frac{1}{3!}\theta^3 + \frac{1}{5!}\theta^5 - \frac{1}{7!}\theta^7 + ... + (-1)^n \frac{1}{(2n+1)!}\theta^{2n+1} + ...$$

ということを意味している。

実は、関数を級数展開することによる効用は非常に大きい。いまでは、電卓を使えば $\sin\theta$ の値を求めることができるが、かつては簡単ではなかった。しかし、上の級数展開を利用すれば、θ に具体的な数値を代入して代数計算すれば、その値を求めることができる。

なによりも、物理学において、人類の至宝と呼ばれ、本書でも第3章において微分方程式の解法に利用した**オイラーの公式** (Euler's formula)

$$e^{\pm i\theta} = \exp(\pm i\theta) = \cos\theta \pm i\sin\theta$$

も級数展開からえられたものである。

実は、解法が困難な微分方程式では、級数解を仮定して、その係数の性質を調べることが常套手段となっている。量子力学の多くの問題の解法は、この手法なしでは考えられない。もちろん、量子力学だけではなく、多くの理工学分野において、きわめて基本的な解析手段を与える重要な手法となっている。

そこで、級数展開とは、いったいどういう手法なのかを紹介したい。級数展開とは、関数 $f(x)$ を、次のような（無限の）**べき級数** (power series) に展開する手法である。

$$f(x) = a_0 + a_1 x + a_2 x^2 + a_3 x^3 + a_4 x^4 + a_5 x^5 + ...$$

このような展開を**マクローリン展開** (Mclaurine's series) と呼んでいる。より一般的には**テイラー展開** (Taylor's series) があるが、ここでは、マクローリン展開について説明する。

関数を級数展開するには、それぞれの係数を求めなければならない。それでは、どのような手法で、係数はえられるのであろうか。それを次に示す。
　まず級数展開の式に $x = 0$ を代入する。すると、x を含んだ項がすべて消えるので

$$f(0) = a_0$$

となって、**最初の定数項** (first constant term) が求められる。次に、$f(x)$ を x で微分すると

$$f'(x) = a_1 + 2a_2 x + 3a_3 x^2 + 4a_4 x^3 + 5a_5 x^4 + ...$$

となる。この式に $x = 0$ を代入すれば

$$f'(0) = a_1$$

となって、a_2 以降の項はすべて消えて、a_1 が求められる。
　同様にして、順次微分を行いながら、$x = 0$ を代入していくと、それ以降の係数がすべて計算できる。

$$f''(x) = 2a_2 + 3 \cdot 2a_3 x + 4 \cdot 3a_4 x^2 + 5 \cdot 4a_5 x^3 + ...$$
$$f'''(x) = 3 \cdot 2a_3 + 4 \cdot 3 \cdot 2a_4 x + 5 \cdot 4 \cdot 3a_5 x^2 + ...$$

であるから、$x = 0$ を代入すれば、それぞれ a_2, a_3 が求められる。
　よって、級数展開式の係数は

$$a_0 = f(0) \quad a_1 = f'(0) \quad a_2 = \frac{1}{1 \cdot 2} f''(0) \quad a_3 = \frac{1}{1 \cdot 2 \cdot 3} f'''(0)$$

$$......... \quad a_n = \frac{1}{n!} f^n(0)$$

第6章　単振り子

と与えられ、級数展開の**一般式** (general form)は

$$f(x) = f(0) + f'(0)x + \frac{1}{2!}f''(0)x^2 + \frac{1}{3!}f'''(0)x^3 + ... + \frac{1}{n!}f^{(n)}(0)x^n + ...$$

となる。これをまとめて書くと

$$f(x) = \sum_{n=0}^{\infty} \frac{1}{n!} f^{(n)}(0) x^n$$

がえられる。

演習 6-3　　$f(x) = \sin x$ を級数展開せよ。

解）　　$f(x) = \sin x$ を微分していくと

$$f'(x) = \cos x \quad f''(x) = -\sin x \quad f'''(x) = -\cos x$$
$$f^{(4)}(x) = \sin x \quad f^{(5)}(x) = \cos x \quad f^{(6)}(x) = -\sin x$$

となり、4回微分するともとに戻る。その後、順次同じサイクルを繰り返す。ここで、$\sin 0 = 0, \cos 0 = 1$ であるから

$$\sin x = x - \frac{1}{3!}x^3 + \frac{1}{5!}x^5 - \frac{1}{7!}x^7 + ... + (-1)^n \frac{1}{(2n+1)!}x^{2n+1} + ...$$

と級数展開できる。

図 6-3 に $f(x) = \sin x$ のグラフと級数展開式の $f^{(n)}(x)$ に対応する n 項までのグラフを示す。次第に漸近していく様子がわかるであろう。ちなみに $f(x) = x$ は直線となるが、x が小さい範囲では、確かによい近似となることもわかる。

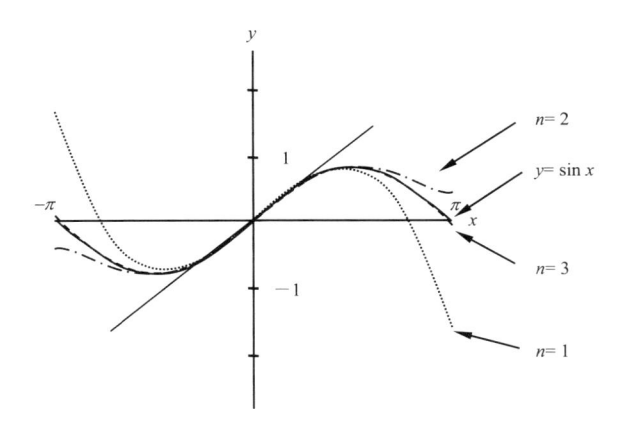

図 6-3　$\sin x$ の級数展開式の漸近の様子

次に $f(x) = \cos x$ の展開式を考えてみよう。この場合の導関数は

$$f'(x) = -\sin x \quad f''(x) = -\cos x \quad f'''(x) = \sin x$$
$$f^{(4)}(x) = \cos x \quad f^{(5)}(x) = -\sin x \quad f^{(6)}(x) = -\cos x$$

と与えられ、$\sin 0 = 0, \quad \cos 0 = 1$ であるから

$$\cos x = 1 - \frac{1}{2!}x^2 + \frac{1}{4!}x^4 - \frac{1}{6!}x^6 + \dots + (-1)^n \frac{1}{(2n)!}x^{2n} + \dots$$

となる。よって、$x \to 0$ のとき $\cos x \to 1$ となることがわかる。

演習 6-4　n を正の整数とするとき $(1+x)^n$ を級数展開せよ。

解）　$f(x) = (1+x)^n$ と置いて、その導関数を求める。

$$f'(x) = n(1+x)^{n-1} \qquad f''(x) = n(n-1)(1+x)^{n-2}$$

第 6 章　単振り子

$$f'''(x) = n(n-1)(n-2)(1+x)^{n-3} \qquad f^{(4)}(x) = n(n-1)(n-2)(n-3)(1+x)^{n-4}$$
$$\cdots\cdots$$
$$f^{(n)}(x) = n!$$

となり、これ以降の導関数はすべて 0 となる。
　ここで $x = 0$ を代入すると

$$f'(0) = n \qquad f''(0) = n(n-1) \qquad f'''(0) = n(n-1)(n-2)$$
$$f^{(4)}(0) = n(n-1)(n-2)(n-3) \quad \ldots \quad f^{(n)}(0) = n!$$

となる。これを

$$f(x) = f(0) + f'(0)x + \frac{1}{2!}f''(0)x^2 + \frac{1}{3!}f'''(0)x^3 + \ldots + \frac{1}{n!}f^{(n)}(0)x^n$$

に代入すると

$$f(x) = 1 + nx + \frac{1}{2!}n(n-1)x^2 + \frac{1}{3!}n(n-1)(n-2)x^3 + \ldots + x^n$$

となる。一般式として

$$f(x) = (1+x)^n = \sum_{k=0}^{n} \frac{n!}{k!(n-k)!}x^k$$

がえられる。

　このように $f(x) = (1+x)^n$ において、n が正の整数の場合には n 階微分したところで、定数となるので、それ以降の項は 0 となる。よって、級数展開した結果は、無限級数ではなく多項式となる。一方、n が負の整数や分数の場合には、何回でも微分が可能となるので、無限級数となる。

演習 6-5 $f(x) = \dfrac{1}{1-x}$ を級数展開せよ。

解) $f(x) = \dfrac{1}{1-x} = (1-x)^{-1}$ であるので

$$f'(x) = (1-x)^{-2} \qquad f''(x) = 2(1-x)^{-3}$$
$$f'''(x) = 2\cdot 3(1-x)^{-4} \qquad f^{(4)}(x) = 2\cdot 3\cdot 4(1-x)^{-5}$$

から

$$f^{(n)}(x) = n!(1-x)^{-(n+1)}$$

となる。よって

$$f^{(n)}(0) = n!$$

したがって

$$f(x) = f(0) + f'(0)x + \frac{1}{2!}f''(0)x^2 + \frac{1}{3!}f'''(0)x^3 + \cdots + \frac{1}{n!}f^{(n)}(0)x^n + \cdots$$

に代入すると

$$f(x) = \frac{1}{1-x} = 1 + x + x^2 + x^3 + x^4 + \cdots + x^n + \cdots$$

という無限級数となる。

ここで、えられた式に $x = 2$ を代入してみよう。すると

$$-1 = 1 + 2 + 2^2 + 2^3 + 2^4 + \cdots + 2^n + \cdots$$

となって、明らかに等式は成立しない。実は、無限級数に展開した場合、それがある数値に収束するための条件が必要となる場合がある。いまの場

第6章 単振り子

合は

$$-1 < x < 1 \quad \text{あるいは} \quad |x| < 1$$

が収束するための条件である。また、この範囲を**収束半径** (convergence radius)と呼んでいる。$\sin x, \cos x, e^x$ などの収束半径は無限大であるが、一般の関数では、収束半径を知っておく必要がある。

演習 6-6 $f(x) = \dfrac{1}{\sqrt{1+x}}$ ($|x| < 1$)を級数展開せよ。

解) $f(x) = \dfrac{1}{\sqrt{1+x}} = (1+x)^{-\frac{1}{2}}$ であるので

$$f'(x) = -\frac{1}{2}(1+x)^{-\frac{3}{2}} \qquad f''(x) = \left(-\frac{1}{2}\right)\left(-\frac{3}{2}\right)(1+x)^{-\frac{5}{2}}$$

$$f'''(x) = \left(-\frac{1}{2}\right)\left(-\frac{3}{2}\right)\left(-\frac{5}{2}\right)(1+x)^{-\frac{7}{2}}$$

$$f^{(4)}(x) = -\left(-\frac{1}{2}\right)\left(-\frac{3}{2}\right)\left(-\frac{5}{2}\right)\left(-\frac{7}{2}\right)(1+x)^{-\frac{9}{2}}$$

となる。
したがって

$$f(x) = f(0) + f'(0)x + \frac{1}{2!}f''(0)x^2 + \frac{1}{3!}f'''(0)x^3 + \dots + \frac{1}{n!}f^{(n)}(0)x^n + \dots$$

に代入すると

$$f(x) = 1 - \frac{1}{2}x + \frac{1}{2!}\frac{1\cdot 3}{2^2}x^2 - \frac{1}{3!}\frac{1\cdot 3\cdot 5}{2^3}x^3 + \dots + (-1)^n \frac{1}{n!}\frac{(2n-1)!!}{2^n}x^n + \dots$$

数値で示せば

$$f(x) = 1 - \frac{1}{2}x + \frac{3}{8}x^2 - \frac{5}{16}x^3 + \frac{35}{128}x^4 - \frac{63}{256}x^5 + \frac{231}{1024}x^6 + ...$$

となる。

ちなみに!!という記号は、**階乗** (factorial) において、1個おきに数を乗ずるという意味である。7! = 1×2×3×4×5×7 に対し、7!!=1×3×5×7 となる。また、いまの級数の一般式の分母の $n!2^n$ は $2n!!$ と同じである。したがって

$$f(x) = 1 - \frac{1}{2}x + \frac{1 \cdot 3}{2 \cdot 4}x^2 - \frac{1 \cdot 3 \cdot 5}{2 \cdot 4 \cdot 6}x^3 + \frac{1 \cdot 3 \cdot 5 \cdot 7}{2 \cdot 4 \cdot 6 \cdot 8}x^4 - ....$$

と表記する場合もある。

この演習の結果に $x = -x$ を代入すると

$f(x) = \dfrac{1}{\sqrt{1-x}}$ ($|x| < 1$) の級数展開は

$$f(x) = 1 + \frac{1}{2}x + \frac{3}{8}x^2 + \frac{5}{16}x^3 + \frac{35}{128}x^4 + \frac{63}{256}x^5 + \frac{231}{1024}x^6 + ...$$

となること、さらに、$x = x^2$ を代入すると

$f(x) = \dfrac{1}{\sqrt{1-x^2}}$ ($|x| < 1$) の級数展開は

$$f(x) = 1 + \frac{1}{2}x^2 + \frac{3}{8}x^4 + \frac{5}{16}x^6 + \frac{35}{128}x^8 + \frac{63}{256}x^{10} + \frac{231}{1024}x^{12} + ...$$

となることがわかる。

演習 6-7 $f(x) = e^x (=\exp(x))$ を級数展開せよ。

解)

$$\frac{df(x)}{dx} = \frac{de^x}{dx} = e^x = f(x) \qquad \frac{d^2 f(x)}{dx^2} = \frac{d}{dx}\left(\frac{df(x)}{dx}\right) = \frac{de^x}{dx} = e^x$$

第6章　単振り子

となって e の場合は、$f^{(n)}(x) = e^x$ と簡単となる。したがって、級数展開式

$$f(x) = f(0) + f'(0)x + \frac{1}{2!}f''(0)x^2 + \frac{1}{3!}f'''(0)x^3 + ... + \frac{1}{n!}f^{(n)}(0)x^n + ...$$

において、すべて $f^{(n)}(0) = e^0 = 1$ となる。よって、e の展開式は

$$e^x = 1 + x + \frac{1}{2!}x^2 + \frac{1}{3!}x^3 + \frac{1}{4!}x^4 + ... + \frac{1}{n!}x^n + ...$$

となる。

最後に級数展開の効用として、微分方程式の解法を紹介しておこう。ここでは、単振動の微分方程式

$$\frac{d^2x}{dt^2} + \omega^2 x = 0 \qquad (\omega > 0)$$

の解法を行ってみる。

第3章では、この解を $\sin\omega t$ あるいは $\cos\omega t$ と仮定して解法した。しかし、一般の微分方程式では、そう簡単には解は浮かばない。このときは、解として

$$x = a_0 + a_1 t + a_2 t^2 + a_3 t^3 + a_4 t^4 + a_5 t^5 + ... + a_n t^n + ...$$

という無限級数を仮定するのである。そして、表記の微分方程式に代入して、係数間の関係を導く。すると

$$\frac{dx}{dt} = a_1 + 2a_2 t + 3a_3 t^2 + 4a_4 t^3 + 5a_5 t^4 + ... + na_n t^{n-1} + ...$$

$$\frac{d^2x}{dt^2} = 2a_2 + 3 \cdot 2a_3 t + 4 \cdot 3a_4 t^2 + 5 \cdot 4a_5 t^3 + ... + n(n-1)a_n t^{n-2} + ...$$

となるので、これを最初の微分方程式に代入する。

$$\frac{d^2x}{dt^2} = 2a_2 + 3\cdot 2a_3 t + 4\cdot 3a_4 t^2 + 5\cdot 4a_5 t^3 + \ldots + n(n-1)a_n t^{n-2} + \ldots$$

$$\omega^2 x = \omega^2 a_0 + \omega^2 a_1 t + \omega^2 a_2 t^2 + \omega^2 a_3 t^3 + \omega^2 a_4 t^4 + \omega^2 a_5 t^5 + \ldots + \omega^2 a_n t^n + \ldots$$

これを全部足して、t で整理すると

$$(2a_2 + \omega^2 a_0) + (3\cdot 2a_3 + \omega^2 a_1)t + (4\cdot 3a_4 + \omega^2 a_2)t^2$$
$$+ (5\cdot 4a_5 + \omega^2 a_3)t^3 + \ldots + [(n+2)(n+1)a_{n+2} + \omega^2 a_n]t^n + \ldots = 0$$

となる。この式が恒等的にゼロになるためには、すべての係数(coefficients)がゼロでなければならない。よって

$$2\cdot 1 a_2 + \omega^2 a_0 = 0 \qquad 3\cdot 2 a_3 + \omega^2 a_1 = 0 \qquad 4\cdot 3 a_4 + \omega^2 a_2 = 0$$
$$5\cdot 4 a_5 + \omega^2 a_3 = 0$$
$$\ldots\ldots$$
$$n(n-1)a_n + \omega^2 a_{n-2} = 0 \qquad (n+1)n a_{n+1} + \omega^2 a_{n-1} = 0$$
$$(n+2)(n+1)a_{n+2} + \omega^2 a_n = 0$$

の関係がえられる。ここで、それぞれの係数は

$$a_2 = -\frac{1}{2\cdot 1}\omega^2 a_0 \qquad a_3 = -\frac{1}{3\cdot 2}\omega^2 a_1$$
$$a_4 = -\frac{1}{4\cdot 3}\omega^2 a_2 = \frac{1}{4\cdot 3\cdot 2\cdot 1}\omega^4 a_0 = \frac{1}{4!}\omega^4 a_0$$

$$a_5 = -\frac{1}{5\cdot 4}\omega^2 a_3 = \frac{1}{5\cdot 4\cdot 3\cdot 2}\omega^4 a_1 = \frac{1}{5!}\omega^4 a_1$$
$$a_6 = -\frac{1}{6\cdot 5}\omega^2 a_4 = -\frac{1}{6!}\omega^6 a_0 \quad \ldots\ldots$$

となり、結局一般項が

第 6 章　単振り子

$$a_{2n} = (-1)^n \frac{1}{2n!} \omega^{2n} a_0 \qquad a_{2n+1} = (-1)^n \frac{1}{(2n+1)!} \omega^{2n} a_1$$

となり、a_0 あるいは a_1 で表される。よって解は、a_0 および a_1 を任意定数として

$$x = a_0 \left(1 - \frac{\omega^2}{2!} t^2 + \frac{\omega^4}{4!} t^4 - \frac{\omega^6}{6!} t^6 + \dots + (-1)^n \frac{\omega^{2n}}{2n!} t^{2n} + \dots \right) + a_1 \left(t - \frac{\omega^2}{3!} t^3 + \frac{\omega^4}{5!} t^5 - \frac{\omega^7}{7!} t^7 + \dots + (-1)^n \frac{\omega^{2n}}{(2n+1)!} t^{2n+1} + \dots \right)$$

ここで、さらに次のような変換をする。

$$x = a_0 \left(1 - \frac{\omega^2}{2!} t^2 + \frac{\omega^4}{4!} t^4 - \frac{\omega^6}{6!} t^6 + \dots + (-1)^n \frac{\omega^{2n}}{2n!} t^{2n} + \dots \right) + \frac{a_1}{\omega} \left(\omega t - \frac{\omega^3}{3!} t^3 + \frac{\omega^5}{5!} t^5 - \frac{\omega^7}{7!} t^7 + \dots + (-1)^n \frac{\omega^{2n+1}}{(2n+1)!} t^{2n+1} + \dots \right)$$

ここで、$\sin x$ と $\cos x$ の級数展開を思い出すと

$$\sin x = x - \frac{1}{3!} x^3 + \frac{1}{5!} x^5 - \frac{1}{7!} x^7 \dots + (-1)^n \frac{1}{(2n+1)!} x^{2n+1} + \dots$$

$$\cos x = 1 - \frac{1}{2!} x^2 + \frac{1}{4!} x^4 - \frac{1}{6!} x^6 \dots + (-1)^n \frac{1}{(2n)!} x^{2n} + \dots$$

であったから、一般解は

$$x(t) = a_0 \cos \omega t + \frac{a_1}{\omega} \sin \omega t$$

と与えられることがわかる。これは、まさに単振動の一般解である。
　この手法に倣えば、まったく解の見当がつかない微分方程式においても、

未定係数の級数を利用して解を導くことができる。この手法を**未定係数法** (method of undetermined coefficients) と呼んでいる。

多くの物理分野において、初等数学で解くことが難しい微分方程式の解法には、級数展開の手法が用いられている。その汎用性の高さは納得いただけるであろう。

6.2.2. オイラーの公式

e^x の展開式と $\sin x, \cos x$ の展開式を並べて示すと

$$e^x = 1 + x + \frac{1}{2!}x^2 + \frac{1}{3!}x^3 + \frac{1}{4!}x^4 + \frac{1}{5!}x^5 + \cdots + \frac{1}{n!}x^n + \cdots$$

$$\sin x = x - \frac{1}{3!}x^3 + \frac{1}{5!}x^5 - \frac{1}{7!}x^7 + \cdots + (-1)^n \frac{1}{(2n+1)!}x^{2n+1} + \cdots$$

$$\cos x = 1 - \frac{1}{2!}x^2 + \frac{1}{4!}x^4 - \frac{1}{6!}x^6 + \cdots + (-1)^n \frac{1}{(2n)!}x^{2n} + \cdots$$

となる。

これら展開式を見ると、e^x の展開式には $\sin x, \cos x$ のべき項がすべて含まれている。惜しむらくは $\sin x$ や $\cos x$ では $(-1)^n$ の係数のために、符号が順次反転するので、単純にこれらを関係づけることができない。ところが、虚数 (i) を使うと、この三者がみごとに連結されるのである。

指数関数の展開式に $x = ix$ を代入してみる。すると

$$\begin{aligned}e^{ix} &= 1 + ix + \frac{1}{2!}(ix)^2 + \frac{1}{3!}(ix)^3 + \frac{1}{4!}(ix)^4 + \frac{1}{5!}(ix)^5 + \cdots + \frac{1}{n!}(ix)^n + \cdots \\ &= 1 + ix - \frac{1}{2!}x^2 - \frac{i}{3!}x^3 + \frac{1}{4!}x^4 + \frac{i}{5!}x^5 - \frac{1}{6!}x^6 - \frac{i}{7!}x^7 + \cdots\end{aligned}$$

と計算できる。この実部 (real part) と虚部 (imaginary part) を取り出すと、実部は

$$1 - \frac{1}{2!}x^2 + \frac{1}{4!}x^4 - \frac{1}{6!}x^6 + \cdots + (-1)^n \frac{1}{(2n)!}x^{2n} + \cdots$$

であるから、まさに $\cos x$ の展開式となっている。一方、虚部は

$$x - \frac{1}{3!}x^3 + \frac{1}{5!}x^5 - \frac{1}{7!}x^7 + ... + (-1)^n \frac{1}{(2n+1)!}x^{2n+1} + ...$$

となっており、まさに $\sin x$ の展開式である。よって

$$e^{ix} = \cos x + i\sin x$$

という関係がえられることがわかる。

　これがオイラーの公式である。実数では、何か密接な関係がありそうだということはわかっていても、関係づけることが難しかった指数関数と三角関数が、虚数を介することで見事に結びつけることが可能となるのである。

演習 6-8 オイラーの公式を利用して、次の三角関数に関する関係を導け。

$$\cos x = \frac{e^{ix} + e^{-ix}}{2} \qquad \sin x = \frac{e^{ix} - e^{-ix}}{2i}$$

解） オイラーの公式から

$$e^{ix} = \cos x + i\sin x \qquad e^{-ix} = \cos x - i\sin x$$

となる。両辺の和と差をとると

$$e^{ix} + e^{-ix} = 2\cos x \qquad e^{ix} - e^{-ix} = 2i\sin x$$

となって、これを整理すれば

$$\cos x = \frac{e^{ix}+e^{-ix}}{2} \qquad \sin x = \frac{e^{ix}-e^{-ix}}{2i}$$

がえられる。

演習 6-9 オイラーの公式に $x = \pi$ を代入せよ。

解) $e^{ix} = \cos x + i \sin x$ という関係にあるから

$$e^{i\pi} = \cos \pi + i \sin \pi = -1$$

となる。

この式を変形すると

$$e^{i\pi} + 1 = 0$$

となり、数学において重要な5個の数である e, π, i, 1, 0 がすべて含まれている。奇跡の式と呼ばれる所以である。

ここで、複素数の**極形式** (polar form) についても説明しておこう。直交座標と極座標の対応は

$$(x, y) \rightarrow (r\cos\theta, r\sin\theta)$$

となる。

ここで、一般の複素数は

$$x + iy = r\cos\theta + ir\sin\theta = r(\cos\theta + i\sin\theta)$$

となるが、オイラーの公式を使うと

$$x + iy = r(\cos\theta + i\sin\theta) = re^{i\theta} = (r\exp(i\theta))$$

と書くことができる。これを極形式と呼んでいる。すべての**複素数** (complex number) は極形式で表記することができる。

第6章　単振り子

演習 6-10　　複素数 $3+3i$ を極形式に変形せよ。

解）　　まず　$r = \sqrt{3^2 + 3^2} = \sqrt{18} = 3\sqrt{2}$

$$3 + 3i = 3\sqrt{2}\left(\frac{1}{\sqrt{2}} + i\frac{1}{\sqrt{2}}\right) = 3\sqrt{2}\left(\cos\frac{\pi}{4} + i\sin\frac{\pi}{4}\right) = 3\sqrt{2}e^{i\frac{\pi}{4}}$$

6.3. 単振り子の近似解

単振り子の解析において、微分方程式

$$\frac{d^2\theta}{dt^2} = -\frac{g}{\ell}\sin\theta$$

を解法する際に $\sin\theta \cong \theta$ として、近似的に解を導いた。しかし、本来は

$$\sin\theta = \theta - \frac{1}{3!}\theta^3 + \frac{1}{5!}\theta^5 - \frac{1}{7!}\theta^7 + \ldots + (-1)^n\frac{1}{(2n+1)!}\theta^{2n+1} + \ldots$$

$$= \theta - \frac{1}{6}\theta^3 + \frac{1}{120}\theta^5 - \frac{1}{5040}\theta^7 + \frac{1}{362880}\theta^9 + \ldots$$

となるので、微分方程式は

$$\frac{d^2\theta}{dt^2} = -\frac{g}{\ell}\left(\theta - \frac{1}{6}\theta^3 + \frac{1}{120}\theta^5 - \frac{1}{5040}\theta^7 + \frac{1}{362880}\theta^9 + \ldots\right)$$

となるはずである。本章で行った近似は、θ^3 以降の項を無視したことを意味している。

よって、近似の精度を上げるには

$$\frac{d^2\theta}{dt^2} = -\frac{g}{\ell}\theta \quad\quad \rightarrow \quad\quad \frac{d^2\theta}{dt^2} = -\frac{g}{\ell}\left(\theta - \frac{1}{6}\theta^3\right)$$

$$\rightarrow \quad \frac{d^2\theta}{dt^2} = -\frac{g}{\ell}\left(\theta - \frac{1}{6}\theta^3 + \frac{1}{120}\theta^5\right)$$

のように、より高次の項まで取り入れていけばよいのである。

ここで、これら微分方程式を解くための前準備として$\left(\dfrac{d\theta}{dt}\right)^2$を考え、これを$t$で微分してみる。すると

$$\frac{d}{dt}\left\{\left(\frac{d\theta}{dt}\right)^2\right\} = 2\frac{d\theta}{dt}\frac{d^2\theta}{dt^2}$$

となる。

これを踏まえて、先ほどの微分方程式の両辺に$2\dfrac{d\theta}{dt}$を乗じてみよう。すると

$$2\frac{d\theta}{dt}\frac{d^2\theta}{dt^2} = -\frac{2g}{\ell}\theta\frac{d\theta}{dt}$$

両辺をtに関して積分する。左辺はすでに積分結果はわかっている。ここで、右辺は

$$-\frac{2g}{\ell}\int\theta\frac{d\theta}{dt}dt = -\frac{2g}{\ell}\int\theta d\theta = -\frac{g}{\ell}\theta^2 + C$$

となるから

$$\left(\frac{d\theta}{dt}\right)^2 = -\frac{g}{\ell}\theta^2 + C$$

となる。

ここで、振り子を角度θ_0まで持ち上げて、振動を開始することを考えよう。このとき、$t=0$において$\theta=\theta_0$, $d\theta/dt=0$であるから

$$C - \frac{g}{\ell}\theta_0^2 = 0 \quad \text{から} \quad C = \frac{g}{\ell}\theta_0^2$$

第6章　単振り子

よって

$$\left(\frac{d\theta}{dt}\right)^2 = \frac{g}{\ell}(\theta_0^2 - \theta^2) \quad \text{から} \quad \frac{d\theta}{dt} = \pm\sqrt{\frac{g}{\ell}} \cdot \sqrt{\theta_0^2 - \theta^2}$$

いまは、振り子を角度 θ_0 まで振り上げて、振動を開始する過程であるから、θ が時間とともに減少していく。したがって右辺は－となり

$$\frac{d\theta}{dt} = -\sqrt{\frac{g}{\ell}} \cdot \sqrt{\theta_0^2 - \theta^2}$$

となる。

演習 6-11 微分方程式 $\dfrac{d\theta}{dt} = -\sqrt{\dfrac{g}{\ell}} \cdot \sqrt{\theta_0^2 - \theta^2}$ を解法せよ。ただし、初期条件として $t = 0$ のとき $\theta = \theta_0$, $d\theta/dt = 0$ とする。

解） 変数分離形なので

$$\frac{d\theta}{\sqrt{\theta_0^2 - \theta^2}} = -\sqrt{\frac{g}{\ell}} \cdot dt$$

となり

$$\int \frac{d\theta}{\sqrt{\theta_0^2 - \theta^2}} = -\sqrt{\frac{g}{\ell}} \cdot \int dt$$

両辺を積分して[1]

$$\sin^{-1}\left(\frac{\theta}{\theta_0}\right) = -\sqrt{\frac{g}{\ell}}t + C$$

$t = 0$ のとき $\theta = \theta_0$ なので

---

[1] $\int 1/\sqrt{1-x^2}\,dx = \sin^{-1} x$ を利用している。

171

$$C = \sin^{-1}\left(\frac{\theta_0}{\theta_0}\right) = \sin^{-1}(1) = \frac{\pi}{2}$$

よって

$$\frac{\theta}{\theta_0} = \sin\left(-\sqrt{\frac{g}{\ell}}t + \frac{\pi}{2}\right) = \cos\left(\sqrt{\frac{g}{\ell}}t\right) \qquad \theta = \theta_0 \cos\left(\sqrt{\frac{g}{\ell}}t\right)$$

となる。

よって、この振動は、振幅 θ_0、角速度 $\omega = \sqrt{g/\ell}$ [rad/s]の単振動となる。つぎに精度の高い近似の微分方程式は

$$\frac{d^2\theta}{dt^2} = -\frac{g}{\ell}\left(\theta - \frac{1}{6}\theta^3\right)$$

となる。

ふたたび両辺に $2\dfrac{d\theta}{dt}$ を乗じて

$$2\frac{d\theta}{dt}\frac{d^2\theta}{dt^2} = -\frac{g}{\ell}\left(2\theta\frac{d\theta}{dt} - \frac{1}{3}\theta^3\frac{d\theta}{dt}\right)$$

とし、両辺を t に関して積分すると

$$\left(\frac{d\theta}{dt}\right)^2 = -\frac{g}{\ell}\left(\theta^2 - \frac{1}{12}\theta^4\right) + C$$

がえられる。先ほどと同様に、振り子を角度 θ_0 まで持ち上げて、振動を開始することを考えよう。$t = 0$ において $d\theta/dt = 0$ であるから

$$C - \frac{g}{\ell}\left(\theta_0^2 - \frac{1}{12}\theta_0^4\right) = 0$$

より

第6章　単振り子

$$C = \frac{g}{\ell}\left(\theta_0^{\ 2} - \frac{1}{12}\theta_0^{\ 4}\right)$$

よって

$$\left(\frac{d\theta}{dt}\right)^2 = \frac{g}{\ell}\left((\theta_0^{\ 2} - \theta^2) - \frac{1}{12}(\theta_0^{\ 4} - \theta^4)\right)$$

から

$$\frac{d\theta}{dt} = \pm\sqrt{\frac{g}{\ell}} \cdot \sqrt{(\theta_0^{\ 2} - \theta^2) - \frac{1}{12}(\theta_0^{\ 4} - \theta^4)}$$

錘りを下降する過程ではθが t ともに減少するので、$d\theta/dt<0$、よって右辺は−となり

$$\frac{d\theta}{dt} = -\sqrt{\frac{g}{\ell}} \cdot \sqrt{(\theta_0^{\ 2} - \theta^2) - \frac{1}{12}(\theta_0^{\ 4} - \theta^4)}$$

となる。
　先ほどの第一近似では

$$\frac{d\theta}{dt} = -\sqrt{\frac{g}{\ell}} \cdot \sqrt{\theta_0^{\ 2} - \theta^2}$$

であったので

$$-\frac{1}{12}(\theta_0^{\ 4} - \theta^4)$$

が精度を上げるために加わった修正項であることがわかる。
　これは変数分離形なので

$$\frac{d\theta}{\sqrt{(\theta_0^{\ 2} - \theta^2) - \frac{1}{12}(\theta_0^{\ 4} - \theta^4)}} = -\sqrt{\frac{g}{\ell}} \cdot dt$$

となる。
　同様にして、さらに精度の高い近似は

173

$$\frac{d\theta}{\sqrt{(\theta_0^2-\theta^2)-\frac{1}{12}(\theta_0^4-\theta^4)+\frac{1}{360}(\theta_0^6-\theta^6)}}=-\sqrt{\frac{g}{\ell}}\cdot dt$$

となり、順次、$\sin\theta$ の級数展開に対応した高次の項が補正項として付加されていくことになる。残念ながら、これら微分方程式も初等数学で解くことは困難である。ただし、これら方程式も、級数展開を利用することで、近似的な解（第一近似よりは精密な解）を求めることは可能である。

演習 6-12 級数展開を利用して、$t=0$ のとき $\theta=\theta_0$ という条件下で、つぎの微分方程式を解法して、この振動の周期を求めよ。

$$\frac{d\theta}{\sqrt{(\theta_0^2-\theta^2)-\frac{1}{12}(\theta_0^4-\theta^4)}}=-\sqrt{\frac{g}{\ell}}\cdot dt$$

解) 式をつぎのように変形しよう。

$$(\theta_0^2-\theta^2)-\frac{1}{12}(\theta_0^4-\theta^4)=(\theta_0^2-\theta^2)-\frac{1}{12}(\theta_0^2-\theta^2)(\theta_0^2+\theta^2)$$
$$=(\theta_0^2-\theta^2)\left\{1-\frac{1}{12}(\theta_0^2+\theta^2)\right\}$$

すると

$$\frac{d\theta}{\sqrt{\theta_0^2-\theta^2}}\left\{1-\frac{1}{12}(\theta_0^2+\theta^2)\right\}^{-\frac{1}{2}}=-\sqrt{\frac{g}{\ell}}\cdot dt$$

このままでの積分は難しいので、ふたたび $(1-x)^{-1/2}$ の級数展開を利用する。いま想定しているのは、$\theta_0<\pi/2$ であるので $(1/12)(\theta_0^2+\theta^2)<1$ であり、級数展開が使える。このとき

174

第 6 章　単振り子

$$\left\{1-\frac{\theta_0^{\ 2}+\theta^2}{12}\right\}^{-\frac{1}{2}}=1+\frac{1}{2}\left(\frac{\theta_0^{\ 2}+\theta^2}{12}\right)+\frac{3}{8}\left(\frac{\theta_0^{\ 2}+\theta^2}{12}\right)^2+\frac{5}{16}\left(\frac{\theta_0^{\ 2}+\theta^2}{12}\right)^3+\dots$$

と展開できる。したがって、第 2 項までの修正を取り入れると

$$\frac{d\theta}{\sqrt{\theta_0^{\ 2}-\theta^2}}\left\{1-\frac{1}{12}(\theta_0^{\ 2}+\theta^2)\right\}^{-\frac{1}{2}}\cong\frac{d\theta}{\sqrt{\theta_0^{\ 2}-\theta^2}}+\frac{1}{24}\frac{\theta_0^{\ 2}+\theta^2}{\sqrt{\theta_0^{\ 2}-\theta^2}}d\theta$$

となる。ここで第 2 項は

$$\frac{1}{24}\frac{\theta_0^{\ 2}+\theta^2}{\sqrt{\theta_0^{\ 2}-\theta^2}}d\theta=\frac{1}{24}\frac{\theta_0^{\ 2}d\theta}{\sqrt{\theta_0^{\ 2}-\theta^2}}+\frac{1}{24}\frac{\theta^2}{\sqrt{\theta_0^{\ 2}-\theta^2}}d\theta$$

と分解できるので

$$\frac{d\theta}{\sqrt{\theta_0^{\ 2}-\theta^2}}+\frac{1}{24}\frac{d\theta}{\sqrt{\theta_0^{\ 2}-\theta^2}}(\theta_0^{\ 2}+\theta^2)$$

$$=\left(1+\frac{1}{24}\theta_0^{\ 2}\right)\frac{d\theta}{\sqrt{\theta_0^{\ 2}-\theta^2}}+\frac{1}{24}\frac{\theta^2}{\sqrt{\theta_0^{\ 2}-\theta^2}}d\theta$$

まず、第 1 項の積分は

$$\left(1+\frac{1}{24}\theta_0^{\ 2}\right)\int\frac{d\theta}{\sqrt{\theta_0^{\ 2}-\theta^2}}=\left(1+\frac{1}{24}\theta_0^{\ 2}\right)\sin^{-1}\left(\frac{\theta}{\theta_0}\right)$$

となる。
　つぎに、第 2 項は

$$\frac{1}{24}\frac{\theta^2}{\sqrt{\theta_0^2-\theta^2}}d\theta = \frac{1}{24}\left\{\theta^2(\theta_0^2-\theta^2)^{-\frac{1}{2}}\right\}d\theta = \frac{1}{24}\left\{\frac{\theta^2}{\theta_0}\left(1-\left(\frac{\theta}{\theta_0}\right)^2\right)^{-\frac{1}{2}}\right\}d\theta$$

と変形して、ふたたび級数展開を利用する。すると

$$\left\{\frac{\theta^2}{\theta_0}\left(1-\left(\frac{\theta}{\theta_0}\right)^2\right)^{-\frac{1}{2}}\right\}d\theta = \left\{\frac{\theta^2}{\theta_0}\left(1+\frac{1}{2}\left(\frac{\theta}{\theta_0}\right)^2+\frac{3}{8}\left(\frac{\theta}{\theta_0}\right)^4+\frac{5}{16}\left(\frac{\theta}{\theta_0}\right)^6+...\right)\right\}d\theta$$
$$= \left(\frac{\theta^2}{\theta_0}+\frac{1}{2}\frac{\theta^4}{\theta_0^3}+\frac{3}{8}\frac{\theta^6}{\theta_0^5}+\frac{5}{16}\frac{\theta^8}{\theta_0^7}+..\right)d\theta$$

したがって、積分は

$$\frac{1}{24}\int\frac{\theta^2}{\sqrt{\theta_0^2-\theta^2}}d\theta = \frac{1}{72}\frac{\theta^3}{\theta_0}+\frac{1}{240}\frac{\theta^5}{\theta_0^3}+\frac{1}{448}\frac{\theta^7}{\theta_0^5}+\frac{5}{3456}\frac{\theta^9}{\theta_0^7}+...$$

となる。いま、求めたいのは、周期である。ここで、周期を T[s]とすると、角度 θ_0 まで錘を持ち上げて解放したのち、錘が最下点に達するまでの過程を考える。この過程は周期の 1/4 なので、要する時間は $T/4$[s]となる。よって、積分範囲は $\theta_0 \le \theta \le 0$, $0 \le t \le T/4$ となる。

したがって

$$\int_{\theta_0}^0 \frac{d\theta}{\sqrt{(\theta_0^2-\theta^2)-\frac{1}{12}(\theta_0^4-\theta^4)}} = -\int_0^{T/4}\sqrt{\frac{g}{\ell}}\cdot dt$$

符号を変えて

$$\int_0^{\theta_0} \frac{d\theta}{\sqrt{(\theta_0^2-\theta^2)-\frac{1}{12}(\theta_0^4-\theta^4)}} = \int_0^{T/4}\sqrt{\frac{g}{\ell}}\cdot dt$$

176

第 6 章　単振り子

となる。
　ここで左辺の定積分は

$$\left[\left(1+\frac{1}{24}\theta_0^{\;2}\right)\sin^{-1}\left(\frac{\theta}{\theta_0}\right)+\frac{1}{72}\frac{\theta^3}{\theta_0}+\frac{1}{240}\frac{\theta^5}{\theta_0^{\;3}}+\frac{1}{448}\frac{\theta^7}{\theta_0^{\;5}}+\frac{5}{3456}\frac{\theta^9}{\theta_0^{\;7}}+..\right]_0^{\theta_0}$$

$$=\left(1+\frac{1}{24}\theta_0^{\;2}\right)\frac{\pi}{2}+\frac{1}{72}\theta_0^{\;2}+\frac{1}{240}\theta_0^{\;2}+\frac{1}{448}\theta_0^{\;2}+\frac{5}{3456}\theta_0^{\;2}+..$$

$$\cong \frac{\pi}{2}\left(1+\frac{1}{24}\theta_0^{\;2}\right)+0.022\theta_0^{\;2}$$

となる。したがって

$$\frac{T}{4}\sqrt{\frac{g}{\ell}}\cong \frac{\pi}{2}\left(1+\frac{1}{24}\theta_0^{\;2}\right)+0.022\theta_0^{\;2}$$

から、周期は

$$T=\left\{2\pi\left(1+\frac{\theta_0^{\;2}}{24}\right)+0.088\theta_0^{\;2}\right\}\sqrt{\frac{\ell}{g}}$$

となる。

　$\sin\theta \cong \theta$ と近似したときの周期が

$$T=2\pi\sqrt{\frac{\ell}{g}}$$

であったから、補正項は

$$T=\left\{\left(1+\frac{\theta_0^{\;2}}{24}\right)+\frac{0.088}{2\pi}\theta_0^{\;2}\right\}2\pi\sqrt{\frac{\ell}{g}}$$

から

177

$$1 + 0.042\theta_0{}^2 + \frac{0.088}{2\pi}\theta_0{}^2$$

となる。

　つまり、単振り子では、単振動近似のときよりも、周期は伸びることになる。$\theta_0 = \pi/4$ のときは

$$1 + 0.042\left(\frac{\pi}{4}\right)^2 + \frac{0.088}{2\pi}\left(\frac{\pi}{4}\right)^2 = 1 + 0.042 \times (0.785)^2 + \frac{0.088}{2 \times 3.14} \times (0.785)^2 \cong 1.035$$

となり、周期は約3.5%伸びるという結果となる。

6.4. 単振り子の厳密解

　それでは、つぎに、微分方程式の右辺を、近似ではなく $\sin\theta$ のままで解くことを考えてみよう。

$$\frac{d^2\theta}{dt^2} = -\frac{g}{\ell}\sin\theta$$

先ほどと同様にして

$$2\frac{d\theta}{dt}\frac{d^2\theta}{dt^2} = -\frac{2g}{\ell}\sin\theta\frac{d\theta}{dt}$$

両辺を積分すると

$$\left(\frac{d\theta}{dt}\right)^2 = \frac{2g}{\ell}\cos\theta + C$$

　ただし、C は積分定数であり、その値は、振り子の初期条件によって変化する。

　ここで再び、振り子を振れ角 θ_0 まで持ち上げ、この位置から錘りを解放したものとする。すると $t=0$ で $\theta=\theta_0$, $d\theta/dt=0$ であるから

$$2\frac{g}{\ell}\cos\theta_0 + C = 0 \quad \text{から} \quad C = -\frac{2g}{\ell}\cos\theta_0$$

と与えられる。
　したがって
$$\left(\frac{d\theta}{dt}\right)^2 = \frac{2g}{\ell}(\cos\theta - \cos\theta_0)$$
から
$$\frac{d\theta}{dt} = \pm\sqrt{\frac{2g}{\ell}(\cos\theta - \cos\theta_0)}$$

という微分方程式がえられる。ここで変数分離すると

$$\frac{d\theta}{\sqrt{\cos\theta - \cos\theta_0}} = \pm\sqrt{\frac{2g}{\ell}}dt$$

ここでは、再び、錘りを解放してから、最下点に到達するまでの区間を考える。すると、$d\theta/dt < 0$ であるので、右辺は−をとる。この区間の角度および時間の範囲は

$$0 \leq \theta \leq \theta_0 \qquad 0 \leq t \leq T/4$$

となる。ただし、T [s]は**周期**である。
　この範囲で定積分すると

$$\int_{\theta_0}^{0} \frac{d\theta}{\sqrt{\cos\theta - \cos\theta_0}} = -\int_{0}^{T/4} \sqrt{\frac{2g}{\ell}}dt$$

符号を変えて

$$\int_{0}^{\theta_0} \frac{d\theta}{\sqrt{\cos\theta - \cos\theta_0}} = \int_{0}^{T/4} \sqrt{\frac{2g}{\ell}}dt$$

ここで右辺の積分は

$$\int_0^{T/4} \sqrt{\frac{2g}{\ell}} dt = \left[\sqrt{\frac{2g}{\ell}}\, t\right]_0^{T/4} = \sqrt{\frac{2g}{\ell}}\frac{T}{4}$$

となる。

つぎに左辺の積分を考える。このままでは積分が難しいので、少し変形する。

$$\cos\theta = 1 - 2\sin^2\left(\frac{\theta}{2}\right) \qquad \cos\theta_0 = 1 - 2\sin^2\left(\frac{\theta_0}{2}\right)$$

であるので

$$\cos\theta - \cos\theta_0 = 2\left\{\sin^2\left(\frac{\theta_0}{2}\right) - \sin^2\left(\frac{\theta}{2}\right)\right\} = 2\sin^2\left(\frac{\theta_0}{2}\right)\left\{1 - \left\{\sin\left(\frac{\theta}{2}\right)\bigg/\sin\left(\frac{\theta_0}{2}\right)\right\}^2\right\}$$

と変形できる。

演習 6-13 $\sin\varphi = \sin\left(\frac{\theta}{2}\right)\bigg/\sin\left(\frac{\theta_0}{2}\right)$ と置いて $\int_0^{\theta_0}\dfrac{d\theta}{\sqrt{\cos\theta - \cos\theta_0}}$ を φ に関する積分に変換せよ。

解)

$$\cos\theta - \cos\theta_0 = 2\sin^2\left(\frac{\theta_0}{2}\right)(1 - \sin^2\varphi) = 2\sin^2\left(\frac{\theta_0}{2}\right)\cos^2\varphi$$

となる。このとき

$$\cos\varphi\, d\varphi = \frac{1}{2}\cos\left(\frac{\theta}{2}\right)d\theta\bigg/\sin\left(\frac{\theta_0}{2}\right)$$

から

$$d\theta = 2\sin\left(\frac{\theta_0}{2}\right)\frac{\cos\varphi}{\cos\left(\frac{\theta}{2}\right)}d\varphi$$

さらに

第6章　単振り子

$$\cos\left(\frac{\theta}{2}\right) = \sqrt{1-\sin^2\left(\frac{\theta}{2}\right)} = \sqrt{1-\sin^2\left(\frac{\theta_0}{2}\right)\sin^2\varphi}$$

であるので

$$\frac{d\theta}{\sqrt{\cos\theta-\cos\theta_0}} = \frac{1}{\sqrt{2}\sin\left(\frac{\theta_0}{2}\right)\cos\varphi} 2\sin\left(\frac{\theta_0}{2}\right)\frac{\cos\varphi}{\cos\left(\frac{\theta}{2}\right)}d\varphi$$

$$= \frac{\sqrt{2}d\varphi}{\sqrt{1-\sin^2\left(\frac{\theta_0}{2}\right)\sin^2\varphi}}$$

つぎに積分範囲を考える。

$\theta=0$ のとき　$\sin\varphi = \sin\left(\frac{\theta}{2}\right)\Big/\sin\left(\frac{\theta_0}{2}\right) = 0$　より　$\varphi = 0$

$\theta=\theta_0$ のとき　$\sin\varphi = \sin\left(\frac{\theta_0}{2}\right)\Big/\sin\left(\frac{\theta_0}{2}\right) = 1$　より　$\varphi = \frac{\pi}{2}$　となり

積分範囲 $0 \leq \theta \leq \theta_0$　は　$0 \leq \varphi \leq \frac{\pi}{2}$　に変換される。したがって

$$\int_0^{\theta_0}\frac{d\theta}{\sqrt{\cos\theta-\cos\theta_0}} = \int_0^{\pi/2}\frac{\sqrt{2}d\varphi}{\sqrt{1-\sin^2\left(\frac{\theta_0}{2}\right)\sin^2\varphi}}$$

となる。

ここで、定数なので $\sin\left(\frac{\theta_0}{2}\right) = k$ と置くと

$$\int_0^{\pi/2}\frac{\sqrt{2}d\varphi}{\sqrt{1-\sin^2\left(\frac{\theta_0}{2}\right)\sin^2\varphi}} = \int_0^{\pi/2}\frac{\sqrt{2}d\varphi}{\sqrt{1-k^2\sin^2\varphi}}$$

181

$(1-x)^{-1/2}$ の級数展開を利用すると

$$(1-k^2\sin^2\varphi)^{-\frac{1}{2}} = 1 + \frac{1}{2}k^2\sin^2\varphi + \frac{3}{8}k^4\sin^4\varphi + \frac{5}{16}k^6\sin^6\varphi + k^8\frac{35}{128}\sin^8\varphi + ...$$

ここで

$$\int_0^{\pi/2}(1-k^2\sin^2\varphi)^{-\frac{1}{2}}d\varphi =$$
$$\int_0^{\pi/2}\left(1 + \frac{1}{2}k^2\sin^2\varphi + \frac{3}{8}k^4\sin^4\varphi + \frac{5}{16}k^6\sin^6\varphi + \frac{35}{128}k^8\sin^8\varphi + ...\right)d\varphi$$

演習 6-14　部分積分 (integration by parts) を利用することで、n が偶数の場合

$$\int_0^{\pi/2}\sin^n\varphi\,d\varphi = I_n$$

の値を求めよ。

考え方)　関数の積の微分 $\{f(x)g(x)\}' = f'(x)g(x) + f(x)g'(x)$
から部分積分　$\int f(x)g'(x)dx = f(x)g(x) - \int f'(x)g(x)dx$ を利用する。

解)　$\int_0^{\pi/2}\sin^n\varphi\,d\varphi = \int_0^{\pi/2}\sin^{n-1}\varphi\sin\varphi\,d\varphi$

$= \left[\sin^{n-1}\varphi(-\cos\varphi)\right]_0^{\pi/2} + (n-1)\int_0^{\pi/2}(\cos^2\varphi)\sin^{n-2}\varphi\,d\varphi$

$= (n-1)\int_0^{\pi/2}(1-\sin^2\varphi)\sin^{n-2}\varphi\,d\varphi = (n-1)\int_0^{\pi/2}\sin^{n-2}\varphi\,d\varphi - (n-1)\int_0^{\pi/2}\sin^n\varphi\,d\varphi$

したがって
$$I_n = (n-1)I_{n-2} - (n-1)I_n$$
から

第6章　単振り子

$$I_n = \frac{n-1}{n} I_{n-2}$$

$$I_0 = \int_0^{\pi/2} \sin^0 \varphi \, d\varphi = \int_0^{\pi/2} 1 \, d\varphi = [\varphi]_0^{\pi/2} = \frac{\pi}{2}$$

したがって、n が偶数のとき

$$I_n = \frac{(n-1)(n-3)(n-5)\cdots 1}{n(n-2)(n-4)\cdots 2} \frac{\pi}{2}$$

となる。

以上の関係を利用すると

$$\int_0^{\pi/2} \left(1 + \frac{1}{2}k^2 \sin^2 \varphi + \frac{3}{8}k^4 \sin^4 \varphi + \frac{5}{16}k^6 \sin^6 \varphi + \frac{35}{128}k^8 \sin^8 \varphi + \ldots \right) d\varphi$$

$$= \frac{\pi}{2}\left(1 + \frac{1}{2}\cdot\frac{1}{2}\cdot k^2 + \frac{3}{8}\cdot\frac{3\cdot 1}{4\cdot 2}\cdot k^4 + \frac{5}{16}\cdot\frac{5\cdot 3\cdot 1}{6\cdot 4\cdot 2}\cdot k^6 + \frac{35}{128}\cdot\frac{7\cdot 5\cdot 3\cdot 1}{8\cdot 6\cdot 4\cdot 2}k^8 \ldots\right).$$

$$= \frac{\pi}{2}\left(1 + \left(\frac{1}{2}\right)^2 k^2 + \left(\frac{3}{8}\right)^2 k^4 + \left(\frac{5}{16}\right)^2 k^6 + \left(\frac{35}{128}\right)^2 k^8 \ldots\right).$$

したがって

$$\sqrt{\frac{2g}{\ell}} \frac{T}{4} = \int_0^{\pi/2} \frac{\sqrt{2}\, d\varphi}{\sqrt{1-k^2 \sin^2 \varphi}}$$

から

$$\frac{T}{4} = \sqrt{\frac{\ell}{g}} \int_0^{\pi/2} \frac{d\varphi}{\sqrt{1-k^2 \sin^2 \varphi}}$$

$$= \frac{\pi}{2}\sqrt{\frac{\ell}{g}}\left(1 + \left(\frac{1}{2}\right)^2 k^2 + \left(\frac{3}{8}\right)^2 k^4 + \left(\frac{5}{16}\right)^2 k^6 + \left(\frac{35}{128}\right)^2 k^8 \ldots\right).$$

したがって、周期は

$$T = 2\pi\sqrt{\frac{\ell}{g}}\left(1+\left(\frac{1}{2}\right)^2 k^2 +\left(\frac{3}{8}\right)^2 k^4 +\left(\frac{5}{16}\right)^2 k^6 +\left(\frac{35}{128}\right)^2 k^8 +...\right)$$

となる。

$\sin\theta \cong \theta$ と近似したときの周期が

$$T = 2\pi\sqrt{\frac{\ell}{g}}$$

であったから、補正項は

$$1+\left(\frac{1}{2}\right)^2 k^2 +\left(\frac{3}{8}\right)^2 k^4 +\left(\frac{5}{16}\right)^2 k^6 +\left(\frac{35}{128}\right)^2 k^8 +...$$

となる。

$\theta_0 = \pi/4$ のときは

$$k = \sin\left(\frac{\pi}{8}\right) \cong 0.38$$

であるので

$$1+\left(\frac{1}{2}\right)^2 (0.38)^2 +\left(\frac{3}{8}\right)^2 (0.38)^4 +\left(\frac{5}{16}\right)^2 (0.38)^6 +... \cong 1.04$$

となり、約 4%だけ周期が伸びるという結果となる。

第 7 章　　惑星の運動

7.1. 万有引力の法則

　質量が m [kg]と M [kg]の物体が、距離 r [m]離れて存在するとき、この物体間にはつぎの引力 F [N]が働く。負号は引力を意味している。

$$F = -G\frac{mM}{r^2} \quad [\text{N}]$$

ここで、G は定数で、**万有引力定数** (gravitational constant) と呼ばれており、つぎの値を有する。

$$G = 6.672 \times 10^{-11} \quad [\text{Nm}^2/\text{kg}^2]$$

　このように、質量のある物体間には、その質量に比例し、距離の 2 乗に反比例した力が働く。これを**万有引力の法則** (Law of gravitation) と呼んでいる。

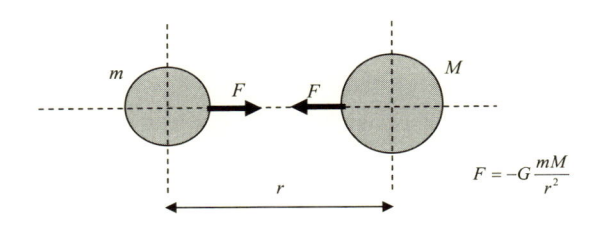

図 7-1　質量を有する物体間には引力が働く

さて、地球上の質量 m [kg]の物体には

$$F = -mg \quad [\text{N}]$$

という**重力** (gravitation force) が働く。ここで、$g[\text{m/s}^2]$は**重力加速度** (acceleration of gravity) であり、ほぼ $9.8[\text{m/s}^2]$という値をとる。

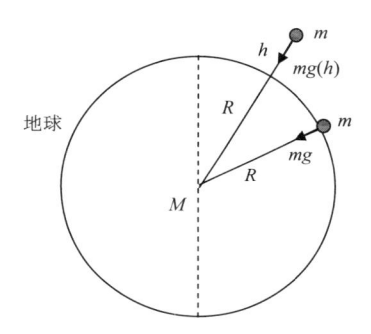

図 7-2 地球上で物体に働く重力は、物体と地球の間に働く万有引力がそのもとである。よって、重力加速度は高度に依存することになる。

実は、この重力は、質量 m [kg]の物体と地球との間に働く万有引力である。したがって地球の質量を M [kg]、地球と物体の中心の間の距離を r [m]とすると

$$F = -G\frac{mM}{r^2} = -m\frac{GM}{r^2}$$

となるので

$$g = \frac{GM}{r^2}$$

という関係にあることがわかる。

演習 7-1 地球の質量が $M = 5.974 \times 10^{24}$ [kg]、半径 $R = 6.378 \times 10^6$ [m] として、重力加速度 $g[\text{m/s}^2]$ の値を求めよ。

第7章 惑星の運動

解) 距離 r として地球の半径 R をとると

$$g = \frac{GM}{R^2} = \frac{6.672 \times 10^{-11} \times 5.974 \times 10^{24}}{(6.378 \times 10^6)^2} \cong \frac{39.86 \times 10^{13}}{40.68 \times 10^{12}} \cong 9.798 \ [\text{m/s}^2]$$

となる。

これまでの章では、重力加速度は $g = 9.8 \ [\text{m/s}^2]$ と一定としていたが、実際には地表面からの高さを $h \ [\text{m}]$ とすると

$$g(h) = \frac{GM}{(R+h)^2}$$

のように高さに依存することになる。

もちろん、ほとんどの場合、地球の半径 $R[\text{m}]$ に比べて、高さ $h[\text{m}]$ は無視できるほど小さいので、$g = 9.8 \ [\text{m/s}^2]$ として問題ないことになる。

演習 7-2 地球の質量が $M = 5.974 \times 10^{24} \ [\text{kg}]$、半径 $R = 6.378 \times 10^6 \ [\text{m}]$ として、エベレストの頂上における重力加速度 $g[\text{m/s}^2]$ の値を求めよ。ただし、エベレストの高さを $8850 \ [\text{m}]$ とする。

解)
$$g(h) = \frac{GM}{(R+h)^2} \ \frac{6.672 \times 10^{-11} \times 5.974 \times 10^{24}}{(6.378 \times 10^6 + 0.00885 \times 10^6)^2} \cong \frac{39.86 \times 10^{13}}{40.79 \times 10^{12}} \cong 9.772 \ [\text{m/s}^2]$$

となる。

このように、世界でもっとも標高の高い場所においても、重力加速度はわずかに小さくなるだけである。したがって、有効数字 2 桁に四捨五入すれば、地球上での重力加速度は常に $9.8 \ [\text{m/s}^2]$ となるのである。

演習 7-3 質量 $m = 100$ [kg] の人工衛星が、地表面から高さ約 45[km]の軌道を廻っている。地球の質量が $M = 5.974 \times 10^{24}$ [kg]、半径 $R = 6.378 \times 10^6$ [m] として、人工衛星が地球から受ける引力を求めよ。

解） まず、この高度での重力加速度を求めると

$$g(h) = \frac{GM}{(R+h)^2} \frac{6.672 \times 10^{-11} \times 5.974 \times 10^{24}}{(6.378 \times 10^6 + 0.045 \times 10^6)^2} \cong \frac{39.86 \times 10^{13}}{41.25 \times 10^{12}} \cong 9.663 \quad [\text{m/s}^2]$$

となる。よって、人工衛星が地球から受ける引力は

$$F = -mg(h) = -100 \times 9.663 = -66.3 \quad [\text{N}]$$

となる。

もちろん、いまの問題は万有引力の法則

$$F = -G\frac{mM}{r^2} \quad [\text{N}]$$

から直接求めることもできる。
あるいは

$$g(h) = \frac{GM}{(R+h)^2} \quad \text{および} \quad g = \frac{GM}{R^2}$$

から

$$g(h) = \frac{R^2}{(R+h)^2} g$$

という関係を利用してもよい。

7.2. 重力場におけるポテンシャル

万有引力は

$$F = -G\frac{mM}{r^2} \quad [\text{N}]$$

と与えられる。

地球表面では $r = R$ [m] と地球の半径となる。ここで、質量 m[kg]の物体を高さ h [m] のところまで持ち上げるのに要するエネルギーを求めてみよう。すると、要する力は $-F$ となるから

$$U(R \to R+h) = \int_R^{R+h} -F dr = GmM \int_R^{R+h} \frac{1}{r^2} dr$$

$$= GmM \left[-\frac{1}{r} \right]_R^{R+h} = GmM \left(\frac{1}{R} - \frac{1}{R+h} \right)$$

$$= GmM \left(\frac{h}{R(R+h)} \right) = m\frac{GM}{R(R+h)} h$$

となる。

$$\frac{MG}{R(R+h)} \cong \frac{GM}{R^2} = g$$

とすると

$$U = mgh$$

となる。

つぎに

$$U(R \to R+h) = GmM \left(\frac{1}{R} - \frac{1}{R+h} \right)$$

という式を見てみよう。これは

$$U(R \to R+h) = U(R+h) - U(R) = -\frac{GmM}{R+h} - \left(-\frac{GmM}{R} \right)$$

と置くことができ、ポテンシャル U は距離 r の関数として

$$U(r) = -\frac{GmM}{r}$$

となることがわかる。

力 F はポテンシャルの距離微分であるから

$$F = -\frac{dU(r)}{dr} = -G\frac{mM}{r^2}$$

となって、万有引力がえられる。よって、いま求めたものがポテンシャルであることが確認できる。

ただし、いままでの取り扱いは力をふたつの物体を結ぶ方向の 1 次元の力としている。本来、力はベクトルであるから

$$U(r) = -\frac{GmM}{r} \qquad U(x,y,z) = -\frac{GmM}{\sqrt{x^2+y^2+z^2}}$$

としたうえで

$$\vec{F} = \begin{pmatrix} F_x \\ F_y \\ F_z \end{pmatrix} = -\begin{pmatrix} \partial U(x,y,z)/\partial x \\ \partial U(x,y,z)/\partial y \\ \partial U(x,y,z)/\partial z \end{pmatrix}$$

から、力ベクトルを求める必要がある。すると

$$U(x,y,z) = -\frac{GmM}{\sqrt{x^2+y^2+z^2}} = -GmM(x^2+y^2+z^2)^{-\frac{1}{2}}$$

から

$$\frac{\partial U(x,y,z)}{\partial x} = GmMx(x^2+y^2+z^2)^{-\frac{3}{2}} = GmM\frac{x}{r^3}$$

したがって、力ベクトルは

第 7 章 惑星の運動

$$\vec{F} = \begin{pmatrix} F_x \\ F_y \\ F_z \end{pmatrix} = -\frac{GmM}{r^3}\begin{pmatrix} x \\ y \\ z \end{pmatrix} = -G\frac{mM}{r^2}\frac{\vec{r}}{r}$$

となる。

ただし、$\frac{\vec{r}}{r}$ は $\vec{r}$ 方向の単位ベクトルである。ここで、r 方向を x 方向としてみよう。すると

$$U = \int -\vec{F}\cdot d\vec{r} = GmM\int \frac{1}{x^3}(x,0,0)\begin{pmatrix} dx \\ 0 \\ 0 \end{pmatrix} = GmM\int \frac{xdx}{x^3}$$

$$= GmM\int \frac{dx}{x^2} = -\frac{GmM}{x}$$

から、ポテンシャルはスカラーであり

$$U(r) = -\frac{GmM}{r}$$

となることもわかる。

7.3. 惑星の運動

7.3.1. 惑星運動の運動方程式

地球を含めて、太陽系の惑星は、太陽からの万有引力のもとで回転運動している。よって、太陽の質量を M [kg]、惑星の質量を m [kg] とすると

$$\vec{F} = -G\frac{mM}{r^2}\frac{\vec{r}}{r} = m\frac{d^2\vec{r}}{dt^2}$$

となる。

このとき、力の方向は、太陽と惑星を結ぶ線上にあり、常に太陽の方向を向くことになる。これを中心力と呼ぶ。

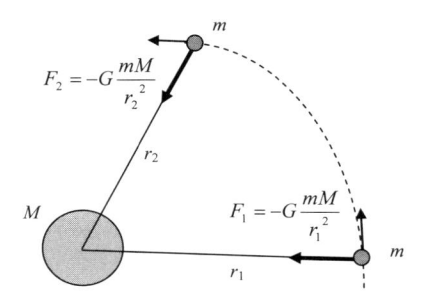

図 7-3 質量 M の物体の万有引力のもとでの質量 m の物体の運動。力は、常に両物体を結ぶ動径に沿った方向で、常に中心を向く。

ここで、回転運動においては、直交座標系よりも極座標系のほうが取り扱いが便利となる。そこで、この直交座標の運動方程式を、極座標の運動方程式に変換してみよう。

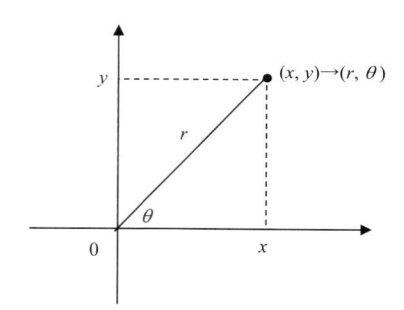

図 7-4 直交座標と極座標

回転運動は 2 次元平面で生じるので、ここでは 2 次元座標における変換を考えてみよう。

$$\vec{r} = \begin{pmatrix} x \\ y \end{pmatrix} \quad \rightarrow \quad \vec{r}_p = \begin{pmatrix} r \\ \theta \end{pmatrix}$$

第7章　惑星の運動

直交座標 (rectangular coordinates) と**極座標** (polar coordinates) の関係は

$$\begin{cases} x = r\cos\theta \\ y = r\sin\theta \end{cases} \quad \text{あるいは} \quad \begin{cases} r = \sqrt{x^2 + y^2} \\ \theta = \tan^{-1}\left(\dfrac{y}{x}\right) \end{cases}$$

という式で与えられる。

直交座標の1階導関数は

$$\frac{dx}{dt} = \frac{dr}{dt}\cos\theta + r\frac{d(\cos\theta)}{dt} = \frac{dr}{dt}\cos\theta + r\frac{d(\cos\theta)}{d\theta}\frac{d\theta}{dt}$$

$$= \frac{dr}{dt}\cos\theta - r\sin\theta\frac{d\theta}{dt}$$

$$\frac{dy}{dt} = \frac{dr}{dt}\sin\theta + r\frac{d(\sin\theta)}{dt} = \frac{dr}{dt}\sin\theta + r\frac{d(\sin\theta)}{d\theta}\frac{d\theta}{dt}$$

$$= \frac{dr}{dt}\sin\theta + r\cos\theta\frac{d\theta}{dt}$$

と r と θ の導関数に変換できる。

演習 7-4 $\dfrac{dx}{dt} = \dfrac{dr}{dt}\cos\theta - r\sin\theta\dfrac{d\theta}{dt}$ を利用して、x の t に関する 2 階導関数を (r, θ) に関する導関数に変換せよ。

解）

$$\frac{d^2x}{dt^2} = \frac{d}{dt}\left(\frac{dx}{dt}\right) = \frac{d}{dt}\left(\frac{dr}{dt}\cos\theta - r\sin\theta\frac{d\theta}{dt}\right)$$

$$= \frac{d}{dt}\left(\frac{dr}{dt}\cos\theta\right) - \frac{d}{dt}\left(r\sin\theta\frac{d\theta}{dt}\right)$$

となる。それぞれの項の導関数は、まず第1項については

$$\frac{d}{dt}\left(\frac{dr}{dt}\cos\theta\right) = \frac{d^2r}{dt^2}\cos\theta - \frac{dr}{dt}\sin\theta\frac{d\theta}{dt}$$

となる。
　第2項については

$$\frac{d}{dt}\left(r\sin\theta\frac{d\theta}{dt}\right) = \frac{dr}{dt}\sin\theta\frac{d\theta}{dt} + r\frac{d}{dt}\left(\sin\theta\frac{d\theta}{dt}\right)$$

となるが、さらに上式の右辺の2項目の導関数を求めると

$$\frac{d}{dt}\left(\sin\theta\frac{d\theta}{dt}\right) = \frac{d(\sin\theta)}{d\theta}\left(\frac{d\theta}{dt}\right)^2 + \sin\theta\frac{d^2\theta}{dt^2} = \cos\theta\left(\frac{d\theta}{dt}\right)^2 + \sin\theta\frac{d^2\theta}{dt^2}$$

よって

$$\frac{d}{dt}\left(r\sin\theta\frac{d\theta}{dt}\right) = \frac{dr}{dt}\sin\theta\frac{d\theta}{dt} + r\cos\theta\left(\frac{d\theta}{dt}\right)^2 + r\sin\theta\frac{d^2\theta}{dt^2}$$

したがって、x の2階導関数を r, θ で示すと

$$\frac{d^2x}{dt^2} = \frac{d^2r}{dt^2}\cos\theta - 2\frac{dr}{dt}\sin\theta\frac{d\theta}{dt} - r\cos\theta\left(\frac{d\theta}{dt}\right)^2 - r\sin\theta\frac{d^2\theta}{dt^2}$$

となる。

　同様にして

$$\frac{d^2y}{dt^2} = \frac{d^2r}{dt^2}\sin\theta + 2\frac{dr}{dt}\cos\theta\frac{d\theta}{dt} - r\sin\theta\left(\frac{d\theta}{dt}\right)^2 + r\cos\theta\frac{d^2\theta}{dt^2}$$

となる。
　ここで、直交座標の単位ベクトル $\vec{e}_x = \begin{pmatrix}1\\0\end{pmatrix}$, $\vec{e}_y = \begin{pmatrix}0\\1\end{pmatrix}$ を使うと

第7章 惑星の運動

$$\frac{d^2\vec{r}}{dt^2} = \frac{d^2x}{dt^2}\vec{e}_x + \frac{d^2y}{dt^2}\vec{e}_y$$

と表記することができる。つまり

$$\frac{d^2\vec{r}}{dt^2} = \left(\frac{d^2r}{dt^2}\cos\theta - 2\frac{dr}{dt}\sin\theta\frac{d\theta}{dt} - r\cos\theta\left(\frac{d\theta}{dt}\right)^2 - r\sin\theta\frac{d^2\theta}{dt^2}\right)\vec{e}_x$$

$$+ \left(\frac{d^2r}{dt^2}\sin\theta + 2\frac{dr}{dt}\cos\theta\frac{d\theta}{dt} - r\sin\theta\left(\frac{d\theta}{dt}\right)^2 + r\cos\theta\frac{d^2\theta}{dt^2}\right)\vec{e}_y$$

いま、われわれが欲しいのは

$$\frac{d^2\vec{r}}{dt^2} = \left(\frac{d^2\vec{r}}{dt^2}\right)_r \vec{e}_r + \left(\frac{d^2\vec{r}}{dt^2}\right)_\theta \vec{e}_\theta$$

のそれぞれ、r成分およびθ成分である。このとき、このベクトルとr方向の単位ベクトルの内積をとれば

$$\frac{d^2\vec{r}}{dt^2} \cdot \vec{e}_r = \left(\frac{d^2\vec{r}}{dt^2}\right)_r \vec{e}_r \cdot \vec{e}_r + \left(\frac{d^2\vec{r}}{dt^2}\right)_\theta \vec{e}_\theta \cdot \vec{e}_r$$

となるが

$$\vec{e}_r \cdot \vec{e}_r = 1 \qquad \vec{e}_\theta \cdot \vec{e}_r = 0$$

であるので

$$\frac{d^2\vec{r}}{dt^2} \cdot \vec{e}_r = \left(\frac{d^2\vec{r}}{dt^2}\right)_r$$

のようにr成分を取り出せる。
　同様にして、θ成分は、この方向の単位ベクトルとの内積をとることで

$$\frac{d^2\vec{r}}{dt^2}\cdot\vec{e}_\theta = \left(\frac{d^2\vec{r}}{dt^2}\right)_\theta$$

となる。

そこで、まず、直交座標の単位ベクトル $\vec{e}_x$, $\vec{e}_y$ と、極座標の単位ベクトル $\vec{e}_r$, $\vec{e}_\theta$ の関係を導出してみよう。

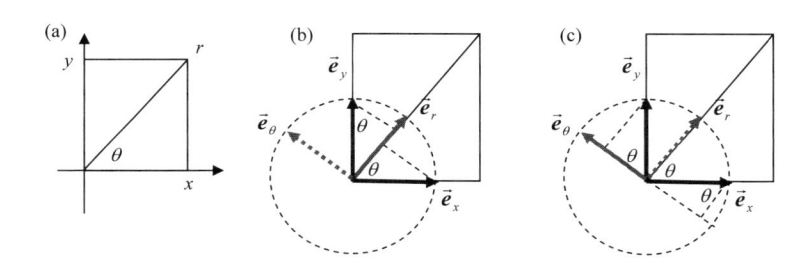

図 7-5 直交座標と極座標の単位ベクトルの関係

まず、図 7-5(b)を参照すると、$\vec{e}_r$ は r 方向の単位ベクトルである。図から $\vec{e}_x$ の r 方向の成分は $\vec{e}_x \cos\theta$ となり、$\vec{e}_y$ の r 方向の成分は $\vec{e}_y \sin\theta$ となるので

$$\vec{e}_r = \vec{e}_x \cos\theta + \vec{e}_y \sin\theta$$

と与えられることがわかる。

演習 7-5 $\vec{e}_r = \vec{e}_x \cos\theta + \vec{e}_y \sin\theta$ の大きさが 1 となることを確かめよ。

解） このベクトルの内積をとると

$$\begin{aligned}\vec{e}_r \cdot \vec{e}_r &= (\vec{e}_x \cos\theta + \vec{e}_y \sin\theta)(\vec{e}_x \cos\theta + \vec{e}_y \sin\theta)\\ &= \vec{e}_x \cdot \vec{e}_x \cos^2\theta + 2\vec{e}_x \cdot \vec{e}_y \cos\theta\sin\theta + \vec{e}_y \cdot \vec{e}_y \sin^2\theta = \cos^2\theta + \sin^2\theta = 1\end{aligned}$$

第7章 惑星の運動

となり、確かに単位ベクトルであることが確かめられる。

つぎに、$\vec{e}_\theta$ を単位ベクトル $\vec{e}_x$、$\vec{e}_y$ とで表してみよう。$\vec{e}_\theta$ は $\vec{e}_r$ と直交し、図 7-5(c)のような関係にある。図から $\vec{e}_x$ の θ 方向の成分は $-\vec{e}_x \sin\theta$ となり負の符号がつく。また、$\vec{e}_y$ の θ 方向の成分は $\vec{e}_y \cos\theta$ となるので、結局

$$\vec{e}_\theta = -\vec{e}_x \sin\theta + \vec{e}_y \cos\theta$$

と与えられることがわかる。

ここで、このベクトルの内積をとると

$$\vec{e}_\theta \cdot \vec{e}_\theta = (-\vec{e}_x \sin\theta + \vec{e}_y \cos\theta)(-\vec{e}_x \sin\theta + \vec{e}_y \cos\theta)$$
$$= \vec{e}_x \cdot \vec{e}_x \sin^2\theta - 2\vec{e}_x \cdot \vec{e}_y \sin\theta\cos\theta + \vec{e}_y \cdot \vec{e}_y \cos^2\theta = \sin^2\theta + \cos^2\theta = 1$$

となり、こちらも単位ベクトルであることが確かめられる。

よって

$$\begin{cases} \vec{e}_r = \vec{e}_x \cos\theta + \vec{e}_y \sin\theta = (\cos\theta, \sin\theta) \\ \vec{e}_\theta = -\vec{e}_x \sin\theta + \vec{e}_y \cos\theta = (-\sin\theta, \cos\theta) \end{cases}$$

とまとめられる。

したがって、加速度ベクトルの r 成分は

$$\frac{d^2\vec{r}}{dt^2} \cdot \vec{e}_r = \left(\frac{d^2x}{dt^2}, \frac{d^2y}{dt^2}\right)\begin{pmatrix}\cos\theta \\ \sin\theta\end{pmatrix} = \cos\theta\frac{d^2x}{dt^2} + \sin\theta\frac{d^2y}{dt^2}$$
$$= \frac{d^2r}{dt^2}\cos^2\theta - 2\frac{dr}{dt}\sin\theta\cos\theta\frac{d\theta}{dt} - r\cos^2\theta\left(\frac{d\theta}{dt}\right)^2 - r\sin\theta\cos\theta\frac{d^2\theta}{dt^2}$$
$$+ \frac{d^2r}{dt^2}\sin^2\theta + 2\frac{dr}{dt}\sin\theta\cos\theta\frac{d\theta}{dt} - r\sin^2\theta\left(\frac{d\theta}{dt}\right)^2 + r\sin\theta\cos\theta\frac{d^2\theta}{dt^2}$$
$$= \frac{d^2r}{dt^2} - r\left(\frac{d\theta}{dt}\right)^2$$

となる。

演習 7-6 加速度ベクトル $\dfrac{d^2\vec{r}}{dt^2} = \dfrac{d^2x}{dt^2}\vec{e}_x + \dfrac{d^2y}{dt^2}\vec{e}_y$ の θ 成分を求めよ。

解) 加速度ベクトルと θ 方向の単位ベクトルとの内積をとると

$$\dfrac{d^2\vec{r}}{dt^2} \cdot \vec{e}_\theta = \left(\dfrac{d^2x}{dt^2}, \dfrac{d^2y}{dt^2}\right)\begin{pmatrix}-\sin\theta \\ \cos\theta\end{pmatrix} = -\sin\theta\dfrac{d^2x}{dt^2} + \cos\theta\dfrac{d^2y}{dt^2}$$

$$= -\dfrac{d^2r}{dt^2}\sin\theta\cos\theta + 2\dfrac{dr}{dt}\sin^2\theta\dfrac{d\theta}{dt} + r\sin\theta\cos\theta\left(\dfrac{d\theta}{dt}\right)^2 + r\sin^2\theta\dfrac{d^2\theta}{dt^2}$$

$$+ \dfrac{d^2r}{dt^2}\sin\theta\cos\theta + 2\dfrac{dr}{dt}\cos^2\theta\dfrac{d\theta}{dt} - r\sin\theta\cos\theta\left(\dfrac{d\theta}{dt}\right)^2 + r\cos^2\theta\dfrac{d^2\theta}{dt^2}$$

$$= 2\dfrac{dr}{dt}\dfrac{d\theta}{dt} + r\dfrac{d^2\theta}{dt^2}$$

となる。

ここで、あらためて万有引力による運動方程式を考えよう。すると、力 $F = -G\dfrac{mM}{r^2}$ は r 方向のみに働き、θ 方向には働かないので

r 方向: $\quad -G\dfrac{mM}{r^2} = m\dfrac{d^2r}{dt^2} - mr\left(\dfrac{d\theta}{dt}\right)^2$

θ 方向: $\quad 0 = 2\dfrac{dr}{dt}\dfrac{d\theta}{dt} + r\dfrac{d^2\theta}{dt^2}$

の 2 個となる。

演習 7-7 θ 方向の微分方程式: $2\dfrac{dr}{dt}\dfrac{d\theta}{dt} + r\dfrac{d^2\theta}{dt^2} = 0$ を変形することで、$\dfrac{d\theta}{dt}$ を導出せよ。

解) θ 方向の方程式をつぎのように変形してみよう。

第7章　惑星の運動

$$\frac{d}{dt}\left(r^2 \frac{d\theta}{dt}\right) = 2r\frac{dr}{dt}\frac{d\theta}{dt} + r^2 \frac{d^2\theta}{dt^2}$$

から

$$2\frac{dr}{dt}\frac{d\theta}{dt} + r\frac{d^2\theta}{dt^2} = \frac{1}{r}\frac{d}{dt}\left(r^2 \frac{d\theta}{dt}\right)$$

という関係にあるので

$$\frac{1}{r}\frac{d}{dt}\left(r^2 \frac{d\theta}{dt}\right) = 0$$

となる。これは $r^2 \frac{d\theta}{dt}$ が時間的に変化しないことを示しており、この値を L と置くと

$$r^2 \frac{d\theta}{dt} = L \quad (=\text{const.})$$

となり、結局

$$\frac{d\theta}{dt} = \frac{L}{r^2}$$

となる。

つぎに、r 方向の運動方程式

$$m\frac{d^2 r}{dt^2} - mr\left(\frac{d\theta}{dt}\right)^2 = -G\frac{mM}{r^2}$$

を解こう。

いま、$d\theta/dt$ が L/r^2 であったので

$$r^2 \frac{d^2 r}{dt^2} - \frac{L^2}{r} = -GM$$

ここで、この回転運動の軌道を導出したいので、t に関する微分を θ に関

する微分に変換する。
$$\frac{dr}{dt} = \frac{dr}{d\theta}\frac{d\theta}{dt} = \frac{L}{r^2}\frac{dr}{d\theta}$$

ここで、さらに
$$u = \frac{1}{r}$$

と置くと
$$\frac{du}{d\theta} = \frac{du}{dr}\frac{dr}{d\theta} = -\frac{1}{r^2}\frac{dr}{d\theta}$$

となるので
$$\frac{dr}{dt} = \frac{L}{r^2}\frac{dr}{d\theta} = -L\frac{du}{d\theta}$$

さらに
$$\frac{d^2r}{dt^2} = \frac{d}{dt}\left(\frac{dr}{dt}\right) = \frac{d}{d\theta}\left(\frac{dr}{dt}\right)\frac{d\theta}{dt} = \left(\frac{L}{r^2}\right)\frac{d}{d\theta}\left(-L\frac{du}{d\theta}\right) = -L^2u^2\frac{d^2u}{d\theta^2}$$

したがって
$$r^2\frac{d^2r}{dt^2} - \frac{L^2}{r} = -GM$$

は
$$-L^2\frac{d^2u}{d\theta^2} - L^2u = -GM$$

整理すると
$$\frac{d^2u}{d\theta^2} + u = \frac{GM}{L^2}$$

となる。

第7章　惑星の運動

演習 7-8　つぎの非同次の2階微分方程式の一般解を求めよ。

$$\frac{d^2u}{d\theta^2} + u = \frac{GM}{L^2}$$

ただし、右辺は定数である。

解)　非同次微分方程式であるので、まず

$$\frac{d^2u}{d\theta^2} + u = 0$$

という同次方程式の解を求める。

これは、単振動と同じかたちをしており

$$u = A\cos(\theta + \varphi)$$

という一般解を持つ。ただし、A は定数、φ は位相である。

非同次方程式の特解は

$$u = \frac{GM}{L^2}$$

であるので、一般解は

$$u = A\cos(\theta + \varphi) + \frac{GM}{L^2}$$

となる。

変数 u は距離 r の逆数であったので、r の式に戻すと

$$\frac{1}{r} = A\cos(\theta + \varphi) + \frac{GM}{L^2}$$

から

$$r = \frac{1}{A\cos(\theta+\varphi) + \dfrac{GM}{L^2}}$$

となる。よって

$$r = \frac{1/A}{\cos(\theta+\varphi) + \dfrac{GM}{AL^2}} = \frac{L^2/GM}{1 + \dfrac{AL^2}{GM}\cos(\theta+\varphi)}$$

となる。
　ここで

$$\frac{AL^2}{GM} = \varepsilon \qquad \frac{L^2}{GM} = k$$

と置くと

$$r = \frac{k}{1 + \varepsilon\cos(\theta+\varphi)}$$

となる。
　これは、極座標の r と θ の関係を示したもので、**極方程式** (polar equation) と呼ばれる。
　結局、r と θ の軌跡のかたちとしては、位相 $\varphi = 0$ でも同じなので

$$r = \frac{k}{1 + \varepsilon\cos\theta}$$

について調べてみよう。
　位相 φ の影響については後ほど説明する。
　ここで、ε は**離心率** (eccentricity) と呼ばれる定数で、この値によって軌道の曲線のかたちが決まる。例えば、$\varepsilon = 0$ のとき $r = k$ となって、円軌道となることは明らかであろう。

演習 7-9　$\varepsilon \neq 0$ のとき、極方程式 $r = \dfrac{k}{1 + \varepsilon\cos\theta}$ が描く曲線を求めよ。

　解）　直交座標に変換してみよう。

第 7 章　惑星の運動

$$x = r\cos\theta = \frac{k\cos\theta}{1+\varepsilon\cos\theta} \qquad y = r\sin\theta = \frac{k\sin\theta}{1+\varepsilon\cos\theta}$$

よって

$$x(1+\varepsilon\cos\theta) = k\cos\theta \qquad y(1+\varepsilon\cos\theta) = k\sin\theta$$

$$x = (k-\varepsilon x)\cos\theta \quad \text{から} \quad \cos\theta = \frac{x}{k-\varepsilon x}$$

$$y(1+\varepsilon\cos\theta) = y\left(1+\frac{\varepsilon x}{k-\varepsilon x}\right) = \frac{ky}{k-\varepsilon x} = k\sin\theta \quad \text{から} \quad \sin\theta = \frac{y}{k-\varepsilon x}$$

ここで $\cos^2\theta + \sin^2\theta = 1$ であるから

$$\left(\frac{x}{k-\varepsilon x}\right)^2 + \left(\frac{y}{k-\varepsilon x}\right)^2 = 1$$

よって

$$x^2 + y^2 = (k-\varepsilon x)^2 = k^2 - 2k\varepsilon x + \varepsilon^2 x^2$$

整理して

$$(1-\varepsilon^2)x^2 + 2k\varepsilon x + y^2 = k^2$$

$$(1-\varepsilon^2)\left(x+\frac{k\varepsilon}{1-\varepsilon^2}\right)^2 + y^2 = k^2 + \frac{k^2\varepsilon^2}{1-\varepsilon^2} = k^2\left(1+\frac{\varepsilon^2}{1-\varepsilon^2}\right) = k^2\left(\frac{1}{1-\varepsilon^2}\right)$$

したがって

$$\frac{(1-\varepsilon^2)^2}{k^2}\left(x+\frac{k\varepsilon}{1-\varepsilon^2}\right)^2 + \frac{1-\varepsilon^2}{k^2}y^2 = 1$$

とまとめられる。
　よって $0<\varepsilon<1$ のときは**楕円** (ellipse) となり、$\varepsilon>1$ のときは双曲線 (hyperbola) となる。また $\varepsilon=1$ のときは $(1-\varepsilon^2)x^2 + 2k\varepsilon x + y^2 = k^2$ から

$$2kx + y^2 = k^2$$

となって、**放物線** (parabola) となる。

いまの式において、$0 < \varepsilon < 1$ とし

$$\frac{1}{a^2} = \frac{(1-\varepsilon^2)^2}{k^2} \quad \text{すなわち} \quad a = \frac{k}{1-\varepsilon^2}$$

$$\frac{1}{b^2} = \frac{1-\varepsilon^2}{k^2} \quad \text{すなわち} \quad b = \frac{k}{\sqrt{1-\varepsilon^2}}$$

と置くと

$$\frac{\left(x + \frac{k\varepsilon}{1-\varepsilon^2}\right)^2}{a^2} + \frac{y^2}{b^2} = 1$$

となり

$$\frac{x^2}{a^2} + \frac{y^2}{b^2} = 1$$

という楕円を

$$x = -\frac{k\varepsilon}{1-\varepsilon^2}$$

だけ x 軸に沿って平行移動したものとなる。

楕円 $\frac{x^2}{a^2} + \frac{y^2}{b^2} = 1$ の軌道は図 7-6 のようになる。

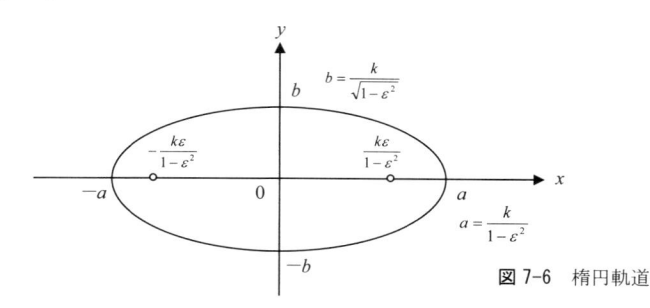

図 7-6 楕円軌道

第7章 惑星の運動

この楕円の焦点を求めてみよう。焦点は $\left(\sqrt{a^2-b^2},0\right)$ と $\left(-\sqrt{a^2-b^2},0\right)$ であるから

$$a^2-b^2 = \frac{k^2}{(1-\varepsilon^2)^2} - \frac{k^2}{1-\varepsilon^2} = \frac{k^2-k^2(1-\varepsilon^2)}{(1-\varepsilon^2)^2} = \frac{k^2\varepsilon^2}{(1-\varepsilon^2)^2}$$

から

$$\left(\frac{k\varepsilon}{1-\varepsilon^2},\ 0\right) \quad と \quad \left(-\frac{k\varepsilon}{1-\varepsilon^2},\ 0\right)$$

となる。

ところで、万有引力のもとでの運動軌道は

$$\frac{\left(x+\dfrac{k\varepsilon}{1-\varepsilon^2}\right)^2}{a^2} + \frac{y^2}{b^2} = 1$$

であった。これは $\dfrac{x^2}{a^2}+\dfrac{y^2}{b^2}=1$ という楕円を $x=-\dfrac{k\varepsilon}{1-\varepsilon^2}$ だけ平行移動したものとなる。したがって、グラフは図 7-7 のようになる。

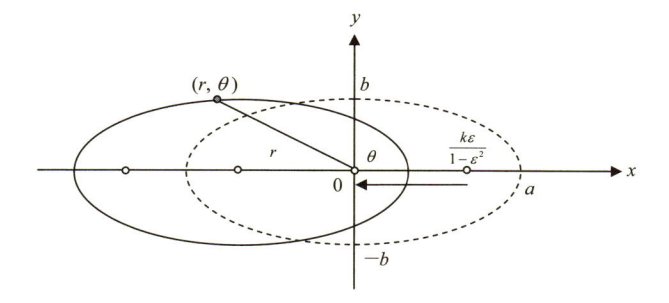

図 7-7 万有引力場における物体の運動軌道

ここで、$\dfrac{x^2}{a^2}+\dfrac{y^2}{b^2}=1$ の焦点 $\left(\dfrac{k\varepsilon}{1-\varepsilon^2},0\right)$ が、原点となっている。そして、ここに万有引力のもとがある。そして、極方程式

$$r=\dfrac{k}{1+\varepsilon\cos\theta}$$

の r と θ が図のように、原点から軌道までの距離と、動径が x 軸となす角度となる。

ところで、本来の極方程式は

$$r=\dfrac{k}{1+\varepsilon\cos(\theta+\varphi)}$$

であった。この位相 φ の影響もみておこう。これは $\theta=\varphi$ のときに $\theta=0$ と同じ軸となることを意味している。よって、グラフは図 7-8 のように、原点の周りに $-\varphi$ だけ回転したものとなる。

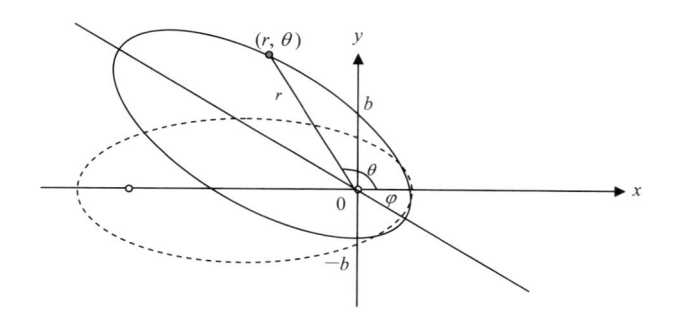

図 7-8 極方程式 $r=\dfrac{k}{1+\varepsilon\cos(\theta+\varphi)}$ に対応した楕円軌道

以上で、万有引力のもとで運動する物体の軌道を解析することができた。

第7章 惑星の運動

もちろん離心率の値によって、軌道は双曲線や放物線になる。ただし、興味の対象は太陽のまわりの惑星の運動であり、その軌道は楕円である。また、双極線や放物線では、定常運動とならない。

演習 7-10 極方程式 $r = \dfrac{1}{1+0.5\cos(\theta - \pi/6)}$ が描く曲線を求めよ。

解) まず $r = \dfrac{1}{1+0.5\cos\theta}$ について直交座標に変換する。

$$r(1+0.5\cos\theta) = 1 \quad \text{から} \quad r + \frac{1}{2}r\cos\theta = 1$$

よって

$$r + \frac{1}{2}x = 1 \qquad r = 1 - \frac{x}{2}$$

両辺を平方すると

$$r^2 = \left(1 - \frac{x}{2}\right)^2 = 1 - x + \frac{x^2}{4}$$

$r^2 = x^2 + y^2$ であるから

$$x^2 + y^2 = 1 - x + \frac{x^2}{4} \qquad \frac{3}{4}x^2 + x + y^2 = 1$$

$$\frac{3}{4}\left(x + \frac{2}{3}\right)^2 + y^2 = 1 + \frac{1}{3} = \frac{4}{3} \qquad \left(\frac{3}{4}\right)^2\left(x + \frac{2}{3}\right)^2 + \left(\frac{3}{4}\right)y^2 = 1$$

したがって

$$\frac{\left(x + \dfrac{2}{3}\right)^2}{\left(\dfrac{4}{3}\right)^2} + \frac{y^2}{\left(\dfrac{2}{\sqrt{3}}\right)^2} = 1$$

となり、長径が 4/3 [m] 、短径が $2\sqrt{3}$ [m]の楕円で、中心が $x=0$ から $x=-2/3$ に移動した曲線となる。

図 7-9　楕円 $\dfrac{x^2}{\left(\dfrac{4}{3}\right)^2} + \dfrac{y^2}{\left(\dfrac{2}{\sqrt{3}}\right)^2} = 1$ のグラフ

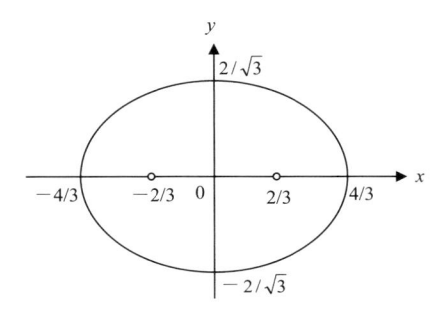

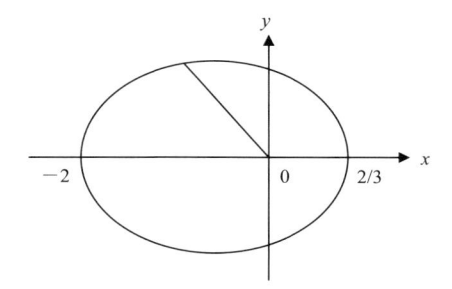

図 7-10　楕円 $\dfrac{\left(x+\dfrac{2}{3}\right)^2}{\left(\dfrac{4}{3}\right)^2} + \dfrac{y^2}{\left(\dfrac{2}{\sqrt{3}}\right)^2} = 1$ のグラフ

　求める軌道は、図 7-10 をさらに $\pi/6$ だけ回転したものとなり、結局、図 7-11 のようになる。

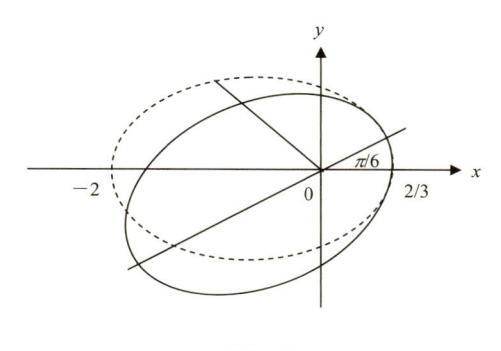

図 7-11

7.4. ケプラーの法則

惑星の運動に関しては、ケプラーの法則 (Kepler's law) が知られている。これは、ケプラーが太陽のまわりの惑星運動を観測することで発見した 3 個の法則である。

ケプラーの第 1 法則（Kepler's first law）は、「惑星は、太陽を焦点のひとつとする楕円軌道を描く」というもので、これについては、すでに万有引力のもとでの物体の運動を解析することで証明することができた。

ケプラーの第 2 法則 (Kepler's second law) は、「惑星の太陽のまわりの面積速度は時間にかかわらず一定である」というものである。**面積速度** (areal velocity) とは、楕円軌道を運動する惑星の動径(r)が、単位時間に描く面積のことである。

すでに紹介したように（p.199 参照）、万有引力のもとでの物体の運動を解析すると、極（θ）方向の運動方程式から

$$r^2 \frac{d\theta}{dt} = L \ (=\text{const.})$$

という結果がえられる。L は定数である。これを変形すると

$$r^2 \frac{d\theta}{dt} = r\left(r\frac{d\theta}{dt}\right)$$

となる。

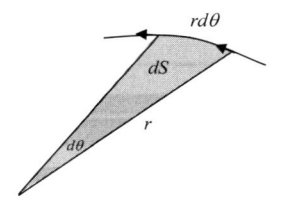

図 7-12　中心力場での運動の軌跡と面積速度

ところで、軌道の弧の長さ s [m] は

$$s = r\theta \quad [\text{m}]$$

によって与えられる。したがって、軌道に沿った速度 v [m/s] は

$$v = \frac{ds}{dt} = r\frac{d\theta}{dt} \quad [\text{m/s}]$$

と与えられる。

$$r^2 \frac{d\theta}{dt} = r\frac{ds}{dt} \quad [\text{m}^2/\text{s}]$$

となり、図 7-12 の面積 dS の 2 倍となる（$dS = \frac{1}{2}r \cdot rd\theta$）。そして

$$\frac{dS}{dt} = \frac{1}{2}r^2 \frac{d\theta}{dt} \quad [\text{m}^2/\text{s}]$$

が面積速度となる。そして、この値が一定ということは、ケプラーの第 2

第 7 章　惑星の運動

法則が正しいことを示している。

　最後に、**ケプラーの第 3 法則** (Kepler's third law) についても確かめておこう。この法則は「惑星の周期の 2 乗は、長半径の 3 乗に比例する」というものである。

　ここで、万有引力のもとでの動径 (r) 方向の運動方程式は

$$m\frac{d^2r}{dt^2} - mr\left(\frac{d\theta}{dt}\right)^2 = -G\frac{mM}{r^2}$$

であった。

$$r^2\frac{d\theta}{dt} = L$$

とし、さらに

$$\frac{AL^2}{GM} = \varepsilon \qquad \frac{L^2}{GM} = k$$

と置くと、物体の軌道として

$$r = \frac{k}{1 + \varepsilon\cos(\theta + \varphi)}$$

という極方程式がえられる。

　これを、直交座標に変換すると

$$\frac{(1-\varepsilon^2)^2}{k^2}\left(x + \frac{k\varepsilon}{1-\varepsilon^2}\right)^2 + \frac{1-\varepsilon^2}{k^2}y^2 = 1$$

となり、$0 < \varepsilon < 1$ のときは楕円となる。この楕円の長半径は $a = \dfrac{k}{1-\varepsilon^2}$ [m]、短半径は $b = \dfrac{k}{\sqrt{1-\varepsilon^2}}$ [m] である。

　ここで、楕円の面積は、これら半径を使うと

$$\pi ab \ [\mathrm{m}^2]$$

と与えられる。

面積速度は

$$\frac{1}{2}r^2\frac{d\theta}{dt} = \frac{L}{2} \ [\mathrm{m}^2/\mathrm{s}]$$

であり、面積速度によって、楕円の面積が埋め尽くされる時間が周期 T であるので

$$T = \frac{2\pi ab}{L} \ [\mathrm{s}]$$

となる。ここで

$$b = \frac{k}{\sqrt{1-\varepsilon^2}} = \sqrt{ka}$$

であるので

$$T = \frac{2\pi a\sqrt{ka}}{L} \ [\mathrm{s}]$$

したがって

$$T^2 = \frac{4\pi^2 k}{L^2}a^3$$

となる。ところで、k は

$$k = \frac{L^2}{GM}$$

であったので、結局

$$T^2 = \frac{4\pi^2}{GM}a^3$$

となる。

この式において、$4\pi^2/GM$ は定数であるから、T^2 が a^3 に比例することになる。よって、ケプラーの第 3 法則が成立する。

第7章　惑星の運動

演習 7-11　ケプラーの第3法則は、円運動の場合には、その回転半径を r [m]、周期を T [s]とすると
$$T^2 = kr^3$$
となる。この法則から万有引力を導出せよ。

解）円運動の角速度を ω [rad/s]、速度を v [m/s] とすると $v = r\omega$ である。ここで
$$T = \frac{2\pi}{\omega} = \frac{2\pi r}{v}$$
となる。よって
$$v = \frac{2\pi r}{T}$$
となる。円運動の加速度は $a = \dfrac{v^2}{r}$ であったので、今求めた v を代入すると

$$a = \frac{1}{r}\left(\frac{2\pi r}{T}\right)^2 = \frac{4\pi^2 r}{T^2}$$

ケプラーの第3法則 $T^2 = kr^3$ から

$$a = \frac{4\pi^2 r}{T^2} = \frac{4\pi^2 r}{kr^3} = \frac{4\pi^2}{kr^2}$$

円運動している惑星の質量を m [kg]とすると

$$F = ma = \frac{4\pi^2 m}{kr^2} = \frac{4\pi^2}{k}\frac{m}{r^2}$$

となる。
　一方、中心に位置する惑星の質量を M [kg]とすると、作用反作用の法則から

$$F = ma = Ma'$$

となり

$$F \propto \frac{m}{r^2} \quad かつ \quad F \propto M \quad より F \propto \frac{mM}{r^2}$$

ここで、比例定数を G とすれば

$$F = G\frac{mM}{r^2}$$

となって、万有引力の法則が導出できる。

ちなみに

$$F = G\frac{mM}{r^2} \quad と \quad F = \frac{4\pi^2}{k}\frac{m}{r^2}$$

の比較から

$$GM = \frac{4\pi^2}{k}$$

となるので、ケプラーの第3法則の比例定数は

$$k = \frac{4\pi^2}{GM}$$

となることがわかる。

　実は、本書では万有引力の法則を所与のものとして、議論を進めてきているが、歴史的には、ケプラーの法則の発見が契機となって、万有引力の法則が導かれたのである。

第8章　質点系の力学

　力学では、物体の運動を解析するときに、**質点** (mass point) という概念を導入する。質点とは、質量 m [kg]を有する点 (point) のことである。通常の物体は大きさがあるから、その運動を考えるとき、本来であれば、その大きさを考慮する必要がある。しかし、それをしていると、計算がとても煩雑になり、本質ではないところで手間がかかる。そこで、物体の大きさをとりあえず無視して、点として取り扱う。これが質点という考えである。
　ちなみに**次元** (dimension) で考えると、立体は3次元、平面は2次元、線は1次元、そして、点は0次元ということになる。
　実は、本書で、これまで行ってきた物体の運動の解析においては、物体の大きさは考えずに、質量のある点（あるいは重心に質量が集中しているもの）として扱ってきている。それでも、本質を失わずに、物体の運動の解析が可能である。特に複数の物体における力の相互作用を考える場合には、質点による取り扱いが便利である。というよりは、大きさまで考えていたのでは、計算が煩雑かつ膨大となり、むしろ本質を見失うことになりかねない。本章では、複数の質点の相互作用を質点系の力学として解析していく。

8.1.　2体問題

　複数の質点の相互作用を解析する基本として、まず2個の質点の相互作用を考えてみる。ここでは、外力が働かず、2個の相互作用のみ働いているものとする。

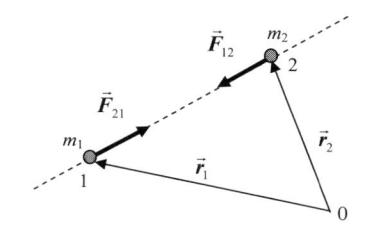

図 8-1　2 個の質点の相互作用

　ここで、質点 1 の質量を m_1, 位置ベクトルを $\vec{r}_1$、質点 2 の質量を m_2, 位置ベクトルを $\vec{r}_2$ としよう。
　質点 1 が質点 2 に及ぼす力ベクトルを $\vec{F}_{12}$ とすると

$$\vec{F}_{12} = m_2 \frac{d^2 \vec{r}_2}{dt^2}$$

つぎに、質点 2 が質点 1 に及ぼす力ベクトルを $\vec{F}_{21}$ とすると

$$\vec{F}_{21} = m_1 \frac{d^2 \vec{r}_1}{dt^2}$$

という運動方程式がえられる。
　ここで、作用反作用の法則により

$$\vec{F}_{21} = -\vec{F}_{12}$$

という関係が成立する。
　よって $\vec{F}_{21} + \vec{F}_{12} = 0$ から

$$m_1 \frac{d^2 \vec{r}_1}{dt^2} + m_2 \frac{d^2 \vec{r}_2}{dt^2} = 0$$

したがって

第8章　質点系の力学

$$\frac{d^2}{dt^2}(m_1\vec{r}_1 + m_2\vec{r}_2) = 0$$

となり

$$\frac{d}{dt}\left(m_1\frac{d\vec{r}_1}{dt} + m_2\frac{d\vec{r}_2}{dt}\right) = 0$$

速度ベクトルは

$$\vec{v}_1 = \frac{d\vec{r}_1}{dt} \qquad \vec{v}_2 = \frac{d\vec{r}_2}{dt}$$

と与えられるので

$$\frac{d}{dt}(m_1\vec{v}_1 + m_2\vec{v}_2) = 0$$

という関係が成立する。

両辺を t に関して積分すると

$$m_1\vec{v}_1 + m_2\vec{v}_2 = \vec{p}$$

となる。ただし、右辺は定数ベクトルである。

これは、すでに紹介したように、外から力が働かないとき、2個の質点の運動量ベクトルの和は保存されるという**運動量保存の法則** (Law of conservation of momentum) が成立することを示している。

ここで、位置ベクトルを使った表記を紹介しておこう。

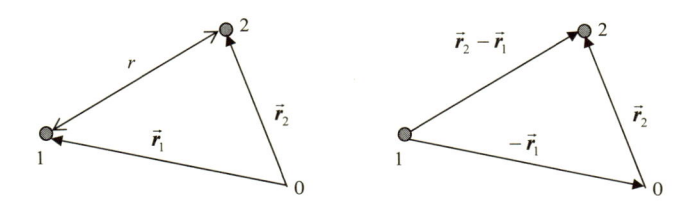

図 8-2　位置ベクトルの合成

図 8-2 を参照していただきたい。質点 1 の位置ベクトルを $\vec{r}_1$、質点 2 の位置ベクトルを $\vec{r}_2$ とすると、ベクトルの合成から質点 1 から 2 に向かうベクトルは

$$-\vec{r}_1 + \vec{r}_2 = \vec{r}_2 - \vec{r}_1$$

と与えられる。
　同様にして、質点 2 から 1 に向かうベクトルは

$$\vec{r}_1 - \vec{r}_2$$

となる。ここで、その大きさは

$$r = |\vec{r}_1 - \vec{r}_2| = |\vec{r}_2 - \vec{r}_1|$$

となる。したがって質点 1 から 2 に向かう方向の単位ベクトルは

$$\frac{\vec{r}_2 - \vec{r}_1}{r} = \frac{\vec{r}_2 - \vec{r}_1}{|\vec{r}_2 - \vec{r}_1|}$$

と与えられることになる。
　この表記は、今後、3 次元空間の位置を指定する場合によく使われるので、これを機会に慣れてほしい。
　ここで

$$F = |\vec{F}_{21}| = |\vec{F}_{12}|$$

とすると

$$\vec{F}_{21} = F\frac{\vec{r}_1 - \vec{r}_2}{r} = F\frac{\vec{r}_1 - \vec{r}_2}{|\vec{r}_1 - \vec{r}_2|} \qquad \vec{F}_{12} = F\frac{\vec{r}_2 - \vec{r}_1}{r} = F\frac{\vec{r}_2 - \vec{r}_1}{|\vec{r}_2 - \vec{r}_1|}$$

となる。

第8章　質点系の力学

演習 8-1　太陽の質量を M [kg]とし、その宇宙空間における位置ベクトルを $\vec{r}_1$ とする。つぎに、地球の質量を m [kg]とし、その位置ベクトルを $\vec{r}_2$ とする。万有引力定数を G [Nm^2/kg^2]とするとき、地球が太陽から受ける力ベクトルを求めよ。

解)　万有引力の大きさは

$$F = -G\frac{Mm}{r^2} \quad [\text{N}]$$

と与えられる。ただし

$$r = |\vec{r}_1 - \vec{r}_2| = |\vec{r}_2 - \vec{r}_1| \quad [\text{m}]$$

である。地球から見た太陽の方向の単位ベクトルは

$$\frac{\vec{r}_1 - \vec{r}_2}{|\vec{r}_1 - \vec{r}_2|} = \frac{\vec{r}_1 - \vec{r}_2}{r}$$

となる。よって、力ベクトルは

$$\vec{F}_M = F\frac{\vec{r}_1 - \vec{r}_2}{|\vec{r}_1 - \vec{r}_2|} = -G\frac{Mm}{r^3}(\vec{r}_1 - \vec{r}_2) = G\frac{Mm}{|\vec{r}_1 - \vec{r}_2|^3}(\vec{r}_2 - \vec{r}_1) \quad [\text{N}]$$

と与えられる。

ここで、2個の質点の**重心** (center of mass) を考えてみよう。2個の質点の位置ベクトルを $\vec{r}_1$ と $\vec{r}_2$ とすると、その重心の位置ベクトル $\vec{r}_g$ は

$$\vec{r}_g = \frac{m_1\vec{r}_1 + m_2\vec{r}_2}{m_1 + m_2}$$

と与えられる(図 8-3 参照)。

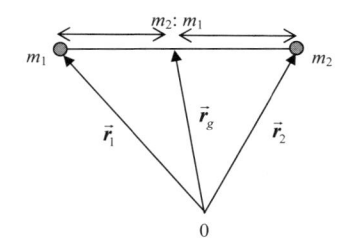

図 8-3　2 個の質点の重心

　ここで、重心の位置は、これら 2 個の質点を結ぶ線分 12 上にあり、その位置は、この線分を $m_2 : m_1$ の比に内分した点となる。

演習 8-2　質量 m [kg]の質点が位置ベクトル $\vec{r}_1 = (1, 1, 0)$ [m]の地点にある。また、質量 $2m$[kg]の質点が、位置ベクトル $\vec{r}_2 = (4, 7, 0)$ [m]の地点にあるとき、これら 2 個の質点の重心の位置ベクトルを求めよ。

解)　重心の位置ベクトル $\vec{r}_g$ は

$$\vec{r}_g = \frac{m\vec{r}_1 + 2m\vec{r}_2}{m + 2m} = \frac{1}{3}\vec{r}_1 + \frac{2}{3}\vec{r}_2$$

と与えられる。よって

$$\vec{r}_g = \frac{1}{3}\vec{r}_1 + \frac{2}{3}\vec{r}_2 = \frac{1}{3}\begin{pmatrix}1\\1\\0\end{pmatrix} + \frac{2}{3}\begin{pmatrix}4\\7\\0\end{pmatrix} = \frac{1}{3}\begin{pmatrix}9\\15\\0\end{pmatrix} = \begin{pmatrix}3\\5\\0\end{pmatrix}$$

となる。

　ここで、重心の位置ベクトル

220

第8章　質点系の力学

$$\vec{r}_g = \frac{m_1\vec{r}_1 + m_2\vec{r}_2}{m_1 + m_2}$$

を t に関して微分してみよう。すると

$$\frac{d\vec{r}_g}{dt} = \frac{1}{m_1+m_2}\left(m_1\frac{d\vec{r}_1}{dt} + m_2\frac{d\vec{r}_2}{dt}\right) = \frac{1}{m_1+m_2}\left(m_1\vec{v}_1 + m_2\vec{v}_2\right)$$

となる。

ここで、運動量保存の法則から、外力が加わらないとき

$$\frac{d\vec{r}_g}{dt} = \frac{\vec{p}}{m_1+m_2}$$

のように右辺は定数ベクトルとなることがわかる。これは、慣性の法則が2個の質点の重心に対しても成立することを示している。

8.2. 換算質量

　地球と月は、太陽のまわりを公転しており、両天体ともに動いているが、月が地球のまわりをどのように動いているかということが重要になることもある。つまり、質点1と質点2がともに運動しているときに、質点1に対して、質点2がどのような運動をしているかを解析することも必要となる場合がある。
　このとき、質点1からみた質点2の座標は

$$\vec{r}_2 - \vec{r}_1$$

となる。これを $\vec{r}$ と置こう。つまり

$$\vec{r} = \vec{r}_2 - \vec{r}_1 \qquad |\vec{r}| = |\vec{r}_2 - \vec{r}_1| = r$$

221

これを**相対座標** (relative coordinates) と呼ぶ。

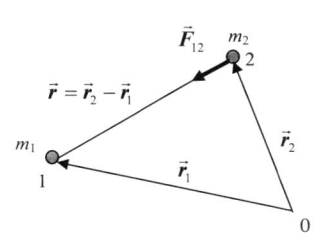

図 8-4　質点 1 からみた質点 2 の相対運動

われわれが欲しいのは、質点 2 が質点 1 に対して、どのような動きをするか、つまり $\vec{r}$ の時間変化であり

$$\frac{d^2\vec{r}}{dt^2} = \frac{d^2\vec{r}_2}{dt^2} - \frac{d^2\vec{r}_1}{dt^2}$$

である。ここで

$$\vec{F}_{12} = m_2 \frac{d^2\vec{r}_2}{dt^2} \qquad \vec{F}_{21} = m_1 \frac{d^2\vec{r}_1}{dt^2}$$

であったから

$$\frac{d^2\vec{r}}{dt^2} = \frac{d^2\vec{r}_2}{dt^2} - \frac{d^2\vec{r}_1}{dt^2} = \frac{\vec{F}_{12}}{m_2} - \frac{\vec{F}_{21}}{m_1}$$

作用反作用の法則から

$$\vec{F}_{21} = -\vec{F}_{12}$$

であったので

$$\frac{\vec{F}_{12}}{m_2} - \frac{\vec{F}_{21}}{m_1} = \frac{\vec{F}_{12}}{m_2} + \frac{\vec{F}_{12}}{m_1} = \left(\frac{1}{m_1} + \frac{1}{m_2}\right)\vec{F}_{12} = \frac{m_1 + m_2}{m_1 m_2}\vec{F}_{12}$$

となる。したがって

第 8 章　質点系の力学

$$\frac{d^2\vec{r}}{dt^2} = \frac{m_1 + m_2}{m_1 m_2} \vec{F}_{12}$$

よって、運動方程式は

$$\vec{F}_{12} = \left(\frac{m_1 m_2}{m_1 + m_2}\right) \frac{d^2\vec{r}}{dt^2}$$

となる。

ここで $\vec{F}_{12}$ は質点 2 が質点 1 から受ける力であり、$\vec{r} = \vec{r}_2 - \vec{r}_1$ は質点 2 の質点 1 に対する相対距離で、この運動方程式は、いわば、質点 1 を固定した場合に、質点 2 がどのように動くかを示すものである。

この式をみると、この相対運動では質点 2 の質量が m_2 [kg]ではなく

$$\mu = \frac{m_1 m_2}{m_1 + m_2} \quad [\text{kg}]$$

になったものとして、運動方程式を構築したかたちをしている。この μ を**換算質量** (reduced mass) と呼んでいる。

演習 8-3　換算質量は、いずれの質点の質量よりも必ず小さくなることを確かめよ。

解)　それぞれの質量から換算質量を引くと

$$m_1 - \mu = m_1 - \frac{m_1 m_2}{m_1 + m_2} = \frac{m_1^2 + m_1 m_2 - m_1 m_2}{m_1 + m_2} = \frac{m_1^2}{m_1 + m_2} > 0$$

$$m_2 - \mu = m_2 - \frac{m_1 m_2}{m_1 + m_2} = \frac{m_1 m_2 + m_2^2 - m_1 m_2}{m_1 + m_2} = \frac{m_2^2}{m_1 + m_2} > 0$$

となって、$m_1 > \mu$, $m_2 > \mu$ となることがわかる。

あるいは

$$\mu = \frac{m_1 m_2}{m_1 + m_2} = \frac{m_1}{1 + \dfrac{m_1}{m_2}} < m_1$$

としてもよい。

ところで、換算質量の英語である"reduced mass"の"reduce"には、「量を減ずる」という意味があり、直接、質量が減少することを、その意に含んでいる。実際に、実効的な質量は減ることになる。

ここで、力の大きさを F とすると

$$\vec{F}_{12} = F\frac{\vec{r}_1 - \vec{r}_2}{r} \quad \text{から} \quad \vec{F}_{12} = -F\frac{\vec{r}}{r}$$

であったので

$$F\frac{\vec{r}}{r} = -\left(\frac{m_1 m_2}{m_1 + m_2}\right)\frac{d^2 \vec{r}}{dt^2}$$

と表記することもできる。

演習 8-4 質点 1 と質点 2 の質量がともに、m [kg] のとき、相対運動の換算質量を求めよ。

解) この場合の換算質量は $m = m_1 = m_2$ であるので

$$\mu = \frac{m_1 m_2}{m_1 + m_2} = \frac{m^2}{2m} = \frac{m}{2} \quad [\text{kg}]$$

となる。

この演習からわかるように、同じ質量を持った質点間の相対運動では、なんと換算質量は 1/2 に減ってしまうのである。この理由を少し考えてみよう。

第8章　質点系の力学

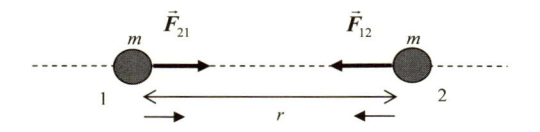

図 8-5　2個の質点の相互作用

図 8-5 に示すように、質点 2 は質点 1 から力を受けているが、実は、質点 1 も質点 2 から逆方向に同じ大きさの力を受けている。よって、質点 2 も質点 1 の方向に同じ加速度で引き寄せられることになる。結局、力の効果が 2 倍となり、その結果、換算質量は 1/2 となるのである。

ところで、第 7 章で、太陽のまわりの惑星の運動を解析したとき、換算質量を使わずに、惑星の質量をそのまま使って運動方程式を立てたことを覚えているだろうか。ここで見たように、正式には、換算質量を使う必要があるはずである。ただし、これには、それなりの理由がある。例えば、太陽は地球の質量の 332946 倍もある。とすると、換算質量は、地球の質量を m [kg] とすると

$$\mu = \frac{m_1 m_2}{m_1 + m_2} = \frac{332946 m^2}{332946 m + m} = \frac{332946}{332947} m \cong m$$

となり、換算質量を地球の質量として、まったく問題がないのである。

地球と月の場合には、地球の質量は 81 倍である。よって

$$\mu = \frac{m_1 m_2}{m_1 + m_2} = \frac{81.3 m^2}{81.3 m + m} = \frac{81.3}{82.3} m \cong 0.988 m$$

となり、わずかながら実際の質量よりも小さくなるが、この場合も、換算質量として月の質量を使っても、ほとんど問題がないことがわかる。

ところで、いまは地球から見て、太陽を固定した場合に、地球がどのような運動をするかという視点で話を進めてきた。一方、これとは逆に、地球を固定した場合に、太陽がどのような運動をするかという視点もある。

実は、この場合も、換算質量の値は変わらないのである。よって、太陽から見れば、その質量があたかも 33 万分の 1 に減ったような運動となる。

8.3. 対重心運動

ここで、2 個の質点の、重心に対する相対運動について考えてみよう。なぜ、このような取り扱いが重要であるかは、つぎのように考えればよい。2 個の質点の重心には慣性の法則が成立する。したがって、重心の運動を解析したうえで、あらためて、質点の重心に対する相対運動を解析できれば、両者の加算で、運動を解析できるのである。

さらに、後ほど示すように、質点の個数が増えた場合においても、重心には慣性の法則が成り立つ。よって、それぞれの質点の重心に対する相対運動がわかれば、多体系において有用な手法となることは理解いただけるだろう。

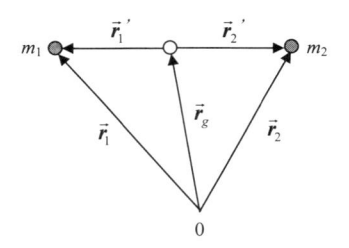

図 8-6　重心を起点としたベクトル

図 8-6 に示したように、2 個の質点の重心（位置ベクトル: $\vec{r}_g$）から質点 1 および 2 に向かうベクトルを、つぎのように置いてみる。

$$\vec{r}_1{}' = \vec{r}_1 - \vec{r}_g \qquad \vec{r}_2{}' = \vec{r}_2 - \vec{r}_g$$

ここで

$$\vec{r} = \vec{r}_2 - \vec{r}_1 \qquad |\vec{r}| = |\vec{r}_2 - \vec{r}_1| = r$$

と再び置くと

第 8 章　質点系の力学

$$\vec{r}_1' = -\frac{m_2}{m_1+m_2}\vec{r} \qquad \vec{r}_2' = \frac{m_1}{m_1+m_2}\vec{r}$$

となる。

ここで、われわれが欲しいのは、質点 1 および 2 が重心に対する運動方程式である。まず質点 2 について考えてみよう。質点 2 に働く力の大きさは

$$F = G\frac{m_1 m_2}{r^2} \quad [\mathrm{N}]$$

そして、力ベクトルは

$$\vec{F}_{12} = -F\frac{\vec{r}}{r}$$

であるが、これを $\vec{r}_2'$ の関数に変える必要がある。$r_2' = |\vec{r}_2'|$ とすると

$$\vec{F}_{12} = -F\frac{\vec{r}}{r} = -F\frac{\vec{r}_2'}{r_2'}$$

となる。

よって、運動方程式は

$$\vec{F}_{12} = -F\frac{\vec{r}_2'}{r_2'} = m_2 \frac{d^2 \vec{r}_2'}{dt^2}$$

となる。

同様にして質点 1 に対する運動方程式は

$$\vec{F}_{21} = -F\frac{\vec{r}_1'}{r_1'} = m_1 \frac{d^2 \vec{r}_1'}{dt^2}$$

と与えられる。

演習 8-5　2 個の質点間に働く力が、万有引力のみのとき、重心に対する質点の相対運動の運動方程式を導出せよ。

解）　質点 1 および 2 の質量を m_1, m_2、距離を r とする。万有引力なの

で
$$F = -G\frac{m_1 m_2}{r^2}$$

となる。これを r_1' に関する関数に変換すると

$$F = -G\frac{m_1 m_2}{r^2} = -G\frac{m_1 m_2}{\left(\dfrac{m_1+m_2}{m_2}r_1'\right)^2} = -G\frac{m_1 m_2^3}{(m_1+m_2)^2 (r_1')^2}$$

したがって

$$\vec{F}_{21} = -F\frac{\vec{r}_1'}{r_1'} = m_1 \frac{d^2 \vec{r}_1'}{dt^2}$$

は

$$G\frac{m_1 m_2^3}{(m_1+m_2)^2 (r_1')^2}\frac{\vec{r}_1'}{r_1'} = m_1 \frac{d^2 \vec{r}_1'}{dt^2}$$

から

$$G\frac{m_2^3}{(m_1+m_2)^2 (r_1')^2}\frac{\vec{r}_1'}{r_1'} = \frac{d^2 \vec{r}_1'}{dt^2}$$

となる。

この結果をみると、質点1の運動方程式は、重心に、あたかも

$$\frac{m_2^3}{(m_1+m_2)^2} = \left(\frac{m_2}{m_1+m_2}\right)^2 m_2$$

という質量を置いたときの、万有引力による運動となることがわかる。質点2の場合には

$$\frac{m_1^3}{(m_1+m_2)^2} = \left(\frac{m_1}{m_1+m_2}\right)^2 m_1$$

となる。

これは、m_1 からみた場合に、本来は、r だけ離れた位置にある m_2 が相互

作用の相手であるが、その作用の大きさが途中の $\dfrac{m_2}{m_1+m_2}r$ だけ離れた重心に $\dfrac{m_2^3}{(m_1+m_2)^2}$ に相当する質量を置いたときと、等価であるということを示している。

あるいは質量の項を $\left(\dfrac{m_2}{m_1+m_2}\right)^2 m_2$ と変形すれば、m_2 の質量が $\left(\dfrac{m_2}{m_1+m_2}\right)^2$ だけ軽くなった質量を、r よりも近くに置いたときと等価な効果という見方もできる

さらに、あくまでも重心とは、全質量である m_1+m_2 が一点に集まったとみなせる点であり、いま求めたみかけの質量を有するものではないことに注意する必要がある。

8.4. 外力が働く場合

いままでは、質点間に内力しか働かない場合を取り扱ってきた。ここでは、より一般化して、それぞれの質点に外力が働く場合を考えてみよう。

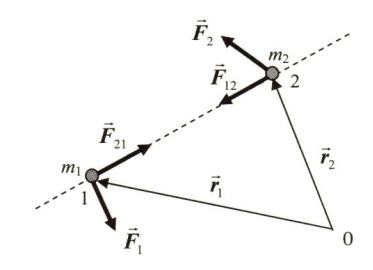

図 8-7 2 質点に外力が働く場合の相互作用

図 8-7 に示したように、質点 1 に外力 $\vec{F}_1$ が、質点 2 に外力 $\vec{F}_2$ が働いているとしよう。この場合の運動方程式は、力の成分として、これら外力が付加され

$$\vec{F}_{21}+\vec{F}_1 = m_1\frac{d^2\vec{r}_1}{dt^2} \qquad \vec{F}_{12}+\vec{F}_2 = m_2\frac{d^2\vec{r}_2}{dt^2}$$

となる。辺々を加えると

$$\vec{F}_{21}+\vec{F}_{12}+\vec{F}_1+\vec{F}_2 = m_1\frac{d^2\vec{r}_1}{dt^2}+m_2\frac{d^2\vec{r}_2}{dt^2}$$

となるが

$$\vec{F}_{21}+\vec{F}_{12}=0$$

となるので

$$\vec{F}_1+\vec{F}_2 = m_1\frac{d^2\vec{r}_1}{dt^2}+m_2\frac{d^2\vec{r}_2}{dt^2}$$

から

$$\vec{F}_1+\vec{F}_2 = \frac{d^2}{dt^2}(m_1\vec{r}_1+m_2\vec{r}_2)$$

となる。

ここで、重心の位置ベクトルは

$$\vec{r}_g = \frac{m_1\vec{r}_1+m_2\vec{r}_2}{m_1+m_2}$$

と与えられるので、M を全重量: $M = m_1 + m_2$ とすると

$$m_1\vec{r}_1+m_2\vec{r}_2 = (m_1+m_2)\vec{r}_g = M\vec{r}_g$$

結局

$$\vec{F}_1+\vec{F}_2 = M\frac{d^2\vec{r}_g}{dt^2}$$

となる。

　これは、外力が 2 個の質点に働いたときの重心の運動は、その外力の和が、あたかも、重心に位置する質量 M の質点に働いた場合と等価であることを示している。

第 8 章　質点系の力学

> **演習 8-6**　質量の無視できる軽い棒でつながれた質点 1 および 2 がある。質量 $m_1 = 2$[kg]の質点 1 が位置ベクトル $\vec{r}_1 = (3, 0, 0)$ [m] にあり、質量 $m_2 = 1$ [kg]の質点 2 が位置ベクトル $\vec{r}_2 = (0, 3, 0)$ [m] にあるとする。これら 2 個の質点の重心を求め、質点 1 に力ベクトル $\vec{F}_1 = (6, 3, 0)$ [N]、質点 2 に $\vec{F}_2 = (0, 0, 3)$ [N]を同時に与えた時点から t [s] 後の重心の速度と位置を求めよ。

解)　重心の位置ベクトルを $\vec{r}_g$ とすると

$$\vec{r}_g = \frac{2\vec{r}_1 + \vec{r}_2}{2+1} = \frac{2}{3}\vec{r}_1 + \frac{1}{3}\vec{r}_2$$

と与えられる。よって

$$\vec{r}_g = \frac{2}{3}\vec{r}_1 + \frac{1}{3}\vec{r}_2 = \frac{2}{3}\begin{pmatrix}3\\0\\0\end{pmatrix} + \frac{1}{3}\begin{pmatrix}0\\3\\0\end{pmatrix} = \begin{pmatrix}2\\1\\0\end{pmatrix} \text{ [m]}$$

つぎに、重心の運動方程式は

$$\vec{F}_1 + \vec{F}_2 = M\frac{d^2\vec{r}_g}{dt^2}$$

から

$$\vec{F}_1 + \vec{F}_2 = \begin{pmatrix}6\\3\\0\end{pmatrix} + \begin{pmatrix}0\\0\\3\end{pmatrix} = \begin{pmatrix}6\\3\\3\end{pmatrix} = M\frac{d^2\vec{r}_g}{dt^2} = 3\begin{pmatrix}d^2x/dt^2\\d^2y/dt^2\\d^2z/dt^2\end{pmatrix}$$

となる。よって

$$\begin{pmatrix}d^2x/dt^2\\d^2y/dt^2\\d^2z/dt^2\end{pmatrix} = \begin{pmatrix}2\\1\\1\end{pmatrix} \text{ [m/s}^2\text{]}$$

初速は 0 [m/s] であるから、t [s] 後の速度ベクトルは

$$\begin{pmatrix} dx/dt \\ dy/dt \\ dz/dt \end{pmatrix} = \begin{pmatrix} 2t \\ t \\ t \end{pmatrix} \text{ [m/s]}$$

また、重心の初期値は $\vec{r}_g = (2, 1, 0)$ であるので、t [s] 後の重心の位置ベクトルは

$$\begin{pmatrix} x \\ y \\ z \end{pmatrix} = \begin{pmatrix} t^2 \\ (1/2)t^2 \\ (1/2)t^2 \end{pmatrix} + \begin{pmatrix} 2 \\ 1 \\ 0 \end{pmatrix} = \begin{pmatrix} t^2 + 2 \\ (1/2)t^2 + 1 \\ (1/2)t^2 \end{pmatrix} \text{ [m]}$$

となる。

それでは、外力が働いている場合の運動量について考察してみよう。外力が働いている場合

$$\vec{F}_1 + \vec{F}_2 = \frac{d^2}{dt^2}(m_1 \vec{r}_1 + m_2 \vec{r}_2)$$

から

$$\vec{F}_1 + \vec{F}_2 = \frac{d}{dt}(m_1 \frac{d\vec{r}_1}{dt} + m_2 \frac{d\vec{r}_2}{dt}) = \frac{d}{dt}(m_1 \vec{v}_1 + m_2 \vec{v}_2) = \frac{d\vec{p}}{dt}$$

したがって、外力が働いていない場合には $\frac{d\vec{p}}{dt} = 0$ となり、運動量は保存されるが、外力が働く場合には、$\frac{d\vec{p}}{dt} \neq 0$ となり、運動量は保存されないことになる。

ここで、多体系への展開を考えて、運動量を重心の運動量と、相対系の運動量に分けて考えてみよう。

第8章　質点系の力学

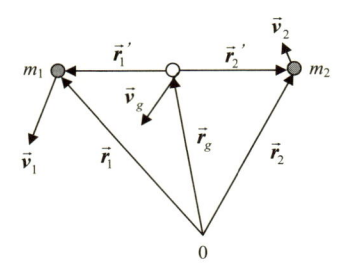

図 8-8　2 物体の速度と重心の速度

まず、質点 1 と 2 の速度を、それぞれ $\vec{v}_1$ および $\vec{v}_2$ とすると

$$\vec{v}_1 = \frac{d\vec{r}_1}{dt} \qquad \vec{v}_2 = \frac{d\vec{r}_2}{dt}$$

となる。系の運動量の総和は

$$\vec{p} = m_1\vec{v}_1 + m_2\vec{v}_2 = m_1\frac{d\vec{r}_1}{dt} + m_2\frac{d\vec{r}_2}{dt}$$

となる。ここで

$$\vec{r}_1 = \vec{r}_g + \vec{r}_1{}' \qquad \vec{r}_2 = \vec{r}_g + \vec{r}_2{}'$$

であるので

$$\vec{p} = m_1\frac{d}{dt}(\vec{r}_g + \vec{r}_1{}') + m_2\frac{d}{dt}(\vec{r}_g + \vec{r}_2{}')$$

となり

$$\vec{p} = (m_1 + m_2)\frac{d\vec{r}_g}{dt} + m_1\frac{d\vec{r}_1{}'}{dt} + m_2\frac{d\vec{r}_2{}'}{dt}$$

となる。
　ここで

$$(m_1 + m_2)\frac{d\vec{r}_g}{dt} = M\vec{v}_g = \vec{p}_g$$

は、重心の運動量とみなすことができる。
　一方

$$m_1 \frac{d\vec{r}_1{'}}{dt} + m_2 \frac{d\vec{r}_2{'}}{dt} = m_1 \vec{v}_1{'} + m_2 \vec{v}_2{'} = \vec{p}{'}$$

は、重心に対する 2 個の質点の相対運動の運動量とみなすことができる。したがって、2 個の物体の運動量は

$$\vec{p} = \vec{p}_g + \vec{p}{'}$$

のように、重心の運動量と、相対運動の運動量の和として表示することができる。ところで

$$\vec{p}{'} = m_1 \frac{d\vec{r}_1{'}}{dt} + m_2 \frac{d\vec{r}_2{'}}{dt} = \frac{d}{dt}(m_1 \vec{r}_1{'} + m_2 \vec{r}_2{'})$$

と変形できるが

$$\vec{r}_1{'} = -\frac{m_2}{m_1 + m_2} \vec{r} \qquad \vec{r}_2{'} = \frac{m_1}{m_1 + m_2} \vec{r}$$

であったので

$$m_1 \vec{r}_1{'} + m_2 \vec{r}_2{'} = -\frac{m_1 m_2}{m_1 + m_2} \vec{r} + \frac{m_1 m_2}{m_1 + m_2} \vec{r} = 0$$

となり、実は、相対運動の運動量は常にゼロとなる。
　したがって、恒等的に

$$\vec{p} = \vec{p}_g$$

が成立することになる。
　つまり、2 個の質点系の運動量の総和は、重心の運動量と一致するのである。さらに、この関係は、外力があるなし双方で成立することも付記しておく。

第 8 章　質点系の力学

> **演習 8-7**　2 個の質点系の運動エネルギーについて、重心系と相対系の運動エネルギーを求めよ。

解）　質点 1 と 2 の速度を、それぞれ $\vec{v}_1$ および $\vec{v}_2$ とすると、運動エネルギーの総和は

$$K_{\text{total}} = \frac{1}{2} m_1 |\vec{v}_1|^2 + \frac{1}{2} m_2 |\vec{v}_2|^2$$

となる。
　ここで図 8-9 を参照して

$$\vec{r}_1 = \vec{r}_g + \vec{r}_1{}' \qquad \vec{r}_2 = \vec{r}_g + \vec{r}_2{}'$$

から

$$\frac{d\vec{r}_1}{dt} = \frac{d\vec{r}_g}{dt} + \frac{d\vec{r}_1{}'}{dt} \qquad \frac{d\vec{r}_2}{dt} = \frac{d\vec{r}_g}{dt} + \frac{d\vec{r}_2{}'}{dt}$$

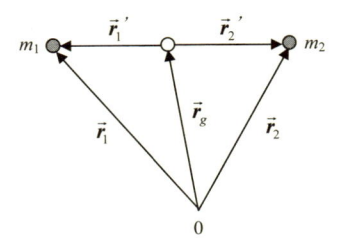

図 8-9

となる。したがって

$$\vec{v}_1 = \vec{v}_g + \vec{v}_1{}' \qquad \vec{v}_2 = \vec{v}_g + \vec{v}_2{}'$$

これらを K_{total} に代入すると

235

$$K_{\text{total}} = \frac{1}{2}m_1\left|\vec{v}_g + \vec{v}_1{'}\right|^2 + \frac{1}{2}m_2\left|\vec{v}_g + \vec{v}_2{'}\right|^2$$

となる。ここで

$$\left|\vec{v}_g + \vec{v}_1{'}\right|^2 = \left(\vec{v}_g + \vec{v}_1{'}\right)\cdot\left(\vec{v}_g + \vec{v}_1{'}\right) = v_g^{\ 2} + 2\vec{v}_g\cdot\vec{v}_1{'} + (v_1{'})^2$$

$$\left|\vec{v}_g + \vec{v}_2{'}\right|^2 = \left(\vec{v}_g + \vec{v}_2{'}\right)\cdot\left(\vec{v}_g + \vec{v}_2{'}\right) = v_g^{\ 2} + 2\vec{v}_g\cdot\vec{v}_2{'} + (v_2{'})^2$$

となるので

$$K_{\text{total}} = \frac{1}{2}(m_1 + m_2)v_g^{\ 2} + \vec{v}_g\cdot(m_1\vec{v}_1{'} + m_2\vec{v}_2{'}) + \frac{1}{2}\left\{m_1(v_1{'})^2 + m_2(v_2{'})^2\right\}$$

となる。ここで

$$\vec{r}_1{'} = -\frac{m_2}{m_1 + m_2}\vec{r} \qquad \vec{r}_2{'} = \frac{m_1}{m_1 + m_2}\vec{r}$$

であったので

$$m_1\vec{r}_1{'} + m_2\vec{r}_2{'} = -\frac{m_1 m_2}{m_1 + m_2}\vec{r} + \frac{m_1 m_2}{m_1 + m_2}\vec{r} = 0$$

よって

$$\frac{d}{dt}(m_1\vec{r}_1{'} + m_2\vec{r}_2{'}) = m_1\frac{d\vec{r}_1{'}}{dt} + m_2\frac{d\vec{r}_2{'}}{dt} = m_1\vec{v}_1{'} + m_2\vec{v}_2{'} = 0$$

となるので

$$K_{\text{total}} = \frac{1}{2}(m_1 + m_2)v_g^{\ 2} + \frac{1}{2}\left\{m_1(v_1{'})^2 + m_2(v_2{'})^2\right\}$$

とまとめられる。

　ここで右辺の最初の項は、重心の運動エネルギー（K_g）であり、つぎの項は相対運動の運動エネルギー（K'）となっており

$$K_{\text{total}} = K_g + K'$$

第8章　質点系の力学

となる。

　このように、2つの質量の運動エネルギーの和は、重心の運動エネルギーと相対運動の運動エネルギーの和となっている。
　つぎに、角運動量についても見ておこう。角運動量ベクトルは

$$\vec{L} = \vec{r} \times \vec{p}$$

のように、腕の長さに運動量をかけたもので、ベクトルの外積となる。2個の質点の場合

$$\vec{L} = \vec{r}_1 \times \vec{p}_1 + \vec{r}_2 \times \vec{p}_2$$

となるが、これは

$$\vec{L} = \vec{r}_1 \times m_1 \vec{v}_1 + \vec{r}_2 \times m_2 \vec{v}_2$$

であり、r で表記すると

$$\vec{L} = \vec{r}_1 \times m_1 \frac{d\vec{r}_1}{dt} + \vec{r}_2 \times m_2 \frac{d\vec{r}_2}{dt}$$

によって与えられる。
　右辺の第1項である $\vec{r}_1 \times m_1 \dfrac{d\vec{r}_1}{dt}$ について見てみよう。

$$\vec{r}_1 = \vec{r}_g + \vec{r}_1{'}$$

であったので

$$\vec{r}_1 \times m_1 \frac{d\vec{r}_1}{dt} = (\vec{r}_g + \vec{r}_1{'}) \times m_1 \left(\frac{d\vec{r}_g}{dt} + \frac{d\vec{r}_1{'}}{dt} \right)$$

から

$$\vec{r}_1 \times m_1 \frac{d\vec{r}_1}{dt} = \vec{r}_g \times m_1 \frac{d\vec{r}_g}{dt} + \vec{r}_g \times m_1 \frac{d\vec{r}_1{'}}{dt} + \vec{r}_1{'} \times m_1 \frac{d\vec{r}_g}{dt} + \vec{r}_1{'} \times m_1 \frac{d\vec{r}_1{'}}{dt}$$

となる。
　同様にして

$$\vec{r}_2 \times m_2 \frac{d\vec{r}_2}{dt} = \vec{r}_g \times m_2 \frac{d\vec{r}_g}{dt} + \vec{r}_g \times m_2 \frac{d\vec{r}_2\,'}{dt} + \vec{r}_2\,' \times m_2 \frac{d\vec{r}_g}{dt} + \vec{r}_2\,' \times m_2 \frac{d\vec{r}_2\,'}{dt}$$

よって

$$\vec{L} = \vec{r}_g \times (m_1 + m_2) \frac{d\vec{r}_g}{dt} + \vec{r}_g \times \left(m_1 \frac{d\vec{r}_1\,'}{dt} + m_2 \frac{d\vec{r}_2\,'}{dt} \right) + \vec{r}_1\,' \times m_1 \frac{d\vec{r}_1\,'}{dt} + \vec{r}_2\,' \times m_2 \frac{d\vec{r}_2\,'}{dt}$$
$$+ (m_1 \vec{r}_1\,' + m_2 \vec{r}_2\,') \frac{d\vec{r}_g}{dt}$$

とまとめられる。

$$m_1 \frac{d\vec{r}_1\,'}{dt} + m_2 \frac{d\vec{r}_2\,'}{dt} = 0 \qquad m_1 \vec{r}_1\,' + m_2 \vec{r}_2\,' = 0$$

であったので、結局

$$\vec{L} = \vec{r}_g \times (m_1 + m_2) \frac{d\vec{r}_g}{dt} + \vec{r}_1\,' \times m_1 \frac{d\vec{r}_1\,'}{dt} + \vec{r}_2\,' \times m_2 \frac{d\vec{r}_2\,'}{dt}$$

$$\vec{L} = \vec{r}_g \times (m_1 + m_2) \vec{v}_g + \vec{r}_1\,' \times m_1 \vec{v}_1\,' + \vec{r}_2\,' \times m_2 \vec{v}_2\,'$$

$$\vec{L} = \vec{r}_g \times \vec{p}_g + (\vec{r}_1\,' \times \vec{p}_1\,' + \vec{r}_2\,' \times \vec{p}_2\,')$$

とまとめられる。右辺の最初の項は、まさに重心系の角運動量(L_g)であり、つぎの2項は相対系の角運動量(L')に相当する。よって、全角運動量は

$$\vec{L} = \vec{L}_g + \vec{L}'$$

のように、重心系と相対系の和として与えられることになる。

第8章 質点系の力学

演習 8-8 2個の質点においても、角運動量の時間微分が力のモーメントとなることを示せ。

解) 角運動量の和

$$\vec{L} = \vec{r}_1 \times \vec{p}_1 + \vec{r}_2 \times \vec{p}_2$$

を t で微分すると

$$\frac{d\vec{L}}{dt} = \frac{d}{dt}(\vec{r}_1 \times \vec{p}_1) + \frac{d}{dt}(\vec{r}_2 \times \vec{p}_2)$$

となる。ここで

$$\frac{d}{dt}(\vec{r}_1 \times \vec{p}_1) = \frac{d\vec{r}_1}{dt} \times \vec{p}_1 + \vec{r}_1 \times \frac{d\vec{p}_1}{dt}$$

となるが

右辺の第1項は

$$\frac{d\vec{r}_1}{dt} \times \vec{p}_1 = \frac{d\vec{r}_1}{dt} \times m_1 \frac{d\vec{r}_1}{dt} = 0$$

となるので

$$\frac{d}{dt}(\vec{r}_1 \times \vec{p}_1) = \vec{r}_1 \times \frac{d\vec{p}_1}{dt} \qquad 同様にして \qquad \frac{d}{dt}(\vec{r}_2 \times \vec{p}_2) = \vec{r}_2 \times \frac{d\vec{p}_2}{dt}$$

となり

$$\frac{d\vec{L}}{dt} = \vec{r}_1 \times \frac{d\vec{p}_1}{dt} + \vec{r}_2 \times \frac{d\vec{p}_2}{dt}$$

となる。ここで

$$\vec{F}_{21} + \vec{F}_1 = m_1 \frac{d^2\vec{r}_1}{dt^2} = \frac{d}{dt}\left(m_1 \frac{d\vec{r}_1}{dt}\right) = \frac{d}{dt}(m_1 \vec{v}_1) = \frac{d\vec{p}_1}{dt}$$

$$\vec{F}_{12} + \vec{F}_2 = m_2 \frac{d^2\vec{r}_2}{dt^2} = \frac{d}{dt}\left(m_2 \frac{d\vec{r}_2}{dt}\right) = \frac{d}{dt}(m_2 \vec{v}_2) = \frac{d\vec{p}_2}{dt}$$

から

$$\frac{d\vec{L}}{dt} = \vec{r}_1 \times (\vec{F}_{21} + \vec{F}_1) + \vec{r}_2 \times (\vec{F}_{12} + \vec{F}_2)$$

ここで

$$\vec{r}_1 \times \vec{F}_{21} + \vec{r}_2 \times \vec{F}_{12} = -\vec{r}_1 \times \vec{F}_{12} + \vec{r}_2 \times \vec{F}_{12} = (\vec{r}_2 - \vec{r}_1) \times \vec{F}_{12}$$

となるが

$$(\vec{r}_2 - \vec{r}_1) // \vec{F}_{12}$$

であるから、この値は 0 となる。したがって

$$\frac{d\vec{L}}{dt} = \vec{r}_1 \times \vec{F}_1 + \vec{r}_2 \times \vec{F}_2$$

となり、右辺はまさに力のモーメントであり

$$\frac{d\vec{L}}{dt} = \vec{N}_1 + \vec{N}_2 = \vec{N}$$

となる。

ところで、角運動量も

$$\vec{L} = \vec{L}_g + \vec{L}'$$

のように、重心系と相対系に分けることができた。

成分で示せば

$$\vec{L} = \vec{r}_g \times \vec{p}_g + (\vec{r}_1{'} \times \vec{p}_1{'} + \vec{r}_2{'} \times \vec{p}_2{'})$$

したがって

$$\frac{d\vec{L}}{dt} = \vec{r}_g \times \frac{d\vec{p}_g}{dt} + (\vec{r}_1{'} \times \frac{d\vec{p}_1{'}}{dt} + \vec{r}_2{'} \times \frac{d\vec{p}_2{'}}{dt})$$

となり

$$\frac{d\vec{L}}{dt} = \vec{r}_g \times \vec{F}_g + (\vec{r}_1{}' \times \vec{F}_1 + \vec{r}_2{}' \times \vec{F}_2)$$

右辺は、重心系と相対系の力のモーメントであり

$$\frac{d\vec{L}}{dt} = \vec{N}_g + \vec{N}'$$

となる。ここで $\vec{L} = \vec{L}_g + \vec{L}'$ から

$$\frac{d\vec{L}}{dt} = \frac{d\vec{L}_g}{dt} + \frac{d\vec{L}'}{dt}$$

となるが、成分を比較すると

$$\frac{d\vec{L}_g}{dt} = \vec{N}_g \qquad \frac{d\vec{L}'}{dt} = \vec{N}'$$

と方程式も重心系と相対系に分解できる。
　これら方程式を回転に関する運動方程式と呼んでいる。

8.5. 多質点系

8.5.1 相互作用

　それでは、3個以上の質点系における運動を解析してみよう。まず、3個の質点系について考察したあとで、それをもとに多体問題に一般化するという手法を使っていく。
　図8-10に示すような、3個の質点が相互作用しながら運動している状態を解析してみる。

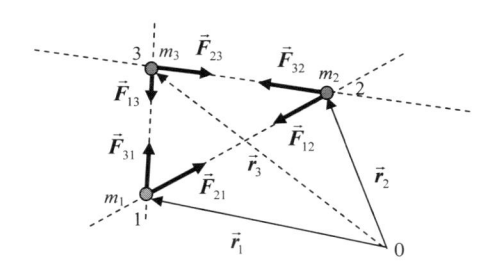

図 8-10　3 個の質点の運動

外力がない場合には

$$\vec{F}_{21} + \vec{F}_{31} = m_1 \frac{d^2 \vec{r}_1}{dt^2} \qquad \vec{F}_{12} + \vec{F}_{32} = m_2 \frac{d^2 \vec{r}_2}{dt^2} \qquad \vec{F}_{13} + \vec{F}_{23} = m_3 \frac{d^2 \vec{r}_3}{dt^2}$$

となる。辺々を加えると

$$\vec{F}_{21} + \vec{F}_{31} + \vec{F}_{12} + \vec{F}_{32} + \vec{F}_{13} + \vec{F}_{23} = m_1 \frac{d^2 \vec{r}_1}{dt^2} + m_2 \frac{d^2 \vec{r}_2}{dt^2} + m_3 \frac{d^2 \vec{r}_3}{dt^2}$$

となるが、2 個の物体の対を考えて、作用反作用の法則を適用すると

$$\vec{F}_{21} + \vec{F}_{12} = 0 \qquad \vec{F}_{31} + \vec{F}_{13} = 0 \qquad \vec{F}_{32} + \vec{F}_{23} = 0$$

という関係にあるので

$$m_1 \frac{d^2 \vec{r}_1}{dt^2} + m_2 \frac{d^2 \vec{r}_2}{dt^2} + m_3 \frac{d^2 \vec{r}_3}{dt^2} = 0$$

となる。
　これは

第 8 章　質点系の力学

$$\frac{d}{dt}\left(m_1 \frac{d\vec{r}_1}{dt} + m_2 \frac{d\vec{r}_2}{dt} + m_3 \frac{d\vec{r}_3}{dt}\right) = 0$$

から

$$\frac{d}{dt}(m_1\vec{v}_1 + m_2\vec{v}_2 + m_3\vec{v}_3) = 0$$

となって

$$m_1\vec{v}_1 + m_2\vec{v}_2 + m_3\vec{v}_3 = \vec{p}$$

となる。右辺は定数ベクトルであり、運動量保存の法則が 3 体でも成立することがわかる。同様のことは、4 個以上の質点でも成立するので、外力の働かない多質点系では、運動量保存の法則

$$m_1\vec{v}_1 + m_2\vec{v}_2 + m_3\vec{v}_3 + ... + m_n\vec{v}_n = \vec{p}$$

が成立する。

演習 8-9　3 個の質点の質量が、それぞれ m_1, m_2, m_3 [kg] であり、位置ベクトルが $\vec{r}_1, \vec{r}_2, \vec{r}_3$ と与えられるとき、重心の位置ベクトルを求めよ。

解）　まず、2 個の質点の重心は

$$\vec{r}_g = \frac{m_1\vec{r}_1 + m_2\vec{r}_2}{m_1 + m_2} = \frac{m_1\vec{r}_1 + m_2\vec{r}_2}{M}$$

となる。この点を質量 M [kg] の質点とみなして、m_3 との重心の位置ベクトルを求めると

$$\vec{r}_G = \frac{M\vec{r}_g + m_3\vec{r}_3}{M + m_3} = \frac{m_1\vec{r}_1 + m_2\vec{r}_2 + m_3\vec{r}_3}{M + m_3} = \frac{m_1\vec{r}_1 + m_2\vec{r}_2 + m_3\vec{r}_3}{m_1 + m_2 + m_3}$$

となる。

これを一般に拡張すれば、n 個の質点の重心は

$$\vec{r}_G = \frac{m_1\vec{r}_1 + m_2\vec{r}_2 + m_3\vec{r}_3 + \ldots + m_n\vec{r}_n}{m_1 + m_2 + m_3 + \ldots + m_n}$$

と与えられることがわかる。

演習 8-10 質量 $3m$ [kg] の質点が位置ベクトル $\vec{r}_1 = (1, 1, 0)$ [m] の地点に、質量 $2m$ [kg] の質点が、位置ベクトル $\vec{r}_2 = (4, 7, 0)$ [m] の地点に、質量 m [kg] の質点が位置ベクトル $\vec{r}_1 = (0, 0, 6)$ [m] の地点にあるとき、これら 3 個の質点の重心の位置ベクトルを求めよ。

解）

$$\begin{aligned}\vec{r}_G &= \frac{m_1\vec{r}_1 + m_2\vec{r}_2 + m_3\vec{r}_3}{m_1 + m_2 + m_3} \\ &= \frac{1}{6m}\left\{3m\begin{pmatrix}1\\1\\0\end{pmatrix} + 2m\begin{pmatrix}4\\7\\0\end{pmatrix} + m\begin{pmatrix}0\\0\\6\end{pmatrix}\right\} = \frac{1}{6m}\begin{pmatrix}11m\\17m\\6m\end{pmatrix} = \begin{pmatrix}11/6\\17/6\\1\end{pmatrix} \text{ [m]}\end{aligned}$$

となる。

ここで、外力が働かない場合

$$m_1\frac{d^2\vec{r}_1}{dt^2} + m_2\frac{d^2\vec{r}_2}{dt^2} + m_3\frac{d^2\vec{r}_3}{dt^2} = 0$$

となるが、変形すると

$$\frac{d^2}{dt^2}(m_1\vec{r}_1 + m_2\vec{r}_2 + m_3\vec{r}_3) = (m_1 + m_2 + m_3)\frac{d^2}{dt^2}\left(\frac{m_1\vec{r}_1 + m_2\vec{r}_2 + m_3\vec{r}_3}{m_1 + m_2 + m_3}\right) = M\frac{d^2\vec{r}_G}{dt^2}$$

となる。ただし、M は全質量である。

　これは、3個の質点の場合にも、重心に全質量があるとして、運動を解析することが可能であることを示している。

　また、外力が働かない場合には

$$M\frac{d^2\vec{r}_G}{dt^2} = 0 \quad \text{から} \quad \vec{v}_G = \frac{d\vec{r}_G}{dt} = \text{const.}$$

となり、重心が慣性の法則にしたがうことを示している。

　外力が、それぞれ3質点に働くときは

$$m_1\frac{d^2\vec{r}_1}{dt^2} + m_2\frac{d^2\vec{r}_2}{dt^2} + m_3\frac{d^2\vec{r}_3}{dt^2} = \vec{F}_1 + \vec{F}_2 + \vec{F}_3$$

となり

$$\vec{F}_1 + \vec{F}_2 + \vec{F}_3 = M\frac{d^2\vec{r}_G}{dt^2}$$

と置けるので、すべての外力の和があたかも、全質量 M を有する重心に作用しているとみなせるのである。

　以上の考えは、容易に一般化できて、個数が n 個の質点でも成立し

$$\vec{F}_1 + \vec{F}_2 + \vec{F}_3 + ... + \vec{F}_n = M\frac{d^2\vec{r}_G}{dt^2}$$

となることがわかる。

8.5.2. 重心系と相対系

　ここで、2質点系にならって、3質点系においても、重心系と相対系の運動を解析してみよう。そのため、図 8-11 のようなベクトル群を考える。

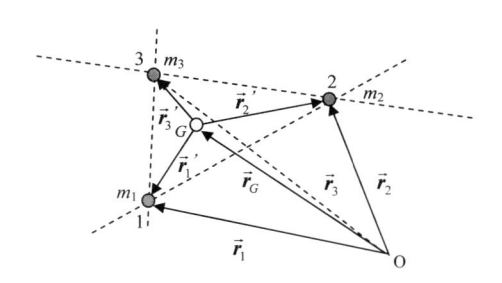

図 8-11　3 質点系の重心と相対座標

すでに求めたように重心は

$$\vec{r}_G = \frac{m_1\vec{r}_1 + m_2\vec{r}_2 + m_3\vec{r}_3}{m_1 + m_2 + m_3}$$

となる。

また、相対系のベクトルは

$$\vec{r}_1{}' = \vec{r}_1 - \vec{r}_G \qquad \vec{r}_2{}' = \vec{r}_2 - \vec{r}_G \qquad \vec{r}_3{}' = \vec{r}_3 - \vec{r}_G$$

であり、位置ベクトルは

$$\vec{r}_1 = \vec{r}_G + \vec{r}_1{}' \qquad \vec{r}_2 = \vec{r}_G + \vec{r}_2{}' \qquad \vec{r}_3 = \vec{r}_G + \vec{r}_3{}'$$

となる。

8.5.3. 運動量

まず、運動量を重心系と相対系に分けてみよう。

外力がない場合

$$\frac{d}{dt}\left(m_1\frac{d\vec{r}_1}{dt} + m_2\frac{d\vec{r}_2}{dt} + m_3\frac{d\vec{r}_3}{dt}\right) = 0$$

第 8 章　質点系の力学

から

$$m_1 \frac{d\vec{r}_1}{dt} + m_2 \frac{d\vec{r}_2}{dt} + m_3 \frac{d\vec{r}_3}{dt} = \vec{p}$$

となる。右辺は定数ベクトルである。よって

$$m_1 \vec{v}_1 + m_2 \vec{v}_2 + m_3 \vec{v}_3 = \vec{p}$$

となり、全運動量は保存されるのであった。ここで

$$\vec{r}_1 = \vec{r}_G + \vec{r}_1{}' \qquad \vec{r}_2 = \vec{r}_G + \vec{r}_2{}' \qquad \vec{r}_3 = \vec{r}_G + \vec{r}_3{}'$$

を代入すると

$$m_1 \frac{d\vec{r}_1}{dt} + m_2 \frac{d\vec{r}_2}{dt} + m_3 \frac{d\vec{r}_3}{dt} = (m_1 + m_2 + m_3)\frac{d\vec{r}_G}{dt} + m_1 \frac{d\vec{r}_1{}'}{dt} + m_2 \frac{d\vec{r}_2{}'}{dt} + m_3 \frac{d\vec{r}_3{}'}{dt}$$

$$= M \frac{d\vec{r}_G}{dt} + m_1 \frac{d\vec{r}_1{}'}{dt} + m_2 \frac{d\vec{r}_2{}'}{dt} + m_3 \frac{d\vec{r}_3{}'}{dt} = \vec{p}_G + \vec{p}{}'$$

となって、重心系の運動量と相対系の運動量の和となる。
　ところで

$$\vec{p}{}' = m_1 \frac{d\vec{r}_1{}'}{dt} + m_2 \frac{d\vec{r}_2{}'}{dt} + m_3 \frac{d\vec{r}_3{}'}{dt} = \frac{d}{dt}(m_1\vec{r}_1{}' + m_2\vec{r}_2{}' + m_3\vec{r}_3{}')$$

となるが

$$\vec{r}_1{}' = \vec{r}_1 - \vec{r}_G \qquad \vec{r}_2{}' = \vec{r}_2 - \vec{r}_G \qquad \vec{r}_3{}' = \vec{r}_3 - \vec{r}_G$$

であったので

$$m_1\vec{r}_1{}' + m_2\vec{r}_2{}' + m_3\vec{r}_3{}' = m_1\vec{r}_1 + m_2\vec{r}_2 + m_3\vec{r}_3 - (m_1 + m_2 + m_3)\vec{r}_G = 0$$

より、$\vec{p}\,' = 0$ となる。

したがって
$$\vec{p} = \vec{p}_G$$

となり、3 質点の全運動量は、重心に全質量が集まって運動している場合の運動量と同じとなる。この考えは、n 個の場合にも拡張できることがわかるであろう。

8.5.4. 運動エネルギー

それでは、運動エネルギーについて見てみよう。まず、全運動エネルギーは

$$K_{\text{total}} = \frac{1}{2}m_1 \left|\frac{d\vec{r}_1}{dt}\right|^2 + \frac{1}{2}m_2 \left|\frac{d\vec{r}_2}{dt}\right|^2 + \frac{1}{2}m_3 \left|\frac{d\vec{r}_3}{dt}\right|^2 = \frac{1}{2}m_1 |\vec{v}_1|^2 + \frac{1}{2}m_2 |\vec{v}_2|^2 + \frac{1}{2}m_3 |\vec{v}_3|^2$$

となる。

$\vec{r}_1 = \vec{r}_G + \vec{r}_1\,'$ から

$$\frac{d\vec{r}_1}{dt} = \frac{d\vec{r}_G}{dt} + \frac{d\vec{r}_1\,'}{dt} \qquad \vec{v}_1 = \vec{v}_G + \vec{v}_1\,'$$

よって

$$|\vec{v}_1|^2 = (\vec{v}_G + \vec{v}_1\,') \cdot (\vec{v}_G + \vec{v}_1\,') = |\vec{v}_G|^2 + 2\vec{v}_G \cdot \vec{v}_1\,' + |\vec{v}_1\,'|^2$$

したがって

$$K_{\text{total}} = \frac{1}{2}m_1 |\vec{v}_G|^2 + \frac{1}{2}m_2 |\vec{v}_G|^2 + \frac{1}{2}m_3 |\vec{v}_G|^2 + \vec{v}_G \cdot (m_1 \vec{v}_1\,' + m_2 \vec{v}_2\,' + m_3 \vec{v}_3\,')$$
$$+ \frac{1}{2}m_1 |\vec{v}_1\,'|^2 + \frac{1}{2}m_2 |\vec{v}_2\,'|^2 + \frac{1}{2}m_3 |\vec{v}_3\,'|^2$$

となる。

ここで

第8章　質点系の力学

$$m_1\vec{v}_1' + m_2\vec{v}_2' + m_3\vec{v}_3' = m_1\frac{d\vec{r}_1'}{dt} + m_2\frac{d\vec{r}_2'}{dt} + m_3\frac{d\vec{r}_3'}{dt} = \frac{d}{dt}(m_1\vec{r}_1' + m_2\vec{r}_2' + m_3\vec{r}_3')$$

となるが

$$m_1\vec{r}_1' + m_2\vec{r}_2' + m_3\vec{r}_3' = 0$$

であったので

$$\vec{v}_G \cdot (m_1\vec{v}_1' + m_2\vec{v}_2' + m_3\vec{v}_3') = 0$$

よって

$$K_{\text{total}} = \left\{\frac{1}{2}m_1|\vec{v}_G|^2 + \frac{1}{2}m_2|\vec{v}_G|^2 + \frac{1}{2}m_3|\vec{v}_G|^2\right\}$$
$$+ \left\{\frac{1}{2}m_1|\vec{v}_1'|^2 + \frac{1}{2}m_2|\vec{v}_2'|^2 + \frac{1}{2}m_3|\vec{v}_3'|^2\right\}$$

ここで

$$\frac{1}{2}m_1|\vec{v}_G|^2 + \frac{1}{2}m_2|\vec{v}_G|^2 + \frac{1}{2}m_3|\vec{v}_G|^2 = \frac{1}{2}(m_1+m_2+m_3)|\vec{v}_G|^2 = \frac{1}{2}M|\vec{v}_G|^2$$

となり、最初の3項は、重心の運動エネルギー、つぎの3項

$$\frac{1}{2}m_1|\vec{v}_1'|^2 + \frac{1}{2}m_2|\vec{v}_2'|^2 + \frac{1}{2}m_3|\vec{v}_3'|^2$$

は、相対系の運動エネルギーとなり、3体の場合にも

$$K_{\text{total}} = K_G + K'$$

となることがわかる。
　この3質点の結果は、容易に一般に拡張でき、n個の場合にも成立することがわかるであろう。すなわち

$$K_{\text{total}} = \left\{ \frac{1}{2}(m_1 + m_2 + ... + m_n)|\vec{v}_G|^2 \right\}$$
$$+ \left\{ \frac{1}{2}m_1|\vec{v}_1{'}|^2 + \frac{1}{2}m_2|\vec{v}_2{'}|^2 + \frac{1}{2}m_3|\vec{v}_3{'}|^2 + ... + \frac{1}{2}m_n|\vec{v}_n{'}|^2 \right\}$$

が成立する。

8.5.5. 角運動量

それでは、多質点系の角運動量についても見ておこう。角運動量ベクトルは

$$\vec{L} = \vec{r} \times \vec{p}$$

のように、腕の長さに運動量をかけたもので、ベクトルの外積となる。3個の質点の場合

$$\vec{L} = \vec{r}_1 \times \vec{p}_1 + \vec{r}_2 \times \vec{p}_2 + \vec{r}_3 \times \vec{p}_3$$

となるが、これは

$$\vec{L} = \vec{r}_1 \times m_1\vec{v}_1 + \vec{r}_2 \times m_2\vec{v}_2 + \vec{r}_3 \times m_3\vec{v}_3$$

であり、r で表記すると

$$\vec{L} = \vec{r}_1 \times m_1 \frac{d\vec{r}_1}{dt} + \vec{r}_2 \times m_2 \frac{d\vec{r}_2}{dt} + \vec{r}_3 \times m_3 \frac{d\vec{r}_3}{dt}$$

によって与えられる。

右辺の第1項である $\vec{r}_1 \times m_1 \dfrac{d\vec{r}_1}{dt}$ について見てみよう。

$$\vec{r}_1 = \vec{r}_g + \vec{r}_1{'}$$

であったので

第8章　質点系の力学

$$\vec{r}_1 \times m_1 \frac{d\vec{r}_1}{dt} = (\vec{r}_g + \vec{r}_1{}') \times m_1 \left(\frac{d\vec{r}_g}{dt} + \frac{d\vec{r}_1{}'}{dt} \right)$$

から

$$\vec{r}_1 \times m_1 \frac{d\vec{r}_1}{dt} = \vec{r}_g \times m_1 \frac{d\vec{r}_g}{dt} + \vec{r}_g \times m_1 \frac{d\vec{r}_1{}'}{dt} + \vec{r}_1{}' \times m_1 \frac{d\vec{r}_g}{dt} + \vec{r}_1{}' \times m_1 \frac{d\vec{r}_1{}'}{dt}$$

となる。
　同様にして

$$\vec{r}_2 \times m_2 \frac{d\vec{r}_2}{dt} = \vec{r}_g \times m_2 \frac{d\vec{r}_g}{dt} + \vec{r}_g \times m_2 \frac{d\vec{r}_2{}'}{dt} + \vec{r}_2{}' \times m_2 \frac{d\vec{r}_g}{dt} + \vec{r}_2{}' \times m_2 \frac{d\vec{r}_2{}'}{dt}$$

$$\vec{r}_3 \times m_3 \frac{d\vec{r}_3}{dt} = \vec{r}_g \times m_3 \frac{d\vec{r}_g}{dt} + \vec{r}_g \times m_3 \frac{d\vec{r}_3{}'}{dt} + \vec{r}_3{}' \times m_3 \frac{d\vec{r}_g}{dt} + \vec{r}_3{}' \times m_3 \frac{d\vec{r}_3{}'}{dt}$$

よって

$$\vec{L} = \vec{r}_g \times (m_1 + m_2 + m_3) \frac{d\vec{r}_g}{dt} + \vec{r}_g \times \left(m_1 \frac{d\vec{r}_1{}'}{dt} + m_2 \frac{d\vec{r}_2{}'}{dt} + m_3 \frac{d\vec{r}_3{}'}{dt} \right)$$
$$+ \vec{r}_1{}' \times m_1 \frac{d\vec{r}_1{}'}{dt} + \vec{r}_2{}' \times m_2 \frac{d\vec{r}_2{}'}{dt} + \vec{r}_3{}' \times m_3 \frac{d\vec{r}_3{}'}{dt} + (m_1 \vec{r}_1{}' + m_2 \vec{r}_2{}' + m_3 \vec{r}_3{}') \frac{d\vec{r}_g}{dt}$$

とまとめられる。

$$m_1 \frac{d\vec{r}_1{}'}{dt} + m_2 \frac{d\vec{r}_2{}'}{dt} + m_3 \frac{d\vec{r}_3{}'}{dt} = 0 \qquad m_1 \vec{r}_1{}' + m_2 \vec{r}_2{}' + m_3 \vec{r}_3{}' = 0$$

であったので、結局

$$\vec{L} = \vec{r}_g \times (m_1 + m_2 + m_3) \frac{d\vec{r}_g}{dt} + \vec{r}_1{}' \times m_1 \frac{d\vec{r}_1{}'}{dt} + \vec{r}_2{}' \times m_2 \frac{d\vec{r}_2{}'}{dt} + \vec{r}_3{}' \times m_3 \frac{d\vec{r}_3{}'}{dt}$$

$$\vec{L} = \vec{r}_g \times M\vec{v}_g + \vec{r}_1{'} \times m_1\vec{v}_1{'} + \vec{r}_2{'} \times m_2\vec{v}_2{'} + \vec{r}_3{'} \times m_3\vec{v}_3{'}$$

$$\vec{L} = \vec{r}_g \times \vec{p}_g + (\vec{r}_1{'} \times \vec{p}_1{'} + \vec{r}_2{'} \times \vec{p}_2{'} + \vec{r}_3{'} \times \vec{p}_3{'})$$

とまとめられる。右辺の最初の項は、まさに重心系の角運動量(L_g)であり、つぎの3項は相対系の角運動量 (L') に相当する。よって、3質点系の場合にも、全角運動量は

$$\vec{L} = \vec{L}_g + \vec{L}'$$

のように、重心系と相対系の和として与えられることになる。

そして、いまの2質点系から3質点系への拡張をすれば、容易に一般化できn質点系の場合にも

$$\vec{L} = \vec{r}_g \times \vec{p}_g + (\vec{r}_1{'} \times \vec{p}_1{'} + \vec{r}_2{'} \times \vec{p}_2{'} + \vec{r}_3{'} \times \vec{p}_3{'} + ... + \vec{r}_n{'} \times \vec{p}_n{'}) = \vec{L}_g + \vec{L}'$$

という関係が成立することがわかる。

また、この式から2質点系の場合と同様に、n質点系の場合も、回転の運動方程式を

$$\frac{d\vec{L}_g}{dt} = \vec{N}_g \qquad \frac{d\vec{L}'}{dt} = \vec{N}'$$

と重心系と相対系に分解できることがわかる。

第 9 章　剛体

9.1. 運動の自由度

　物体の運動を解析するときに、その大きさを無視して、ある点に質量が集中していると仮定したものが**質点** (mass point) であった。一方、大きさを無視できない物体の運動を解析する必要がある場合もある。
　よって、ここでは、大きさのある物体の運動をいかに解析するかを紹介する。ただし、物体が変形してしまうと、その影響を考慮した解析が必要となり、取り扱いが煩雑となる。そこで、物体はまったく変形しない硬いもの、すなわち、**剛体** (rigid body) として解析するのが通例である。もちろん、このような物質は世の中に存在しないが、物体の運動を解析する場合には、この仮定をしても問題のない場合が多い。
　さて、それでは、剛体の運動をどのように解析していけばよいだろうか。ひとつの考えは、剛体を質点の集合と捉えることである。そうすれば、前章で導出した方法を適用できる。
　ただし、有限の大きさの物体には無数に質点がある。例えば、1000 個の質点の集合として剛体を解析したとすると、3 次元では、x, y, z 方向の運動方程式が必要となるので、それだけで3000 個もの式が必要となる。さらに、質点間の相互作用も考えなければならない。これでは、計算に膨大な時間がかかるし、現実的にも意味はない。
　実は、剛体の場合、それほど多くの方程式を必要としない。その理由は、無数の質点がたとえあったとしても、すべての点の相対距離が決まっているからである。これについては、後ほど説明したい。
　ここで、図 9-1 を参照いただきたい。立体の 3 次元空間における運動を解析する場合、まず、重心の x, y, z 方向の並進運動 (translational motion) を知

る必要がある。これは、理解いただけるであろう。しかし、これだけでは不十分である。なぜなら剛体は回転もするからである。つまり、重心が止まっていても、剛体は回転することが可能である。それでは、どのような回転があるかというと、図 9-1 の右に示したように、x, y, z 軸に沿った 3 方向の回転がある。もちろん、回転軸はいろいろあるが、x, y, z 軸の回転を組み合わせれば、任意の軸の回転に対応できる。

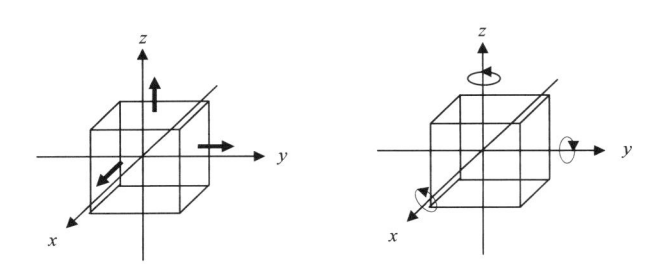

図 9-1　立体の 3 次元空間における運動

したがって、6 個の方程式があれば、剛体の運動を解析できることになる。これは、剛体の運動の**自由度** (degree of freedom) が 6 ということに対応している。ここで、自由度を理解するために、運動の自由度について見てみよう。図 9-2 に 2 個の質点の運動を示す。この運動の自由度を求めてみよう。

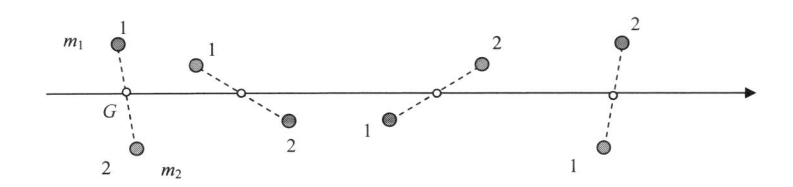

図 9-2　2 個の質点の運動

まず、重心の運動は 3 次元空間では、x, y, z 方向の 3 個の自由度がある。

系に働く力の合力によって、等速運動、等加速度運動、円運動など種々の運動をするが、基本的には、質点1と質点2に働く力の合成力を使って

$$\vec{F}_1 + \vec{F}_2 = (m_1 + m_2)\frac{d\vec{r}_G}{dt}$$

という運動方程式に従う。これを成分で示せば

$$F_{1x} + F_{2x} = (m_1 + m_2)\frac{dx}{dt} \qquad F_{1y} + F_{2y} = (m_1 + m_2)\frac{dy}{dt}$$

$$F_{1z} + F_{2z} = (m_1 + m_2)\frac{dz}{dt}$$

の3個の方程式となる。これが、自由度3の背景である。

この3個の運動方程式によって、重心の運動軌道は決定できるが、質点が2個の場合、図9-2のように、重心のまわりを自由に回転できる。

それでは、回転の自由度はいくつなのだろうか。ここで、図9-3を参照しながら考えてみよう。

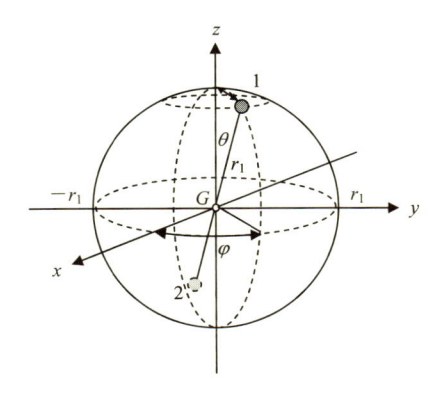

図 9-3 2個の質点の重心（G）のまわりの回転：
2つの角度（θ, φ）によって質点2が指定される。

重心（原点）に対する2個の質点の位置を決める方法を考えてみよう。

まず、質点 1 の重心からの距離は r_1 と一定である。よって、質点 1 は、重心を中心とする半径 r_1 の球面上のどこかに位置することになる。一方、質点 2 の位置は、質点 1 の位置が決まれば、自動的に決まってしまう。したがって、質点 1 の位置をいかに指定するかを考えればよいことになる。

　これは、ちょうど地球の地表の位置を指定する方法とまったく同じである。地球の場合、**緯度** (latitude) と**経度** (longitude) を指定すれば、位置が決まる。例えば、東京の位置は、東経 139° 45′、北緯 35° 41′である。この 2 個の変数で地球上のただ一点が決まる。

　半径が決まった球の場合もまったく同様である。よって、重心のまわりの 2 個の質点の自由度は 2 となる。ただし、極座標においては、緯度の変わりに**天頂角**(θ) (zenith angle) を採用する（図 9-3 参照）。これは、北極からの角度で、0 から π までで、球面上のすべての範囲をカバーできる。赤道を中心とすると、北緯と南緯の 2 種類が必要になる。

　一方、経度については x 軸からの角度を使えば、0 から 2π までで、球面上のすべての範囲をカバーできる。これを**方位角**(φ) (azimuth) と呼んでいる（図 9-3 参照）。

　したがって、2 質点系の運動の自由度は、質点 1 の 3 つの座標 (x, y, z) に、質点 2 の位置を指定するための 2 つの角度（θ, φ）が加わり、自由度は 5 となるのである。ところで、重心に関しては、3 個の運動方程式があるが、残りの自由度 2 に対応した方程式は何になるのであろうか。

　すでに、紹介したように、回転に関係した物理量として角運動量がある。そして角運動量に関する方程式は

$$\frac{d\vec{L}}{dt} = \vec{N}_g + \vec{N}'$$

と与えられる。右辺は、重心系と相対系の力のモーメント（トルク）であり、前章でみたように

$$\frac{d\vec{L}_g}{dt} = \vec{N}_g' \qquad \frac{d\vec{L}'}{dt} = \vec{N}'$$

として、重心系と相対系に分解できる。ところで、重心系の運動は、すでに示した 3 個の運動方程式で、並進運動も回転運動もすべて解析できるので、重心系の回転に関する運動方程式である最初の式は独立ではない。

よって、相対系の方程式のみが独立した方程式と考えられる。この場合、角運動量ベクトルも、力モーメントベクトルも 3 次元ベクトルであるから、3 個の方程式が必要となり、自由度 2 とは整合しないと考えられるが、どうであろうか。

実は、2 個の質点は相互作用しており、その相対距離は不変である。したがって、2 個の方程式で十分なのである。これについては、具体的な問題を取り扱う際に、あらためて紹介しよう。

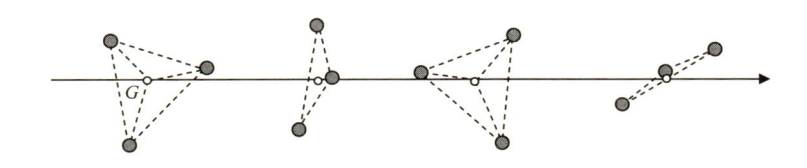

図 9-4 3 個の質点の運動

それでは、3 個の質点の運動はどうであろうか。まず、重心の運動に対する考えは、2 個の質点の場合と同様であり、3 次元ベクトルの運動方程式なので、3 個の独立な方程式が必要となる。

残りは、3 個の質点の回転運動となる。その運動はどうなるであろうか。まず、質点 1 の位置を決めることを考えてみよう。その重心からの距離は r_1' と一定である。よって、質点 1 は、重心を中心とする半径 r_1' の球面上のどこかに位置することになる。それを決めるためには、天頂角と方位角の 2 変数が必要となり、自由度は 2 である。

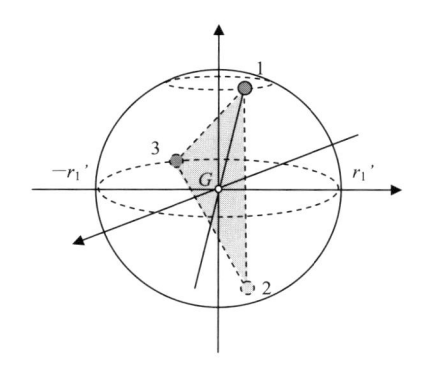

図 9-5　3 個の質点系の相対位置

　あとは、残りの質点 2 および質点 3 の位置をどのように決めるかである。質点が 2 個の場合には、質点 1 の位置が決まれば、自動的に質点 2 の位置が決まった。それでは、3 個の場合はどうであろうか。
　3 個の質点がつくるのは面であり、図 9-5 のようになる。ここで、固定されているのは G-1 という線分である。そして、質点 2 の位置が決まれば、質点 3 の位置は自動的に決まるので、問題は質点 2 の位置をどう決めるかである。

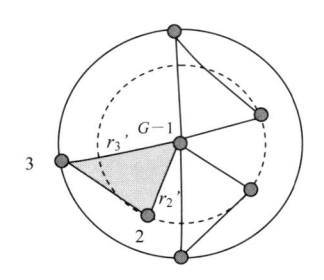

図 9-6　3 個の質点の相対位置

　図 9-6 は、重心と質点 1 を結ぶ線分の真上から見た図である。この図から、

258

わかるように、線分 G-1 を固定したうえで、質点 2,3 と等距離を保つ配置はいくらでも可能である。ただし、いったん質点 2 の位置が決まれば、質点 3 の位置は決まってしまう。したがって、自由度は 1 増えて 3 ということになる。これが自由度の考えである。

それでは、4 個の質点の場合はどうであろうか。この 4 個めの質点は、すでにある 3 個の質点からの距離が決まっている。また、4 個の質点の重心は 3 個の質点の重心 G から G と質点 4 の重心である G' に移動することになる。そして、G' からの距離はすべて固定される。したがって、図 9-7 に示すように、3 次元空間では、おのずとその位置は固定されてしまうのである。

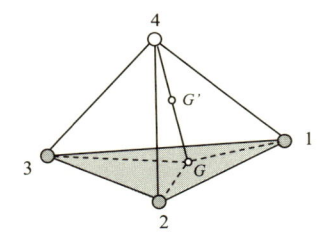

図 9-7　4 個の質点の相対位置

質点が 5 個になっても、4 点および重心との距離が固定されるので、自由度はない。したがって、質点が 3 個以上で、それら間の距離が固定されている場合には、その配置に自由度は 3 しかないのである。

剛体というのは、無数の質点からなるが、それらの相対距離はすべて固定されているので、結局、運動の自由度は 6 ということになる。

9.2. 剛体の重心

剛体の運動を考える場合に、**重心** (center of gravity) がどこにあるかが重要となる。では、剛体の重心は、どのように求められるのであろうか。ここでは、多質点系からヒントをえてみよう。n 個の質点の重心の位置ベクトルは、それぞれの質点の質量と位置ベクトルから

$$\vec{r}_G = \frac{m_1\vec{r}_1 + m_2\vec{r}_2 + m_3\vec{r}_3 + ... + m_n\vec{r}_n}{m_1 + m_2 + m_3 + ... + m_n}$$

と与えられる。

シグマ記号を使って表記すると

$$\vec{r}_G = \frac{1}{M}\sum_{k=1}^{n} m_k \vec{r}_k \qquad M = \sum_{k=1}^{n} m_k$$

となる。M [kg]は剛体の**総質量** (total mass) である。ところで、実際の剛体は有限の質点の集合ではなく、連続した物体である。したがって、総質量は各質点の質量の和ではなく、つぎのような積分で与えられる。

$$M = \iiint \rho(x, y, z)\, dxdydz$$

ただし、$\rho(x, y, z)$は点(x, y, z)におけるは**密度** (density) である。剛体の密度が一定でρ [kg/m^3] の場合には

$$M = \rho \iiint dxdydz = \rho \int dV = \rho V$$

となる。ここでdVは微小体積で$dV = dx\,dy\,dz$という関係にある。そして、微小体積dVの和、すなわち積分が、V [m^3]となり剛体の体積となる。

つぎに、$\vec{r}_G = \dfrac{1}{M}\sum_{k=1}^{n} m_k\vec{r}_k$ に対応した積分は

$$\vec{r}_G = \frac{1}{M}\iiint_V \rho(\vec{r})\,\vec{r}\,dV$$

ただし $\rho(\vec{r})$は、位置ベクトル$\vec{r} = (x, y, z)$における密度である。したがって、$\vec{r}_G = (x_G, y_G, z_G)$とすると

第 9 章　剛体

$$x_G = \frac{1}{M}\iiint_V \rho(x,y,z)\,x\,dx\,dy\,dz \qquad y_G = \frac{1}{M}\iiint_V \rho(x,y,z)\,y\,dx\,dy\,dz$$

$$z_G = \frac{1}{M}\iiint_V \rho(x,y,z)\,z\,dx\,dy\,dz$$

と与えられる。

密度 ρ [kg/m^3] が一定の場合には

$$x_G = \frac{\rho}{M}\iiint_V x\,dx\,dy\,dz \qquad y_G = \frac{\rho}{M}\iiint_V y\,dx\,dy\,dz \qquad z_G = \frac{\rho}{M}\iiint_V z\,dx\,dy\,dz$$

となる。

演習 9-1　密度が ρ [kg/m^3] である均一な物質からなる底面の半径が r [m]、高さが h [m] の直円錐の重心の位置を求めよ。

　解)　重心の位置が円錐の中心軸を通ることは自明なので、ここでは、高さ方向の位置を求めよう。円錐の中心軸を x 軸にとる。さらに、円錐の頂点を原点としよう。そのうえで、x 軸における重心の座標を求める。

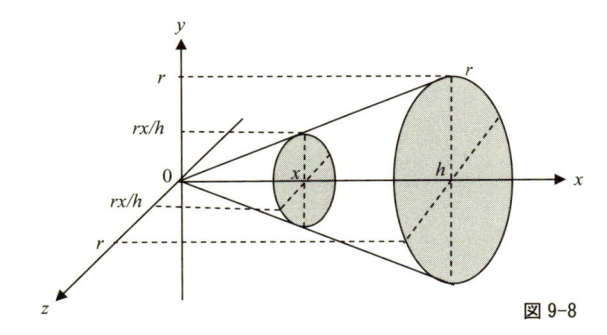

図 9-8

この円錐の重量は、その体積 V [m^3] に密度 ρ [kg/m^3] をかけて

$$M = \rho V = \frac{1}{3}\rho \pi r^2 h \ [\text{kg}]$$

となる。つぎに

$$\iiint_V x\,dx\,dy\,dz = \int \left(\iint dy\,dz\right) x\,dx$$

と変形すると、$S = \iint dy\,dz$ は、図 9-8 の座標 x に対応して直円錐を切った面(図 9-9)の面積となるので

$$\iint dy\,dz = \pi \left(\frac{r}{h}x\right)^2$$

と与えられる。

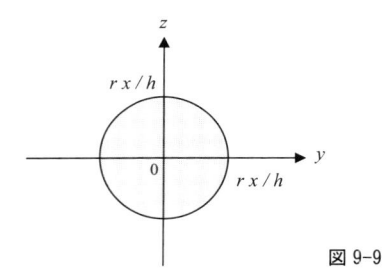

図 9-9

したがって

$$\iiint_V x\,dx\,dy\,dz = \int_0^h \pi x \left(\frac{r}{h}x\right)^2 dx = \frac{\pi r^2}{h^2}\int_0^h x^3\,dx = \frac{\pi r^2}{h^2}\left[\frac{x^4}{4}\right]_0^h = \frac{1}{4}\pi r^2 h^2$$

となり

$$x_G = \frac{\rho}{M}\iiint_V x\,dx\,dy\,dz = \frac{1}{4}\rho \pi r^2 h^2 \bigg/ \frac{1}{3}\rho \pi r^2 h = \frac{3}{4}h$$

と与えられる。

ところで、立体の体積 $V[\text{m}^3]$ は

第 9 章　剛体

$$V = \iiint dx\,dy\,dz$$

という 3 重積分で与えられるので、いまの演習において、直円錐の体積はつぎの積分でえられ

$$\iiint_V dx\,dy\,dz = \int \left\{ \iint dy\,dz \right\} dx = \int_0^h \pi \left(\frac{r}{h} x \right)^2 dx = \frac{\pi r^2}{h^2} \int_0^h x^2 dx = \frac{\pi r^2}{h^2} \left[\frac{x^3}{3} \right]_0^h = \frac{1}{3} \pi r^2 h$$

となる。以上は、$V = \iiint dx\,dy\,dz = \int \left\{ \iint dy\,dz \right\} dx = \int S\,dx$ として計算したことになる。

演習 9-2　密度が ρ [kg/m^3]である均一な物質からなる半径が r [m]の半球の重心の位置を求めよ。

解)　重心は、中心軸にあるのは自明であるから、ここでは、図 9-10 のように半球の中心軸を x 軸として、重心の x 座標を求める。

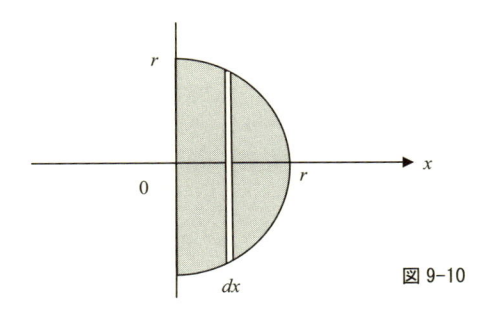

図 9-10

この半球の重量は、その体積 V [m^3]に密度 ρ [kg/m^3]をかけて

$$M = \rho V = \frac{1}{2} \rho \frac{4}{3} \pi r^3 = \frac{2}{3} \rho \pi r^3 \ \ [\text{kg}]$$

263

となる。
　つぎに
$$\iiint_V x\,dx\,dy\,dz = \int \left(\iint dy\,dz\right) x\,dx$$

と変形すると、$\iint dy\,dz$ は、図 9-10 の座標 x に対応して半球を切った面の面積となるので
$$\iint dy\,dz = \pi(r^2 - x^2)$$
となる。
　したがって

$$\iiint_V x\,dx\,dy\,dz = \int_0^r \pi x(r^2 - x^2)\,dx = \pi \left[\frac{r^2 x^2}{2} - \frac{x^4}{4}\right]_0^r = \frac{1}{4}\pi r^4$$

となり
$$x_G = \frac{\rho}{M}\iiint_V x\,dx\,dy\,dz = \frac{1}{4}\rho\pi r^4 \bigg/ \frac{2}{3}\rho\pi r^3 = \frac{3}{8}r$$

と与えられる。

9.3.　剛体のつりあい

　剛体の任意の 2 点に大きさが等しく、方向が反対の力が作用するとき、これを**偶力** (couple of forces) と呼ぶ。このとき、剛体の全質量を M [kg] とすると、重心における運動方程式は

$$\vec{F} - \vec{F} = M\frac{d^2\vec{r}_G}{dt^2} = 0$$

となり
$$\frac{d}{dt}\left(\frac{d\vec{r}_G}{dt}\right) = 0$$

から、重心は静止あるいは等速運動をすることになる。よって、重心が運

動していない状態では、偶力が働いても重心は静止したままとなる。
　一方、偶力が働く場合には、図 9-11 に示すように、剛体は回転する。そこで、回転の運動方程式を考えみよう。

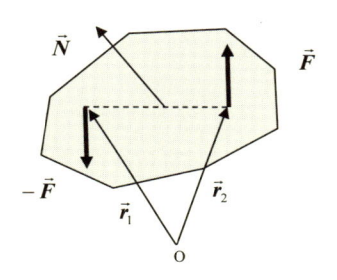

図 9-11　剛体に働く偶力

この場合、回転の運動方程式は

$$\frac{d\vec{L}}{dt} = \vec{N}' = \vec{r}_2 \times \vec{F} - \vec{r}_1 \times \vec{F} = (\vec{r}_2 - \vec{r}_1) \times \vec{F}$$

となる。このように偶力は、力が作用する点の原点 O からの位置には関係なく、2 点間の距離だけで、その大きさが決まることになる。
　ここで、剛体が静止する場合の条件を考えてみよう。この場合、重心は動かず、回転もしない。よって、外力が働く場合には、すくなくとも 3 箇所への力の作用が必要となる。
　ここで、剛体内の 3 個の点に、力 $\vec{F}_1$, $\vec{F}_2$, $\vec{F}_3$ [N]が作用しているとすると、重心が静止するためには、まず

$$\vec{F}_1 + \vec{F}_2 + \vec{F}_3 = 0$$

という条件が成立しなければならない。つぎに、剛体が回転しないためには、力のモーメントの和がゼロでなければならないので

$$\vec{r}_1 \times \vec{F}_1 + \vec{r}_2 \times \vec{F}_2 + \vec{r}_3 \times \vec{F}_3 = 0$$

が成立することになる。

最初の式より

$$\vec{F}_3 = -\vec{F}_1 - \vec{F}_2$$

がえられ、力モーメントの式に代入すると

$$\vec{r}_1 \times \vec{F}_1 + \vec{r}_2 \times \vec{F}_2 - \vec{r}_3 \times (\vec{F}_1 + \vec{F}_2) = 0$$

となる。よって

$$(\vec{r}_1 - \vec{r}_3) \times \vec{F}_1 + (\vec{r}_2 - \vec{r}_3) \times \vec{F}_2 = 0$$

が条件となる。

ここで、剛体が静止するという条件を、満足する簡単な場合を想定すると、図 9-12 のようになる。

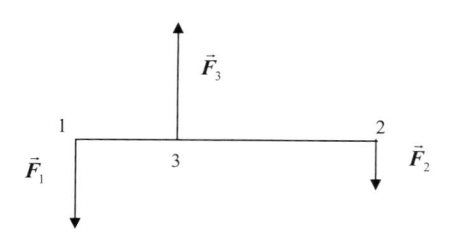

図 9-12　剛体が静止する場合の力の作用

力の大きさを、F_1, F_2, F_3 [N] とすると

$$F_3 = F_1 + F_2$$

が成立し、さらに、点 3 と点 1, 2 の距離を r_1, r_2 [m] とすると

$$r_1 F_1 = r_2 F_2$$

というつりあい関係が成立する。

9.4. 固定軸を持つ剛体の運動

それでは、いよいよ剛体の運動の解析を考えてみよう。ここでは、簡単な例として、剛体が、ある固定軸に固定されている場合を想定してみよう。簡単化のために、固定軸を z 軸にとる。

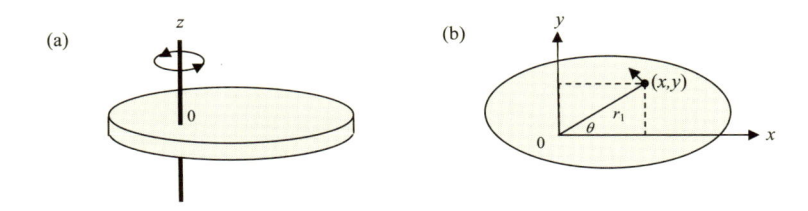

図 9-13 固定軸 (z 軸) のまわりの剛体の回転: (a) 剛体の回転の立体図; (b) z 軸方向から見た剛体の (x,y) 座標と回転角

このとき、剛体は、軸のまわりでしか回転しないので、回転角 θ のみで、その位置は決まってしまう。したがって、運動の自由度は 1 となり、つぎの運動方程式

$$\frac{dL_z}{dt} = N_z$$

によって運動を記述できることになる。

ここで、L_z は、角運動量ベクトル $\vec{L}$ の z 成分であり

$$\vec{L} = \vec{r} \times \vec{p} \quad [\text{kg m}^2/\text{s}]$$

であったので、点 (x_1, y_1, z_1) に位置する質量 m_1 の質点を考えると、その角運動量の z 成分は

$$L_{z_1} = x_1 p_{y_1} - y_1 p_{x_1} = x_1 \left(m_1 \frac{dy_1}{dt} \right) - y_1 \left(m_1 \frac{dx_1}{dt} \right)$$

となる。
　ここで、回転の角速度 ω [rad/s]は

$$\omega = \frac{d\theta_1}{dt}$$

であった。

$r_1 = \sqrt{x_1{}^2 + y_1{}^2}$ と置くと

$$x_1 = r_1 \cos\theta_1 \qquad y_1 = r_1 \sin\theta_1$$

となり、r_1 は一定であるので

$$\frac{dx_1}{dt} = -r_1 \sin\theta_1 \frac{d\theta_1}{dt} = -r_1 \omega \sin\theta_1 = -y_1 \omega$$

$$\frac{dy_1}{dt} = r_1 \cos\theta_1 \frac{d\theta_1}{dt} = r_1 \omega \cos\theta_1 = x_1 \omega$$

となる。
　よって

$$L_{z_1} = x_1 \left(m_1 \frac{dy_1}{dt} \right) - y_1 \left(m_1 \frac{dx_1}{dt} \right) = m_1 x_1{}^2 \omega + m_1 y_1{}^2 \omega$$
$$= m_1 (x_1{}^2 + y_1{}^2) \omega = m_1 (x_1{}^2 + y_1{}^2) \frac{d\theta_1}{dt}$$

と与えられる。
　ここで、剛体を n 個の質点の集まりと考えると、剛体は一定の角速度で回転しているのであるから

第9章 剛体

$$\omega = \frac{d\theta_1}{dt} = \frac{d\theta_2}{dt} = \frac{d\theta_3}{dt} = ... = \frac{d\theta_n}{dt}$$

のように、すべての質点において角速度は共通である。

したがって、剛体の z 方向の角運動量は

$$L_z = L_{z_1} + L_{z_2} + L_{z_3} + ... + L_{z_n} =$$
$$= m_1(x_1^2 + y_1^2)\frac{d\theta_1}{dt} + m_2(x_2^2 + y_2^2)\frac{d\theta_2}{dt} + ... + m_n(x_n^2 + y_n^2)\frac{d\theta_n}{dt}$$
$$= \{m_1(x_1^2 + y_1^2) + m_2(x_2^2 + y_2^2) + ... + m_n(x_n^2 + y_n^2)\}\omega$$

と与えられることになる。ここで

$$I_z = m_1(x_1^2 + y_1^2) + m_2(x_2^2 + y_2^2) + ... + m_n(x_n^2 + y_n^2) = \sum_{k=1}^{n} m_k(x_k^2 + y_k^2)$$

のことを z 軸周りの剛体の**慣性モーメント** (inertia moment)と呼んでいる。これは、各質点の質量 m_k [kg]に、回転軸からの距離の2乗 $x_k^2 + y_k^2$ [m^2]をかけたもので、時間に依存しない量である。単位は[kg m^2]となる。

慣性モーメントを使うと、回転に対する運動方程式は

$$\frac{dL_z}{dt} = I_z \frac{d\omega}{dt} = I_z \frac{d^2\theta}{dt^2}$$

から

$$I_z \frac{d^2\theta}{dt^2} = N_z$$

と与えられる。

演習 9-3　図 9-14 に示すように、重心が G、重量が M [kg] の短冊状の剛体が、点 O を固定軸として重力によって振動したとする。ここで、剛体の点 O を通る軸まわりの慣性モーメントが I_z [kg m^2] と与えられているとき、この振動の角振動数 ω [rad/s] と周期 T [s] を求めよ。ただし、$\sin\theta \cong \theta$ と近似してよい。また、重力加速度を g [m/s^2] とする。

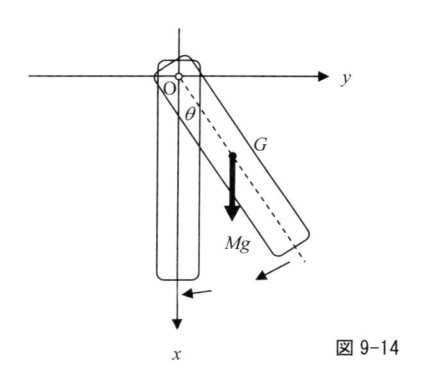

図 9-14

解）　図に示すように、鉛直方向に x 軸を、水平方向に y 軸をとる。このとき、z 軸は紙面の裏から表に向かう方向となる。ここで、振動は xy 平面で生じるので、θ を図のようにとると、回転の運動方程式は

$$I_z \frac{d^2\theta}{dt^2} = N_z$$

となる。

ここで、N_z は、力モーメントベクトル

$$\vec{N} = \vec{r} \times \vec{F}$$

の z 成分であるから

$$N_z = xF_y - yF_x$$

いまの場合、重心 G に重力 Mg [N] が働いているとみなせる。このとき、

第9章 剛体

重心の座標は、固定軸 O から重心 G までの長さを ℓ [m] とすると

$$x = \ell \cos\theta \quad y = \ell \sin\theta$$

となり

$$F_x = Mg \quad F_y = 0$$

であるから

$$N_z = -\ell Mg \sin\theta$$

となる。

したがって

$$I_z \frac{d^2\theta}{dt^2} = -Mg\ell \sin\theta$$

から

$$\frac{d^2\theta}{dt^2} = -\frac{Mg\ell}{I_z} \sin\theta$$

$\sin\theta \cong \theta$ という近似を使うと

$$\frac{d^2\theta}{dt^2} = -\frac{Mg\ell}{I_z} \theta$$

となる。

これは、まさに単振り子の運動方程式であり

$$\omega = \sqrt{\frac{Mg\ell}{I_z}} \quad \text{[rad/s]} \qquad T = \frac{2\pi}{\omega} = 2\pi \sqrt{\frac{I_z}{Mg\ell}} \quad \text{[s]}$$

となる。

このように、慣性モーメントが与えられれば、剛体の回転運動の解析は簡単に求められる。問題は、慣性モーメントの求め方である。

9.5. 慣性モーメント

剛体の z 軸まわりの慣性モーメントは

$$I_z = \sum_{k=1}^{n} m_k (x_k^2 + y_k^2)$$

と与えられる。

ただし、剛体の回転軸はいろいろ考えられるので、実際には x 軸および y 軸まわりの慣性モーメントも考える必要があり、それぞれ

$$I_x = \sum_{k=1}^{n} m_k (y_k^2 + z_k^2) \qquad I_y = \sum_{k=1}^{n} m_k (x_k^2 + z_k^2)$$

と与えられる。

ここで、z 方向の厚さが a [m]の薄い円板の慣性モーメントの計算を考えてみよう。

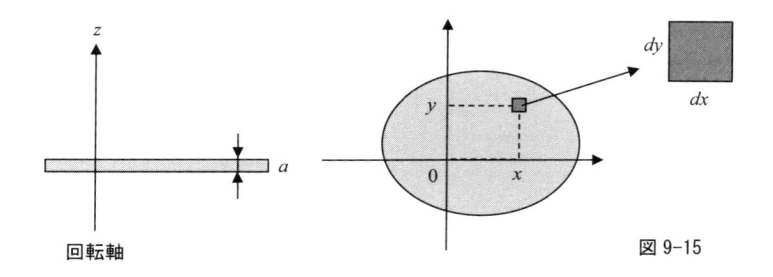

図 9-15

図 9-15 において、固定軸を原点にとった座標を考える。すると、座標 (x,y) における慣性モーメントの成分は、この点での質量 m [kg]がわかれば

$$m(x^2 + y^2)$$

と与えられる。

第9章 剛体

ここで、この点での質量を考える際に、図 9-15 のような dx, dy からなる微小領域を考える。剛体の密度を ρ [kg/m^3] とすると、厚さが a[m] であったので

$$m = \rho\, a\, dx\, dy$$

となる。
したがって、慣性モーメントの成分は

$$m(x^2 + y^2) = \rho a(x^2 + y^2)\, dx\, dy$$

となる。これを剛体全体での和をとれば、慣性モーメントが求められる。この和は積分となるので

$$I_z = \rho a \iint (x^2 + y^2)\, dx\, dy$$

と与えられることになる。

> **演習 9-4** 半径が r[m] で、厚さが a[m] の円盤状剛体の密度が ρ [kg/m^3] と一定であるとき、中心軸のまわりの慣性モーメントを求めよ。

解) 慣性モーメントは

$$I_z = \rho a \int_{-r}^{r}\int_{-r}^{r} (x^2 + y^2)\, dx\, dy$$

となる。ここで、直交座標を、極座標に変換して計算してみよう。
$dx\, dy = r\, dr\, d\theta$ であるから(補遺 9-1 参照)

$$\int_{-r}^{r}\int_{-r}^{r}(x^2+y^2)\,dx\,dy = \int_{0}^{2\pi}\int_{0}^{r} r^2\, r\, dr\, d\theta = \int_{0}^{2\pi}\left(\int_{0}^{r} r^3\, dr\right)d\theta = \int_{0}^{2\pi}\frac{r^4}{4}d\theta = \frac{\pi r^4}{2}$$

したがって

$$I_z = \frac{\pi \rho a r^4}{2}$$

となる。

ところで、円盤の質量を M [kg] とすると

$$M = \pi \rho a r^2$$

であるから

$$I_z = \frac{Mr^2}{2}$$

となる。

演習 9-5 横の長さが $2a$ [m]、たての長さが $2b$ [m] で、厚さが t [m] の直方体型の剛体の密度が ρ [kg/m³] で一定のとき、中心軸のまわりの慣性モーメントを求めよ。

解) この場合の慣性モーメントは

$$I_z = \rho t \int_{-b}^{b} \int_{-a}^{a} (x^2 + y^2)\,dx\,dy$$

となる。

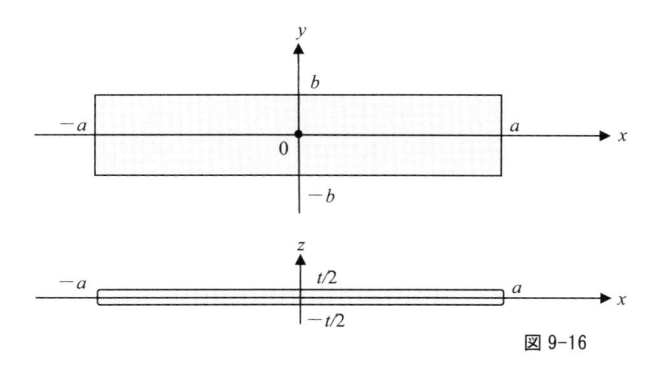

図 9-16

積分範囲は $-a \leq x \leq a$ および $-b \leq y \leq b$ であり

$$\int_{-b}^{b}\int_{-a}^{a}(x^2+y^2)\,dx\,dy = 4\int_{0}^{b}\int_{0}^{a}(x^2+y^2)\,dx\,dy = 4\int_{0}^{b}\left[\frac{x^3}{3}+xy^2\right]_{0}^{a}dy$$

$$= 4\int_{0}^{b}\left(\frac{a^3}{3}+ay^2\right)dy = 4\left[\frac{a^3}{3}y+\frac{ay^3}{3}\right]_{0}^{b} = \frac{4}{3}(a^3 b + ab^3)$$

したがって

$$I_z = \frac{4}{3}\rho t (a^3 b + ab^3)$$

ここで、剛体の質量 M[kg] は

$$M = 4\rho t ab$$

であるから

$$I_z = \frac{M}{3}(a^2 + b^2) \quad [\text{kg m}^2]$$

となる。

いまの場合、簡単化のために z 方向の厚さを一定としたが、厚さ t が変化する場合には

$$t = \int dz$$

という積分によって与えられる。したがって z 方向の厚さが変化する場合には、慣性モーメントは

$$I_z = \rho \iiint (x^2 + y^2)\,dx\,dy\,dz$$

という3重積分によって与えられる。

演習 9-6 半径が r [m]の球状剛体の密度が ρ [kg/m^3]と一定であるとき、中心軸のまわりの慣性モーメントを求めよ。

解） 極座標を使う。まず、球であるので対称性から

$$\iiint x^2 dx\,dy\,dz = \iiint y^2 dx\,dy\,dz = \iiint z^2 dx\,dy\,dz$$

である。したがって

$$\iiint (x^2+y^2)dx\,dy\,dz = \frac{2}{3}\iiint (x^2+y^2+z^2)dx\,dy\,dz$$

となる。ここで、極座標に変換すると（補遺 9-2 参照）

$$x^2+y^2+z^2=r^2 \qquad dx\,dy\,dz = r^2\sin\theta\,dr\,d\theta\,d\phi$$

であり、対称性を考慮すると

$$\iiint (x^2+y^2+z^2)dx\,dy\,dz = 8\int_0^{\pi/2}\int_0^{\pi/2}\int_0^r r^4\sin\theta\,dr\,d\theta\,d\phi$$

となる。

$$\int_0^r r^4\sin\theta\,dr = \left[\frac{r^5}{5}\sin\theta\right]_0^r = \frac{r^5}{5}\sin\theta$$

$$\int_0^{\pi/2}\int_0^r r^4\sin\theta\,dr\,d\theta = \int_0^{\pi/2}\frac{r^5}{5}\sin\theta\,d\theta = \left[-\frac{r^5}{5}\cos\theta\right]_0^{\pi/2} = \frac{r^5}{5}$$

$$\int_0^{\pi/2}\int_0^{\pi/2}\int_0^r r^4\sin\theta\,dr\,d\theta\,d\phi = \int_0^{\pi/2}\frac{r^5}{5}d\phi = \left[\frac{r^5}{5}\phi\right]_0^{\pi/2} = \frac{\pi r^5}{10}$$

したがって

$$\iiint (x^2 + y^2 + z^2)\,dx\,dy\,dz = \frac{4\pi r^5}{5}$$

$$I_z = \rho \iiint (x^2 + y^2)\,dx\,dy\,dz = \frac{8\pi \rho r^5}{15}$$

となる。

ここで、球の質量 M[kg]は

$$M = \frac{4\pi r^3}{3}\rho$$

であるから

$$I_z = \frac{2}{5}M r^2 \ [\mathrm{kg\,m^2}]$$

となる。

球の対称性から

$$I_x = \frac{2}{5}M r^2 \ [\mathrm{kg\,m^2}] \qquad I_y = \frac{2}{5}M r^2 \ [\mathrm{kg\,m^2}]$$

となることは自明であろう。

9.6. 平行軸定理

これまでは、対称性の高い剛体の中心軸のまわりの回転に関する慣性モーメントを求めてきた。実は、中心軸は重心を通る軸でもある。ところで、回転軸が重心を通らない場合でも、それが重心を通る軸に平行ならば、重心まわりの慣性モーメントを利用して、その値を求めることが可能となる。

まず、点 O を回転軸とする z 軸のまわりの慣性モーメントは

$$I_z = \sum_{k=1}^{n} m_k (x_k^{\,2} + y_k^{\,2})$$

と与えられる。

ここで、図 9-17 に示すように、重心を通る z' 軸に平行な軸を考え、これを z 軸とする。点 O を原点とする xy 座標系を (x_k, y_k) 、重心 G を原点とする $x'y'$ 座標系を (x_k', y_k') としよう。このとき

$$\vec{r}_k = \vec{r}_G + \vec{r}_k'$$

という関係にあり、成分表示では

$$\begin{pmatrix} x_k \\ y_k \end{pmatrix} = \begin{pmatrix} x_G \\ y_G \end{pmatrix} + \begin{pmatrix} x_k' \\ y_k' \end{pmatrix} = \begin{pmatrix} x_G + x_k' \\ y_G + y_k' \end{pmatrix}$$

となる。

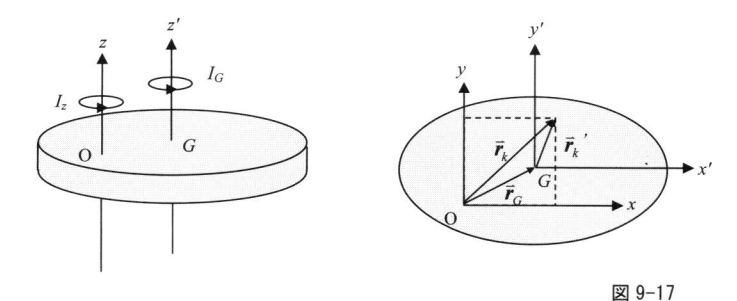

図 9-17

　ここで、慣性モーメントの成分である $m_k x_k^2$ は

$$m_k x_k^2 = m_k (x_G + x_k')^2 = m_k x_G^2 + 2 m_k x_G x_k' + m_k (x_k')^2$$

同様にして、$m_k y_k^2$ は

$$m_k y_k^2 = m_k (y_G + y_k')^2 = m_k y_G^2 + 2 m_k y_G y_k' + m_k (y_k')^2$$

となる。
　したがって

第9章　剛体

$$I_z = \sum_{k=1}^{n} m_k (x_k^2 + y_k^2)$$
$$= \sum_{k=1}^{n} m_k (x_G^2 + y_G^2) + 2\sum_{k=1}^{n} m_k (x_G x_k' + y_G y_k') + \sum_{k=1}^{n} m_k \{(x_k')^2 + (y_k')^2\}$$

となる。
　ここで第2項について検討してみよう。この項は

$$\sum_{k=1}^{n} m_k (x_G x_k' + y_G y_k') = x_G \sum_{k=1}^{n} m_k x_k' + y_G \sum_{k=1}^{n} m_k y_k'$$

と分解できる。

　$\sum_{k=1}^{n} m_k x_k'$ は、重心の x' 座標のまわりの質点の質量に腕の長さをかけた総和であり、これは重心の性質から 0 となる（第8章参照）。 y' 座標も同様であり

$$\sum_{k=1}^{n} m_k (x_G x_k' + y_G y_k') = 0$$

となる。つぎに

$$\sum_{k=1}^{n} m_k (x_G^2 + y_G^2) = (x_G^2 + y_G^2) \sum_{k=1}^{n} m_k$$

と変形できるが、右辺の和は、剛体の質量 M [kg] となり、重心と回転軸 O との距離を r_G とすると

$$\sum_{k=1}^{n} m_k (x_G^2 + y_G^2) = M r_G^2$$

となる。また、第3項は

$$I_G = \sum_{k=1}^{n} m_k \{(x_k')^2 + (y_k')^2\}$$

のように、重心を通る z 軸まわりの慣性モーメントである。

結局
$$I_z = Mr_G^2 + I_G$$

と与えられることになる。

　これを**平行軸定理** (parallel axis theorem) と呼んでいる。それでは、この定理を演習 9-3 の薄型直方体の剛体に適用してみよう。ここでは、横の長さを $2a$[m]、たての長さを $2b$[m]、厚さを t [m]とし、重心からの距離が ℓ [m] の位置での慣性モーメントを求めてみる。

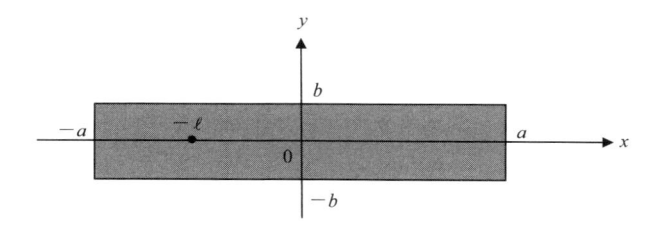

図 9-18

すでに、演習 9-5 で求めたように、この剛体の重心まわりの慣性モーメントは
$$I_G = \frac{M}{3}(a^2 + b^2)$$

であった。

　したがって、平行軸定理から、この点を通る軸のまわりの慣性モーメントは

$$I_z = I_G + M\ell^2 = \frac{M}{3}(a^2 + b^2) + M\ell^2 = \frac{M}{3}(a^2 + b^2 + 3\ell^2)$$

となる。

　演習 9-3 では、I_z のまま計算して、角速度と周期を

$$\omega = \sqrt{\frac{Mg\ell}{I_z}} \ \ [\text{rad/s}] \qquad T = 2\pi\sqrt{\frac{I_z}{Mg\ell}} \ \ [\text{s}]$$

としたが、いま求めた値を代入すると

$$\omega = \sqrt{\frac{3Mg\ell}{M(a^2+b^2+3\ell^2)}} = \sqrt{\frac{3g\ell}{a^2+b^2+3\ell^2}} \ [\text{rad/s}] \qquad T = 2\pi\sqrt{\frac{a^2+b^2+3\ell^2}{3g\ell}} \ [\text{s}]$$

となり、剛体の質量 M [kg]に依存しないことがわかる。

演習 9-7 半径が r [m]で、質量が M [kg]の円板状剛体の中心軸から $r/3$ [m]だけ離れた点を回転軸とする場合の慣性モーメントを求めよ。

解) 重心を通る中心軸のまわりの慣性モーメントは

$$I_G = \frac{1}{2}Mr^2$$

平行軸定理を使うと、求める慣性モーメントは

$$I = I_G + M\left(\frac{r}{3}\right)^2 = \frac{1}{2}Mr^2 + \frac{1}{9}Mr^2 = \frac{11}{18}Mr^2 \ \ [\text{kg m}^2]$$

となる。

演習 9-8 半径が r [m]で、質量が M [kg]の球状剛体の中心軸に平行で、中心から $r/2$ [m]だけ離れた点を通る軸のまわりの慣性モーメントを求めよ。

解) 剛体球の中心軸のまわりの慣性モーメントは

$$I_G = \frac{2}{5} M r^2$$

平行軸定理を使うと、求める慣性モーメントは

$$I = I_G + M\left(\frac{r}{2}\right)^2 = \frac{2}{5}Mr^2 + \frac{1}{4}Mr^2 = \frac{13}{20}Mr^2 \quad [\text{kg m}^2]$$

となる。

演習 9-9 横の長さが $2a$ [m]、たての長さが $2b$ [m]、質量が M [kg] の直方体状の剛体が図 9-19 のように、ひとつの頂点 A を回転軸として、重力下で振動するときの角速度 ω [rad/s] および周期 T [s] を求めよ。ただし、$\sin\theta \cong \theta$ と近似してよい。また、重力加速度を g [m/s²] とする。

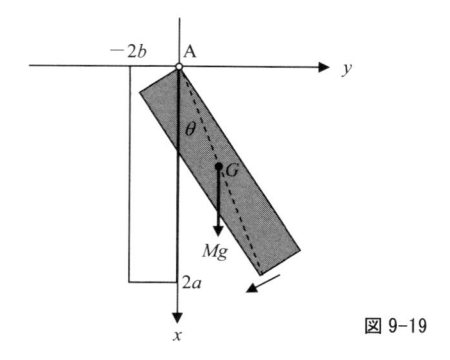

図 9-19

解） まず頂点 A のまわりの慣性モーメントを求めよう。重心 G と頂点 A との距離 ℓ [m] の平方は

$$\ell^2 = a^2 + b^2$$

となるので、平行軸定理から

第 9 章　剛体

$$I_z = I_G + M\ell^2 = \frac{M}{3}(a^2+b^2) + M\ell^2 = \frac{4M}{3}(a^2+b^2)$$

となる。

$\sin\theta \cong \theta$ と近似して求めると、演習 9-3 から角速度と周期は

$$\omega = \sqrt{\frac{Mg\ell}{I_z}} \quad [\text{rad/s}] \qquad T = 2\pi\sqrt{\frac{I_z}{Mg\ell}} \quad [\text{s}]$$

となるが、いま求めた値を代入すると

$$\omega = \sqrt{\frac{3Mg\sqrt{a^2+b^2}}{4M(a^2+b^2)}} = \sqrt{\frac{3g}{4\sqrt{a^2+b^2}}} \quad [\text{rad/s}] \qquad T = 4\pi\sqrt{\frac{\sqrt{a^2+b^2}}{3g}} \quad [\text{s}]$$

となる。

補遺 9-1　面積素の極座標変換

2次元平面の場合は2個の変数があればいいので、直交座標とは、別の表示方法がある。それは、極座標系 (polar coordinate system) と呼ばれるもので

$$\begin{pmatrix} x \\ y \end{pmatrix} \rightarrow \begin{pmatrix} r \\ \theta \end{pmatrix}$$

のように、(x, y) 座標のかわりに、原点からの距離 r と、x 軸の正の方向からの角度 θ で座標を表現するものである。このとき

$$x = r\cos\theta, \quad y = r\sin\theta$$

という関係で結ばれる。逆変換は

$$r = \sqrt{x^2 + y^2} \qquad \theta = \tan^{-1}\frac{y}{x}$$

となる。

2次元平面において、原点を中心として半径1の円は

$$x^2 + y^2 = 1$$

で与えられるが、極座標では

$$r = 1$$

第 9 章　剛体

と簡単になる。
　2 次元極座標は、重積分の際にも威力を発揮する。例えば、半径 1 の円の面積を 2 重積分で求めると

$$\int_{-1}^{1} \int_{-\sqrt{1-x^2}}^{\sqrt{1-x^2}} dy\, dx$$

となるが、これを極座標で示せば

$$\int_{0}^{1} \int_{0}^{2\pi} r\, d\theta\, dr$$

となって、直交座標は

$$dx\, dy \quad \rightarrow \quad r\, dr\, d\theta$$

と変換されることになる。
　また、$dx\, dy$ は直交座標における面積素に相当する。これを極座標での面積素に変換するには、図 9A-1 に示すように、極座標系で、r が dr だけ、また、θ が $d\theta$ だけ増えたときの面積素を計算する必要がある。これは、斜線の部分の面積に相当するが、図からも $r\, dr\, d\theta$ となることがわかる。

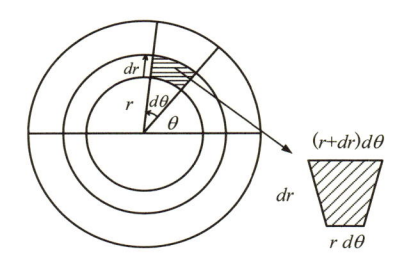

図 9A-1　直交座標と極座標の面積素

補遺 9-2　体積要素の極座標変換

直交座標における体積要素

$$dx\,dy\,dz$$

は、極座標ではどのようになるのであろうか。

　図 9A-2 に極座標の体積要素を示す。まず、簡単化のため、面積要素から考えてみる。

　図に示したように、面積要素の辺の長さは、それぞれ

$$r\,d\theta \qquad r\sin\theta\,d\phi$$

と与えられる。したがって、面積要素は

$$dS = r^2 \sin\theta\,d\theta\,d\phi$$

となる。

　ここで、体積要素は、この面積要素に dr をかければえられる。よって

$$dx\,dy\,dz = dV = r^2 \sin\theta\,dr\,d\theta\,d\phi$$

と与えられる。

第 9 章　剛体

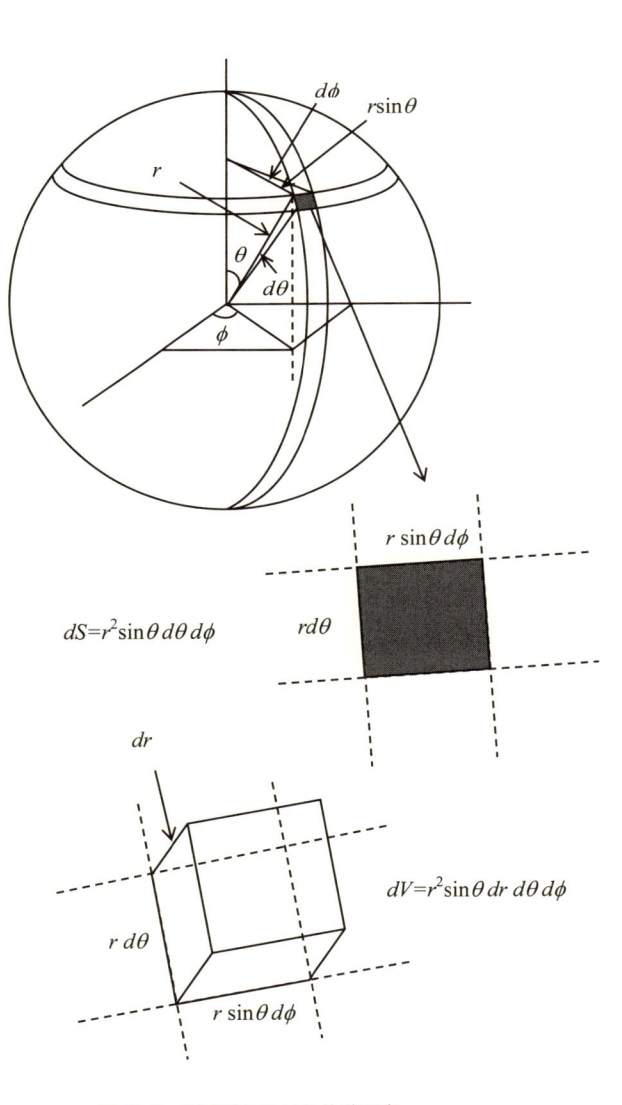

図 9A-2　極座標における体積要素

第 10 章　剛体の回転運動

10.1.　運動エネルギー

10.1.1.　並進運動

剛体の**運動エネルギー** (kinetic energy) は、**並進運動** (translational motion) にともなうエネルギーと、**回転** (rotation) にともなうエネルギーの 2 種類からなっていると考えられる。

並進運動に伴う運動エネルギーは、剛体の速度を v [m/s]、質量を M [kg] とすれば

$$K_t = \frac{1}{2} M v^2 \quad [\text{J}]$$

と与えられる。

この理由を考えてみよう。剛体を多質点からなる系と考えると、剛体の並進運動の速度は、すべての質点で v [m/s] となるので

$$K_t = \frac{1}{2} m_1 v^2 + \frac{1}{2} m_2 v^2 + \frac{1}{2} m_3 v^2 + \ldots + \frac{1}{2} m_n v^2$$
$$= \frac{1}{2} (m_1 + m_2 + m_3 + \ldots + m_n) v^2 = \frac{1}{2} \left(\sum_{k=1}^{n} m_k \right) v^2$$

となる。さらに

$$M = \sum_{k=1}^{n} m_k$$

であるので、上記の関係がえられる。

10.1.2. 回転運動

それでは、剛体の回転に関する運動エネルギーは、どのように与えられるであろうか。これを考えるために、まず、質量 m[kg]の質点が中心点 O のまわりを半径 r [m]で円運動する場合のエネルギーを求めてみよう。円周方向の速度を v_r [m/s]とすると

$$k_r = \frac{1}{2}mv_r^2 \quad [\text{J}]$$

と与えられる。

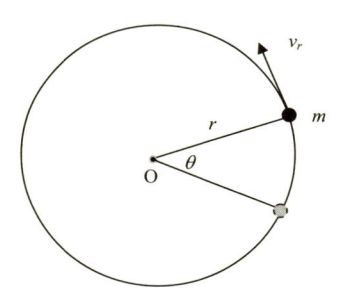

図 10-1

このとき、この質点の角速度を ω [rad/s]とすると

$$v_r = r\omega$$

となる。したがって

$$k_r = \frac{1}{2}mr^2\omega^2$$

と与えられる。

これを剛体の回転に拡張してみよう。回転軸を z 軸として、回転面を xy 平面とする。剛体の回転の場合、すべての点の角速度 ω は一定となる。したがって、回転のともなう運動エネルギーは

$$K_r = \frac{1}{2}\left\{\sum_{k=1}^{n} m_k r_k^2\right\}\omega^2$$

となる。ところで

$$\sum_{k=1}^{n} m_k r_k^2 = \sum_{k=1}^{n} m_k (x_k^2 + y_k^2)$$

であり、z軸のまわりの慣性モーメントは

$$I_z = \sum_{k=1}^{n} m_k (x_k^2 + y_k^2)$$

であったから

$$K_r = \frac{1}{2} I_z \omega^2$$

となる。

　回転軸を任意として、回転軸まわりの慣性モーメントを I [kg m^2]とすると、剛体の運動エネルギーは

$$K = \frac{1}{2} M v^2 + \frac{1}{2} I \omega^2$$

と与えられることになる。

演習 10-1　半径が R [m]で、質量が M [kg]の円柱状剛体が、すべることなく、転がりながら、速度 v [m/s]で運動しているときの運動エネルギーを求めよ。

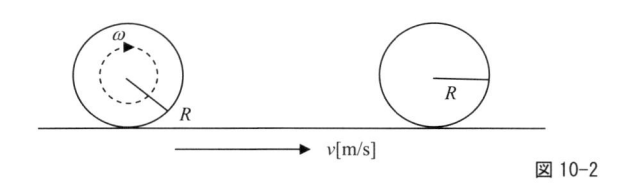

図 10-2

解）　まず、すべらずに**円柱** (cylinder) が回転運動する条件を考える。

290

第 10 章　剛体の回転運動

それは、円柱の回転の角速度を ω [rad/s] とすると

$$v = R\omega$$

となる。
　つぎに、質量 M [kg] で、半径 R [m] の円柱の中心軸まわりの慣性モーメントは

$$I = \frac{1}{2}MR^2 \quad [\text{kg m}^2]$$

であった。
　したがって運動エネルギーは

$$K = \frac{1}{2}Mv^2 + \frac{1}{2}I\omega^2 = \frac{1}{2}Mv^2 + \frac{1}{2}\left(\frac{1}{2}MR^2\right)\left(\frac{v}{R}\right)^2 = \frac{3}{4}Mv^2$$

となる。

　剛体の形状が変われば、運動エネルギーは当然変化する。例えば、剛体の形状が半径 R [m] の**球** (sphere) で、質量が M [kg] とする。
　まず、剛体球がすべらずに回転運動する条件は、球の回転の角速度を ω [rad/s] とすると

$$v = R\omega$$

となる。
　つぎに、質量 M [kg] で、半径が R [m] の球の中心軸まわりの慣性モーメントは

$$I = \frac{2}{5}MR^2 \quad [\text{kg m}^2]$$

となる。
　したがって運動エネルギーは

$$K = \frac{1}{2}Mv^2 + \frac{1}{2}I\omega^2 = \frac{1}{2}Mv^2 + \frac{1}{2}\cdot\frac{2}{5}MR^2\left(\frac{v}{R}\right)^2 = \frac{7}{10}Mv^2$$

となり、剛体の形状によって運動エネルギーは変化することになる。

10.2. 斜面を転がり落ちる剛体

それでは、坂を転がり落ちる円柱の運動を解析してみよう。このときも、すべりはないものと仮定する。

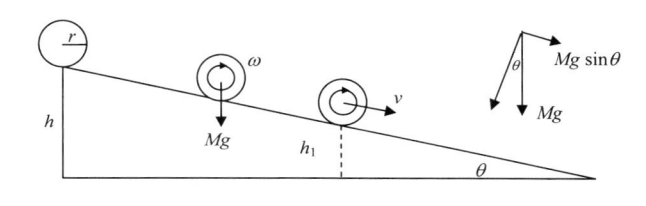

図10-3

図 10-3 に示すように、勾配の角度が θ の坂の高さ h [m]の位置から、半径が r [m]で質量が M [kg]の円柱状の剛体が、重力によって坂を転げ落ちる場合を想定してみよう。

ここで、高さが h_1 [m]で坂に沿った方向の速度を v [m/s]とすると、**エネルギー保存の法則** (Law of conservation of energy) から

$$Mgh = Mgh_1 + \frac{1}{2}Mv^2 + \frac{1}{2}I\omega^2$$

となる。また、円柱の回転の角速度 ω [rad/s]は、すべりがないという条件

$$v = r\omega \qquad \text{から} \qquad \omega = \frac{v}{r}$$

と与えられる。

ただし、v は、坂の斜面に沿った方向を x 軸とすると、$v = dx/dt$ であることに注意する。

第 10 章　剛体の回転運動

また、円柱の慣性モーメントは

$$I = \frac{1}{2}Mr^2$$

であり

$$h - h_1 = x\sin\theta$$

という関係にあるので、最初の式を変形した

$$\frac{1}{2}Mv^2 + \frac{1}{2}I\omega^2 = Mg(h - h_1)$$

は

$$\frac{1}{2}Mv^2 + \frac{1}{2}\left(\frac{1}{2}Mr^2\right)\left(\frac{v}{r}\right)^2 = Mg\,x\sin\theta$$

から

$$\frac{3}{4}Mv^2 = Mg\,x\sin\theta \qquad v = \sqrt{\frac{4}{3}g\,x\sin\theta}$$

よって

$$\frac{dx}{dt} = \sqrt{\frac{4}{3}g\sin\theta} \cdot \sqrt{x}$$

となる。

変数分離形であるので

$$\frac{dx}{\sqrt{x}} = \sqrt{\frac{4}{3}g\sin\theta} \cdot dt \qquad から \qquad \int\frac{dx}{\sqrt{x}} = \sqrt{\frac{4}{3}g\sin\theta} \cdot \int dt$$

両辺を積分すると

$$2\sqrt{x} = \sqrt{\frac{4}{3}g\sin\theta}\,t + C$$

ただし、C は積分定数 (integration constant) である。ここで、$t = 0$ において

$x = 0$ であるので、$C = 0$ となり

$$x = \left(\frac{1}{3}g\sin\theta\right)t^2 = \frac{1}{2}\left(\frac{2}{3}g\sin\theta\right)t^2$$

という関係がえられる。

つまり、円柱は**加速度**(acceleration) が一定の大きさ$(2/3)g\sin\theta$ [m/s^2]で**等加速度運動** (motion of uniform acceleration) をしながら、坂を転げ落ちることになる。

演習 10-2 半径が R [m]で、質量が M [kg]の円柱を角度θ [rad]の勾配をもつ坂の高さ H [m]から転がり落としたとき、地上に到達したときの速さ v [m/s]を求めよ。

解） エネルギー保存則を使う。高さ H [m]の地点と0[m]の地点の力学的エネルギーが同じとなることから

$$\frac{1}{2}M0^2 + \frac{1}{2}I0^2 + MgH = \frac{1}{2}Mv^2 + \frac{1}{2}I\omega^2 + Mg0$$

したがって

$$MgH = \frac{1}{2}Mv^2 + \frac{1}{2}\left(\frac{1}{2}Mr^2\right)\left(\frac{v}{r}\right)^2$$

から

$$\frac{3}{4}v^2 = gH$$

よって

$$v = \sqrt{\frac{4}{3}gH} \quad \text{[m/s]}$$

となる。

第10章 剛体の回転運動

　ここで、剛体がすべらずに、斜面を転がり落ちる状況をもう少し考察してみよう。もし、斜面と剛体の間にまさつ力が働かなければ、剛体は斜面をすべりおちる。車が凍った斜面をスリップすることを想定すればよい。つまり、転がるということは、まさつ力が働いていることを示している。

　そこで、まさつ力をF [N]として、図10-4を参考にしながら、並進方向と回転方向のふたつの運動方程式を考えてみよう。

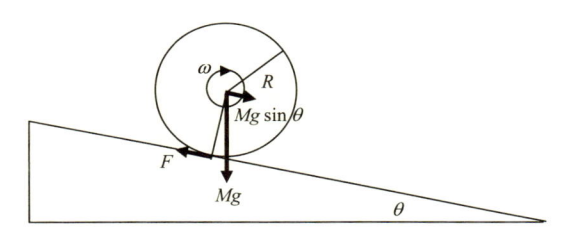

図 10-4

　坂の斜面に沿った方向をx軸にとり、坂に対して鉛直方向をy軸にとる。ここで、y軸方向では重力の成分$Mg\cos\theta$が働いているが、坂からの抗力とつりあっているので力は働かないので、この方向での運動方程式を考える必要はない。

　つぎに、斜面に沿った並進方向では、重力の成分$Mg\sin\theta$と、まさつ力$-F$の合力となるので、運動方程式は

$$Mg\sin\theta - F = M\frac{dv}{dt}$$

となる。

　また、回転の運動方程式は、軸がz軸方向（紙面に垂直）であり

$$I_z\frac{d\omega}{dt} = N_z$$

となる。

ここで
$$I_z = \frac{1}{2}MR^2 \qquad v = R\omega \qquad N_z = RF$$
であるから
$$\left(\frac{1}{2}MR^2\right)\left(\frac{1}{R}\frac{dv}{dt}\right) = RF$$
となり
$$F = \frac{1}{2}M\frac{dv}{dt}$$

この式に、斜面方向の運動方程式の $M(dv/dt)$ を代入すると

$$F = \frac{1}{2}(Mg\sin\theta - F)$$

となり、まさつ力は

$$F = \frac{1}{3}Mg\sin\theta \quad [\text{N}]$$

となる。

演習 10-3 半径が 0.1[m]で、質量が 1[kg]の円柱状剛体が、$\theta = \pi/6$ の勾配を、すべることなく回転しながら落下するときに、この剛体が斜面からうけるまさつ力を求めよ。ただし、重力加速度を $g = 9.8[\text{m/s}^2]$ とする。

解） まさつ力は

$$F = \frac{1}{3}Mg\sin\theta = \frac{1}{3} \times 1 \times 9.8 \times \sin\left(\frac{\pi}{6}\right) = \frac{9.8}{3} \times \frac{1}{2} \cong 1.63 \quad [\text{N}]$$

第 10 章　剛体の回転運動

演習 10-4　勾配の角度が θ の坂の高さ h [m]の位置から、半径が r [m]で質量が M [kg]の剛体球を転がり落とすときの重心の加速度と、地面に到達したときの速度を求めよ。

解）　高さが h_1 [m]の位置における斜面に沿った方向の速度を v [m/s]とすると、エネルギー保存の法則から

$$Mgh = Mgh_1 + \frac{1}{2}Mv^2 + \frac{1}{2}I\omega^2$$

となる。また、球の回転の角速度 ω [rad/s]は、すべりがないという条件は $\omega = v/r$ と与えられる。

球の慣性モーメントは $I = (2/5)Mr^2$ であり

$$h - h_1 = x\sin\theta$$

という関係にあるので

$$\frac{1}{2}Mv^2 + \frac{1}{2}\left(\frac{2}{5}Mr^2\right)\left(\frac{v}{r}\right)^2 = Mgx\sin\theta$$

から

$$\frac{7}{10}Mv^2 = Mgx\sin\theta$$

速度として正をとれば

$$v = \sqrt{\frac{10}{7}gx\sin\theta}$$

よって

$$\frac{dx}{dt} = \sqrt{\frac{10}{7}g\sin\theta} \cdot \sqrt{x}$$

となる。

変数分離形であるので

$$\int \frac{dx}{\sqrt{x}} = \sqrt{\frac{10}{7} g \sin \theta} \cdot \int dt$$

両辺を積分すると

$$2\sqrt{x} = \sqrt{\frac{10}{7} g \sin \theta} \, t + C$$

$C = 0$ であるから

$$x = \left(\frac{5}{14} g \sin \theta\right) t^2 = \frac{1}{2}\left(\frac{5}{7} g \sin \theta\right) t^2$$

という関係がえられる。

よって、加速度は $(5/7) g \sin \theta$ [m/s^2] となる。

つぎに、地上での速度を v [m/s]とすると、エネルギー保存則から

$$\frac{1}{2} Mv^2 + \frac{1}{2} I\omega^2 = Mgh$$

したがって

$$\frac{7}{10} Mv^2 = Mgh$$

から、地上に到達したときの速度は

$$v = \sqrt{\frac{10}{7} gh} \quad \text{[m/s]}$$

となる。

10.3. 歳差運動

図 10-5 のように z 軸を中心軸として、そのまわりを角速度 ω [rad/s]で回転

第10章 剛体の回転運動

している半径 r [m]、質量 M [kg]の円柱状剛体がある。この剛体の回転軸は OA という長さ ℓ [m]の軸であり、その質量は無視できる。

ここで、軸の先端の点 A に x 軸方向に F [N]の力を加えたとき、回転運動がどのように変化するかを考えてみよう。直観では、z 軸が力の方向である x 軸方向に傾くと予想されるがどうであろうか。

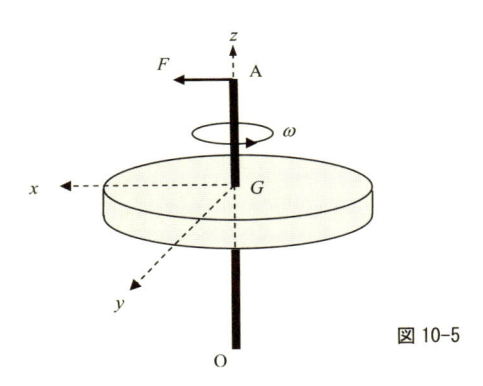

図10-5

まず、力を加える前の剛体の角運動量ベクトル $\vec{L}$ は z 成分のみで

$$\vec{L} = \begin{pmatrix} 0 \\ 0 \\ I_z \omega \end{pmatrix}$$

という関係にある。

I_z [kg m^2]は z 軸まわりの慣性モーメントであり、ω [rad/s]は回転の角速度である。

ところで、回転に関する運動方程式は

$$\frac{d\vec{L}}{dt} = \vec{N}$$

と与えられる。

ここで、点 O を原点とすると、点 A に x 軸方向に力 F [N]を加えたときの

トルクは

$$\vec{N}' = \vec{r} \times \vec{F} = \begin{pmatrix} 0 \\ 0 \\ \ell \end{pmatrix} \times \begin{pmatrix} F \\ 0 \\ 0 \end{pmatrix} = \begin{pmatrix} 0 \\ \ell F \\ 0 \end{pmatrix}$$

となり、この結果からわかるように、トルクは y 方向に働くのである。したがって、角運動量の変化は

$$\frac{d\vec{L}}{dt} = \vec{N}' = \begin{pmatrix} 0 \\ \ell F \\ 0 \end{pmatrix}$$

となって y 方向のみに生じることになる。

このように、x 軸方向に力を加えると、直観では、この方向に回転軸が移動するように思われるが、予想に反して、実際には、図 10-6 に示すように y 方向に回転軸が傾くのである。

これを**ジャイロ効果** (Gyro effect) と呼んでいる。

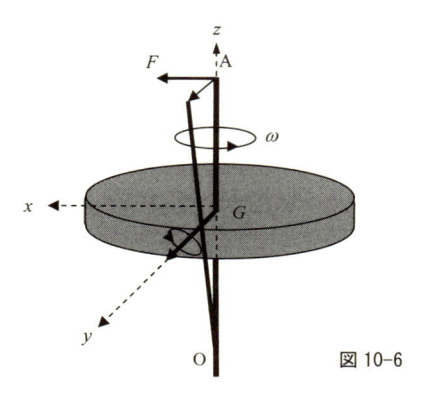

図 10-6

これは、角運動ベクトルとトルクベクトルが外積で表現されるという事実に基づいている。実は、物理現象においては、電磁誘導も含めて、外積によって物理量が表現されることがよくあり、直観とは、異なる結果が生

第 10 章　剛体の回転運動

じるのである。
　ここで、コマの回転運動について考えてみよう。高速で回転しているコマは、その回転軸を傾けても、倒れることなく、軸のまわりでゆっくり回転する。これを**歳差運動** (motion of precession) と呼んでいる。実は、この歳差運動も直観では理解しにくい現象であるが、ベクトルの外積を用いて解析することで理解できるのである。
　それでは、歳差運動について考えてみよう。

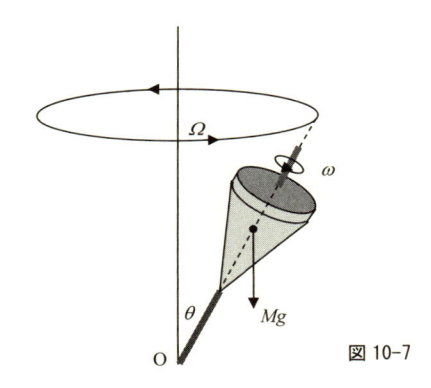

図 10-7

　図 10-7 に示すように、質量 M [kg]のコマが角速度 ω [rad/s]で自転しており、図のように、角速度 Ω [rad/s]で歳差運動しているものとしよう。ここで、コマの自転軸のまわりの慣性モーメントを I [kg m^2]としよう。また、コマの先端 O から重心 G までの距離を ℓ [m]とする。

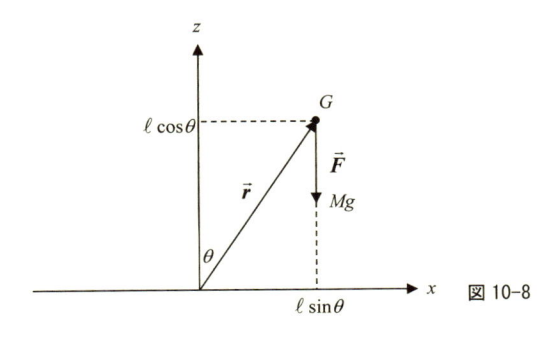

図 10-8

301

この条件下で、歳差運動の角速度Ω [rad/s]を求めてみよう。まず、座標系を図 10-8 のようにとる。ここで、コマに作用するトルクベクトルは

$$\vec{N} = \vec{r} \times \vec{F}$$

となる。

　ただし、コマの先端 O を原点として、$\vec{r}$ はコマの重心の位置ベクトル、$\vec{F}$ は重力となる。したがって

$$\vec{N} = \begin{pmatrix} \ell\sin\theta \\ 0 \\ \ell\cos\theta \end{pmatrix} \times \begin{pmatrix} 0 \\ 0 \\ -Mg \end{pmatrix} = \begin{pmatrix} 0 \\ Mg\ell\sin\theta \\ 0 \end{pmatrix}$$

となり、トルクは y 方向のみに働くことになる。図 10-8 では、紙面の表から裏に向かう方向である。ここで、回転の運動方程式は

$$\frac{d\vec{L}}{dt} = \vec{N} = \begin{pmatrix} 0 \\ Mg\ell\sin\theta \\ 0 \end{pmatrix}$$

となり、角運動量が変化するのは y 成分のみとなる。あるいは

$$\frac{dL_y}{dt} = Mg\ell\sin\theta \qquad dL_y = (Mg\ell\sin\theta)dt$$

　この様子を z 軸方向から眺めてみると図 10-9 のようになる。ここでは、角運動量ベクトルの z 成分は紙面に垂直であるので、図ではみえない。その x 成分のみが円として表現されている。

第10章　剛体の回転運動

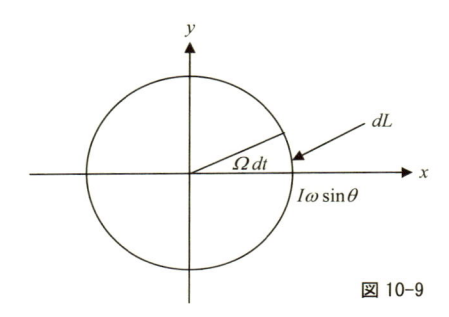

図10-9

ここで、コマの自転軸のまわりの角運動量ベクトルは

$$\vec{L} = \vec{I}\omega = \begin{pmatrix} I\omega\sin\theta \\ 0 \\ I\omega\cos\theta \end{pmatrix}$$

と与えられる。

この場合、自転軸方向のまわりの慣性モーメントに、角速度 ω [rad/s]をかけたものとなり、自転軸方向を向いたベクトルとなる。成分では x 成分および z 成分からなり、y 成分は0である。

よって、重力 Mg [N]の影響による角運動量の変化は

$$\vec{L} + d\vec{L} = \begin{pmatrix} I\omega\sin\theta \\ (Mg\ell\sin\theta)dt \\ I\omega\cos\theta \end{pmatrix}$$

となる。

ここで、微小時間 dt [s]における力モーメントの変化 dL は、図10-9の円の中心角 Ωdt に対応した弧の長さと考えられるので

$$dL = (Mg\ell\sin\theta)dt = (I\omega\sin\theta)\Omega dt$$

となる。

したがって

303

$$\Omega = \frac{Mg\ell}{I\omega} \quad [\text{rad/s}]$$

と与えられる。これが求める歳差運動の角速度である。

実は、いまの解析において $\vec{L}+d\vec{L}$ のベクトル表示は、厳密には正しくない。重力によるトルクの作用で、軸が移動すると、x 軸の成分は $I\omega\sin\theta$ ではなく、Ωdt だけ回転した x' 軸の成分となる。したがって、もとの直交座標では

$$\vec{L}+d\vec{L} = \begin{pmatrix} I\omega\sin\theta\cos(\Omega dt) \\ I\omega\sin\theta\sin(\Omega dt) \\ I\omega\cos\theta \end{pmatrix}$$

とするのが正しい。

したがって、いまの取り扱いでは、y 成分に対して

$$(I\omega\sin\theta)\sin(\Omega dt) \cong (I\omega\sin\theta)\Omega dt$$

という近似を使っていることに注意されたい。

演習 10-5 コマが半径 0.1[m]、質量 0.2[kg]の円板とする。コマの支点から重心までの距離を 0.2[m]とし、自転の角速度を 100[rad/s]とするとき、このコマの歳差運動の周期を求めよ。ただし、重力加速度を $g=9.8[\text{m/s}^2]$ とする。

解) コマの回転軸まわりの慣性モーメントは

$$I = \frac{1}{2}Mr^2 = \frac{1}{2}\times 0.2\times(0.1)^2 = 0.001 \quad [\text{kg m}^2]$$

であるので、歳差運動の角速度は

$$\Omega = \frac{Mg\ell}{I\omega} = \frac{0.2 \times 9.8 \times 0.2}{0.001 \times 100} \cong 3.9 \ \ [\text{rad/s}]$$

となる。

したがって周期は

$$T = \frac{2\pi}{\Omega} = \frac{6.28}{3.9} = 1.61 \ \ [\text{s}]$$

となる。

10.4. 固定軸のない運動

剛体の回転運動の解析においては、回転軸が固定されていれば、いままでの取り扱いで比較的簡単に解析が可能である。

しかし、回転軸が固定されていない場合には、取り扱いは難しくなる。

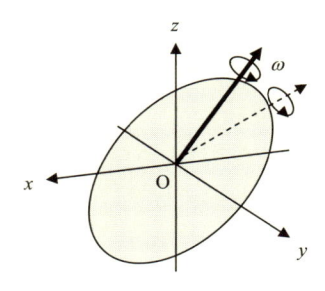

図 10-10

ここで、図 10-10 に示すように、剛体の中のある固定点 O を想定し、剛体がこのまわりで自由に回転できるものとしよう。つまり、回転軸は時間とともに変化する。この運動を解析するため、この固定点を原点とした直交座標を考える。

つぎに、第 5 章で導入した角速度ベクトル $\vec{\omega}$ を導入する。

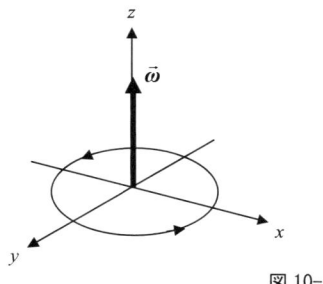

図 10-11

　復習すると、図 10-11 に示したように、xy 平面内で、角速度 ω [rad/s]での回転があると、この回転によって右ネジが進む方向（すなわち反時計まわりでは z 軸の正方向）に向きがあり、大きさが ω のベクトルが角速度ベクトルである。このような定義をすると、回転の速度ベクトルは

$$\vec{v} = \vec{\omega} \times \vec{r}$$

と与えられることも紹介した。
　回転軸が変化するということは、この角速度ベクトルが時間の関数となることになる。

$$\vec{\omega}(t) = \begin{pmatrix} \omega_x(t) \\ \omega_y(t) \\ \omega_z(t) \end{pmatrix}$$

　つぎに、固定点 O のまわりの角運動量ベクトルを考えると、こちらも時間の関数となり

$$\vec{L}(t) = \begin{pmatrix} L_x(t) \\ L_y(t) \\ L_z(t) \end{pmatrix}$$

となる。
　ここで、回転の運動方程式は

第10章　剛体の回転運動

$$\frac{d\vec{L}}{dt} = \vec{N}$$

であったので、剛体に働く力がわかればトルクベクトル $\vec{N}$ もわかるので、運動の解析が可能となるはずである。

ここでは、角速度ベクトル $\vec{\omega}$ と角運動ベクトル $\vec{L}$ の関係を導出してみる。まず

$$\vec{L} = \vec{r} \times \vec{p} = \vec{r} \times m\vec{v}$$

であった。

$\vec{v} = \vec{\omega} \times \vec{r}$ であるので

$$\vec{v} = \begin{pmatrix} v_x \\ v_y \\ v_z \end{pmatrix} = \vec{\omega} \times \vec{r} = \begin{pmatrix} \omega_x \\ \omega_y \\ \omega_z \end{pmatrix} \times \begin{pmatrix} x \\ y \\ z \end{pmatrix} = \begin{pmatrix} \omega_y z - \omega_z y \\ \omega_z x - \omega_x z \\ \omega_x y - \omega_y x \end{pmatrix}$$

となる。さらに

$$\vec{L} = \vec{r} \times m\vec{v}$$

という関係から

$$\vec{L} = \begin{pmatrix} L_x \\ L_y \\ L_z \end{pmatrix} = \vec{r} \times m\vec{v} = \begin{pmatrix} x \\ y \\ z \end{pmatrix} \times m \begin{pmatrix} v_x \\ v_y \\ v_z \end{pmatrix} = m \begin{pmatrix} yv_z - zv_y \\ zv_x - xv_z \\ xv_y - yv_x \end{pmatrix}$$

という関係がえられる。したがって、上で求めた速度ベクトルの成分を求めた式に代入すれば、角運動量ベクトルが求められることになる。

ただし、このままベクトルのかたちで、成分計算をすると煩雑となるので、L_x に注目してみよう。すると

$$\begin{aligned} L_x &= myv_z - mzv_y = my(\omega_x y - \omega_y x) - mz(\omega_z x - \omega_x z) \\ &= m(y^2 + z^2)\omega_x - mxy\omega_y - mzx\omega_z \end{aligned}$$

となる。
　同様にして

$$L_y = -mxy\omega_x + m(z^2 + x^2)\omega_y - myz\omega_z$$
$$L_z = -mzx\omega_x - myz\omega_y + m(x^2 + y^2)\omega_z$$

と与えられる。
　以上の関係をまとめると、角運動量ベクトルと角速度ベクトルは

$$\begin{pmatrix} L_x \\ L_y \\ L_z \end{pmatrix} = m \begin{pmatrix} y^2 + z^2 & -xy & -zx \\ -xy & z^2 + x^2 & -yz \\ -zx & -yz & x^2 + y^2 \end{pmatrix} \begin{pmatrix} \omega_x \\ \omega_y \\ \omega_z \end{pmatrix}$$

となることがわかる。
　このように適当な**行列** (matrix) によって角速度ベクトルが角運動量ベクトルに変換できることになる。また、この行列は**対称行列** (symmetric matrix) となっていることもわかる。
　いま求めた関係は、剛体の中の、位置ベクトル(x, y, z)に位置する質量m[kg]の質点に対して成立するものである。ただし、これを、多質点系へと拡張すれば、剛体にも適用できる。ここで、剛体が n 個の質点からなるとすると、剛体の角運動量ベクトルは

$$\vec{L} = \sum_{k=1}^{n} \vec{r}_k \times \vec{p}_k = \sum_{k=1}^{n} \vec{r}_k \times m_k \vec{v}_k$$

という和で与えられる。
　したがって、剛体においては

第 10 章 剛体の回転運動

$$\vec{L} = \begin{pmatrix} L_x \\ L_y \\ L_z \end{pmatrix} = \begin{pmatrix} \sum_{k=1}^{n} m_k(y_k^2 + z_k^2) & -\sum_{k=1}^{n} m_k x_k y_k & -\sum_{k=1}^{n} m_k z_k x_k \\ -\sum_{k=1}^{n} m_k x_k y_k & \sum_{k=1}^{n} m_k(z_k^2 + x_k^2) & -\sum_{k=1}^{n} m_k y_k z_k \\ -\sum_{k=1}^{n} m_k z_k x_k & -\sum_{k=1}^{n} m_k y_k z_k & \sum_{k=1}^{n} m_k(x_k^2 + y_k^2) \end{pmatrix} \begin{pmatrix} \omega_x \\ \omega_y \\ \omega_z \end{pmatrix}$$

という関係にあることがわかる。

ここで、この対称行列の**対角成分** (diagonal elements) は

$$I_x = \sum_{k=1}^{n} m_k(y_k^2 + z_k^2) \qquad I_y = \sum_{k=1}^{n} m_k(z_k^2 + x_k^2) \qquad I_z = \sum_{k=1}^{n} m_k(x_k^2 + y_k^2)$$

のように、それぞれ、x 軸まわり、y 軸まわり、z 軸まわりの慣性モーメントとなっていることがわかる。

さらに、非対角成分 (non-diagonal elements)は

$$\sum_{k=1}^{n} m_k y_k z_k \qquad \sum_{k=1}^{n} m_k z_k x_k \qquad \sum_{k=1}^{n} m_k x_k y_k$$

となっているが、それぞれ慣性モーメントになぞらえて

$$I_{yz} = \sum_{k=1}^{n} m_k y_k z_k \qquad I_{zx} = \sum_{k=1}^{n} m_k z_k x_k \qquad I_{xy} = \sum_{k=1}^{n} m_k x_k y_k$$

のように表記し、**慣性乗積** (product of inertia) と呼んでいる。

そうすると、変換行列は

$$\begin{pmatrix} L_x \\ L_y \\ L_z \end{pmatrix} = \begin{pmatrix} I_x & -I_{xy} & -I_{zx} \\ -I_{xy} & I_y & -I_{yz} \\ -I_{zx} & -I_y z & I_z \end{pmatrix} \begin{pmatrix} \omega_x \\ \omega_y \\ \omega_z \end{pmatrix}$$

と表現できる。この3行3列からなる行列を**慣性テンソル** (tensor of inertia) と呼ぶ。ベクトル表示をすれば

$$\vec{L} = \widetilde{I}\vec{\omega}$$

と表すことができる。慣性テンソルに対応した行列に使う～という記号はチルダ (tilda)と呼び、ベクトルを→ (arrow) で表示するのに対し、行列を表示するときに、よく使われる。

ところで、**線形代数** (linear algebra) で学習するように、対称行列は、適当な直交行列 $\widetilde{U}$ によって**対角化** (diagonalization) できることが知られている。対角化とは、対角成分以外の成分をすべて 0 とする操作である。

すなわち

$$\widetilde{U}^{-1}\begin{pmatrix} I_x & -I_{xy} & -I_{zx} \\ -I_{xy} & I_y & -I_{yz} \\ -I_{zx} & -I_yz & I_z \end{pmatrix}\widetilde{U} = \begin{pmatrix} I_{x0} & 0 & 0 \\ 0 & I_{y0} & 0 \\ 0 & 0 & I_{z0} \end{pmatrix}$$

と変換することが可能である。

ここで

$$\vec{L} = \widetilde{U}\vec{L}_0 \qquad \vec{\omega} = \widetilde{U}\vec{\omega}_0$$

を満足する $\vec{L}_0$ および $\vec{\omega}_0$ というベクトルを考える。すると

$$\widetilde{U}^{-1}\vec{L} = \widetilde{U}^{-1}\widetilde{U}\vec{L}_0 = \vec{L}_0 \qquad \widetilde{U}^{-1}\vec{\omega} = \widetilde{U}^{-1}\widetilde{U}\vec{\omega}_0 = \vec{\omega}_0$$

という関係にある。ここで

$$\widetilde{U}^{-1}\vec{L} = \widetilde{U}^{-1}\widetilde{I}\widetilde{U}\widetilde{U}^{-1}\vec{\omega}$$

という関係から

$$\vec{L}_0 = \widetilde{U}^{-1}\widetilde{I}\widetilde{U}\vec{\omega}_0$$

第 10 章 剛体の回転運動

がえられる。

　成分で示すと

$$\begin{pmatrix} L_{x0} \\ L_{y0} \\ L_{z0} \end{pmatrix} = \begin{pmatrix} I_{x0} & 0 & 0 \\ 0 & I_{y0} & 0 \\ 0 & 0 & I_{z0} \end{pmatrix} \begin{pmatrix} \omega_{x0} \\ \omega_{y0} \\ \omega_{z0} \end{pmatrix}$$

となる。

$$\widetilde{I}_0 = \widetilde{U}^{-1} \widetilde{I} \widetilde{U}$$

と表記すれば

$$\vec{L}_0 = \widetilde{I}_0 \vec{\omega}_0$$

となる。

　ここで、慣性テンソルの対角化の意味を考えてみよう。3次元空間における剛体の任意の回転を考えるとき、まず、固定点 O を原点とする任意の直交座標系である(x, y, z)を考え、剛体の回転の成分として、それぞれの軸に対応した角速度ベクトルを$\omega_x, \omega_y, \omega_z$とすると、角運動量ベクトルが、これらベクトルの関数として表現できるというものであった。x成分で示せば

$$L_x = m(y^2 + z^2)\omega_x - mxy\omega_y - mzx\omega_z$$

　この関係を 3×3 行列にまとめたものが慣性テンソルであった。しかし、このままでは 9 個の成分からなり、変換式も煩雑となっている。

　ところで、適当な座標系を選べば、L_x は ω_x のみの関数で表現できるはずである。もともと剛体の運動の自由度を考えれば、それは x, y, z の 3 個であった。つまり、直交行列 $\widetilde{U}$ による変換は、図 11-12 に示すような回転軸と座標軸が重なるように座標系を変換する操作と考えられる。

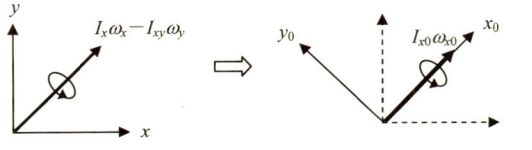

図 11-12

311

つまり、$x \to x_0$、$y \to y_0$、$z \to z_0$ という座標変換することにより

$$L_x = m(y^2 + z^2)\omega_x - mxy\omega_y - mzx\omega_z \quad \to \quad L_{x0} = m(y_0^2 + z_0^2)\omega_{x0}$$

という変換をしているのである。

つまり、$\vec{\omega} = \widetilde{U}\vec{\omega}_0$ は、成分表記では

$$\begin{pmatrix} \omega_x \\ \omega_y \\ \omega_z \end{pmatrix} = \begin{pmatrix} u_{x1} & u_{y1} & u_{z1} \\ u_{x2} & u_{y2} & u_{z2} \\ u_{x3} & u_{y3} & u_{z3} \end{pmatrix} \begin{pmatrix} \omega_{x0} \\ \omega_{y0} \\ \omega_{z0} \end{pmatrix} = \begin{pmatrix} u_{x1} \\ u_{x2} \\ u_{x3} \end{pmatrix}\omega_{x0} + \begin{pmatrix} u_{y1} \\ u_{y2} \\ u_{y3} \end{pmatrix}\omega_{y0} + \begin{pmatrix} u_{z1} \\ u_{z2} \\ u_{z3} \end{pmatrix}\omega_{z0}$$

となる。

ここで、新たな直交座標系 (x_0, y_0, z_0) を**慣性主軸** (inertia principal axis) と呼ぶ。以降は、煩雑であるので、慣性主軸の添え字である 0 は省いて、(x, y, z) と表記する。すると、角運動量ベクトルと角速度ベクトルの関係は

$$\begin{pmatrix} L_x \\ L_y \\ L_z \end{pmatrix} = \begin{pmatrix} I_x & 0 & 0 \\ 0 & I_y & 0 \\ 0 & 0 & I_z \end{pmatrix} \begin{pmatrix} \omega_x \\ \omega_y \\ \omega_z \end{pmatrix}$$

となる。このとき I_x, I_y, I_z のことを**主慣性モーメント** (principal inertia moment) と呼ぶ。さらに、角運動ベクトルは

$$\begin{pmatrix} L_x \\ L_y \\ L_z \end{pmatrix} = \begin{pmatrix} I_x \omega_x \\ I_y \omega_y \\ I_z \omega_z \end{pmatrix}$$

となるが、慣性主軸の(x, y, z)軸の単位ベクトルを $\vec{e}_x, \vec{e}_y, \vec{e}_z$ とすると

$$\vec{L} = I_x \omega_x \vec{e}_x + I_y \omega_y \vec{e}_y + I_z \omega_z \vec{e}_z$$

第 10 章　剛体の回転運動

となる。
　ただし、われわれが必要なのは

$$\frac{d\vec{L}}{dt} = \vec{N}$$

という運動方程式である。
　よって、この時間微分をとると

$$\frac{d\vec{L}}{dt} = \frac{d(I_x \omega_x \vec{e}_x)}{dt} + \frac{d(I_y \omega_y \vec{e}_y)}{dt} + \frac{d(I_z \omega_z \vec{e}_z)}{dt}$$

となるが、慣性モーメントは剛体内の軸が決まれば決まる定数である。よって慣性主軸を決めれば時間変化しない定数となるので

$$\frac{d\vec{L}}{dt} = I_x \frac{d(\omega_x \vec{e}_x)}{dt} + I_y \frac{d(\omega_y \vec{e}_y)}{dt} + I_z \frac{d(\omega_z \vec{e}_z)}{dt}$$

となる。一方、剛体は自由に固定点 O のまわりを回転するので、角速度ベクトルだけでなく、慣性主軸も時間とともに変化する。したがって

$$\frac{d\vec{L}}{dt} = I_x \left(\frac{d\omega_x}{dt} \vec{e}_x + \omega_x \frac{d\vec{e}_x}{dt} \right) + I_y \left(\frac{d\omega_y}{dt} \vec{e}_y + \omega_y \frac{d\vec{e}_y}{dt} \right) + I_z \left(\frac{d\omega_z}{dt} \vec{e}_z + \omega_z \frac{d\vec{e}_z}{dt} \right)$$

となる。ここで

$$\vec{v} = \frac{d\vec{r}}{dt} = \vec{\omega} \times \vec{r}$$

という関係を思い出すと

$$\frac{d\vec{e}_x}{dt} = \vec{\omega} \times \vec{e}_x, \quad \frac{d\vec{e}_y}{dt} = \vec{\omega} \times \vec{e}_y, \quad \frac{d\vec{e}_z}{dt} = \vec{\omega} \times \vec{e}_z$$

となり、さらに

$$\frac{d\vec{e}_x}{dt} = \vec{\omega} \times \vec{e}_x = \begin{pmatrix} \omega_x \\ \omega_y \\ \omega_z \end{pmatrix} \times \begin{pmatrix} 1 \\ 0 \\ 0 \end{pmatrix} = \begin{pmatrix} 0 \\ \omega_z \\ -\omega_y \end{pmatrix} = \omega_z \begin{pmatrix} 0 \\ 1 \\ 0 \end{pmatrix} - \omega_y \begin{pmatrix} 0 \\ 0 \\ 1 \end{pmatrix} = \omega_z \vec{e}_y - \omega_y \vec{e}_z$$

と変形できるので

$$\frac{d\vec{e}_y}{dt} = \vec{\omega} \times \vec{e}_y = -\omega_z \vec{e}_x + \omega_x \vec{e}_z \qquad \frac{d\vec{e}_z}{dt} = \vec{\omega} \times \vec{e}_z = \omega_y \vec{e}_x - \omega_x \vec{e}_y$$

となる。したがって

$$\frac{d\vec{L}}{dt} = I_x \frac{d\omega_x}{dt} \vec{e}_x + I_x \omega_x (\omega_z \vec{e}_y - \omega_y \vec{e}_z)$$
$$+ I_y \frac{d\omega_y}{dt} \vec{e}_y + I_y \omega_y (-\omega_z \vec{e}_x + \omega_x \vec{e}_z) + I_z \frac{d\omega_z}{dt} \vec{e}_z + I_z \omega_z (\omega_y \vec{e}_x - \omega_x \vec{e}_y)$$

となり、整理すると

$$\frac{d\vec{L}}{dt} = \left\{ I_x \frac{d\omega_x}{dt} + (I_z - I_y)\omega_y \omega_z \right\} \vec{e}_x$$
$$+ \left\{ I_y \frac{d\omega_y}{dt} + (I_x - I_z)\omega_z \omega_x \right\} \vec{e}_y + \left\{ I_z \frac{d\omega_z}{dt} + (I_y - I_x)\omega_x \omega_y \right\} \vec{e}_z$$

となる。
　ここで

$$\vec{N} = N_x \vec{e}_x + N_y \vec{e}_y + N_z \vec{e}_z$$

と置くと、成分ごとに

第10章 剛体の回転運動

$$I_x \frac{d\omega_x}{dt} + (I_z - I_y)\omega_y \omega_z = N_x$$

$$I_y \frac{d\omega_y}{dt} + (I_x - I_z)\omega_z \omega_x = N_y$$

$$I_z \frac{d\omega_z}{dt} + (I_y - I_x)\omega_x \omega_y = N_z$$

という等式がえられる。これら方程式を**オイラーの方程式** (Euler's equation) と呼んでいる。

演習 10-6 剛体に働くトルクが 0 であり、$I_x = I_y \neq I_z$ のとき、この剛体の回転の角速度ベクトルの時間変化を調べよ。ただし、$t = 0$ のとき $\omega_x(0) = \omega_1 \neq 0$, $\omega_y(0) = \omega_2 \neq 0$, $\omega_z(0) = \omega_3 \neq 0$ とする。

解) オイラーの方程式は

$$I_x \frac{d\omega_x(t)}{dt} + (I_z - I_x)\omega_y(t)\omega_z(t) = 0$$

$$I_x \frac{d\omega_y(t)}{dt} + (I_x - I_z)\omega_z(t)\omega_x(t) = 0$$

$$I_z \frac{d\omega_z(t)}{dt} = 0$$

となる。最後の式より $\omega_z(t)$ の時間変化はないので、定数となる。したがって $\omega_z(t) = \omega_3$ と一定となり

$$I_x \frac{d\omega_x(t)}{dt} + (I_z - I_x)\omega_y(t)\omega_3 = 0$$

$$I_x \frac{d\omega_y(t)}{dt} + (I_x - I_z)\omega_x(t)\omega_3 = 0$$

となる。第2式より

$$\omega_x(t) = \frac{I_x}{(I_z - I_x)\omega_3} \frac{d\omega_y(t)}{dt}$$

となるので、最初の式に代入すると

$$\frac{I_x^2}{(I_z - I_x)\omega_3} \frac{d^2\omega_y(t)}{dt^2} + (I_z - I_x)\omega_y(t)\omega_3 = 0$$

よって

$$\frac{d^2\omega_y(t)}{dt^2} + \left(\frac{I_z - I_x}{I_x}\omega_3\right)^2 \omega_y(t) = 0$$

となる。
　これは、単振動の微分方程式と同じかたちをしており

$$\frac{I_z - I_x}{I_x}\omega_3 = \varphi$$

と置くと

$$\omega_y(t) = A\sin\varphi t + B\cos\varphi t$$

というかたちの解を有する。
　ここで

$$\frac{d\omega_y(t)}{dt} = A\cos\varphi t - B\varphi\sin\varphi t$$

であり

$$\omega_x(t) = \frac{I_x}{(I_x - I_z)\omega} \frac{d\omega_y}{dt} = \frac{1}{\varphi}\frac{d\omega_y(t)}{dt} = A\cos\varphi t - B\sin\varphi t$$

となる。

$$\omega_x(0) = A = \omega_1 \qquad \omega_y(0) = B = \omega_2$$

したがって、求める解は

第 10 章　剛体の回転運動

$$\omega_x(t) = \omega_1 \cos\varphi t - \omega_2 \sin\varphi t \qquad \omega_y(t) = \omega_1 \sin\varphi t + \omega_2 \cos\varphi t \qquad \omega_z(t) = \omega_3$$

となる。

ここで、この回転運動について、少し解析してみよう。角速度ベクトルは

$$\vec{\omega}(t) = \begin{pmatrix} \omega_x(t) \\ \omega_y(t) \\ \omega_z(t) \end{pmatrix} = \begin{pmatrix} \omega_1 \cos\varphi t - \omega_2 \sin\varphi t \\ \omega_1 \sin\varphi t + \omega_2 \cos\varphi t \\ \omega_3 \end{pmatrix}$$

と表記できる。行列を使うと

$$\vec{\omega}(t) = \begin{pmatrix} \cos\varphi t & -\sin\varphi t & 0 \\ \sin\varphi t & \cos\varphi t & 0 \\ 0 & 0 & 1 \end{pmatrix} \begin{pmatrix} \omega_1 \\ \omega_2 \\ \omega_3 \end{pmatrix}$$

となる。

このような表記をしたとき、行列は回転運動の時間変化に対応している。

つぎに

$$|\vec{\omega}(t)|^2 = \omega_x^2(t) + \omega_y^2(t) + \omega_z^2(t)$$

を計算してみよう。

$$|\vec{\omega}(t)|^2 = (\omega_1 \cos\varphi t - \omega_2 \sin\varphi t)^2 + (\omega_1 \sin\varphi t + \omega_2 \cos\varphi t)^2 + \omega_3^2$$
$$= \omega_1^2 + \omega_2^2 + \omega_3^2$$

となり、角運動量ベクトルの大きさが一定のまま、z 軸のまわりを φ の角速度でまわる回転運動に対応している。

第11章 相対運動と座標

11.1. 慣性系と動座標

　一定の速度で動いている電車の中にわれわれがいたとしよう。この中で、物を投げてその様子を観察する。すると、われわれには、それが動いている電車の中の出来事なのか、それとも止まっている電車の中での出来事なのか区別がつかない。これは

$$F = m\frac{dv}{dt}$$

から、**等速直線運動** (uniform linear motion) の場合、$F = 0$ となり、力が働かないからである。そして、速度 v [m/s]が一定ならば、それが 0 であろうと、ある値で進んでいようと、電車の中の物体には、なんら力が働かないことになる。このように力の働かない系を**慣性系** (inertial frame of reference) と呼んでいる。

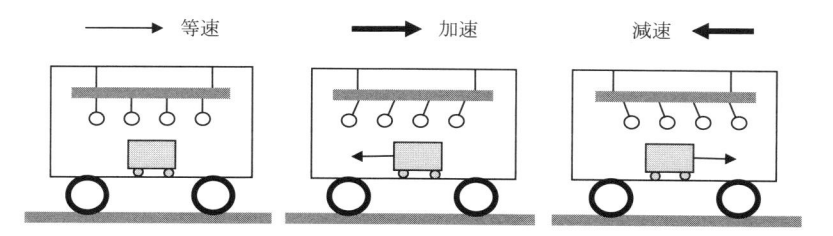

図11-1 慣性系と非慣性系：等速で走っている電車の中のひとには、中の物体の運動を見ている限り、電車が止まっているか、動いているかの区別がつかない。一方、電車が動き出そうとして加速したり、等速で走っていた電車がブレーキをかけて減速すると、電車内の物体に力（慣性力）が働く。

318

第 11 章　相対運動と座標

　一方、電車が加速したり、ブレーキをかけたりして、v [m/s]が変化した場合には、われわれは、その変化を力として体で感じることができるし、当然、物体の運動も影響を受けることになる。このように力が働くために、物体の運動が変化する系を**非慣性系** (non-inertial frame)と呼んでいる。

　つまり、$dv/dt = 0$ が成立しているのが慣性系であり、$dv/dt \neq 0$ となっているのが非慣性系である。ただし、正確には、v はベクトルであり、慣性系では

$$\frac{d\vec{v}}{dt} = 0$$

となる。

　例えば、等速円運動している系は、$dv/dt = 0$ であるが $d\vec{v}/dt \neq 0$ であるので、非慣性系である。よって、慣性系とは、静止あるいは、等速直線運動をしている系のことである。

11.1.1.　動座標

　実は、前章までの解析では、暗黙の了解で、世の中には不動のもの（静止空間）があって、それを基準として、いろいろな運動を解析するということをしてきている。

　ところで、われわれが住んでいるのは地球であり、過去の物理実験はすべて地球上で行われている。その過程で、運動方程式を始めとする多くの有用な物理法則が発見され、これら法則をもとに、種々の運動を系統的に解析できるようになったのである。もちろん、地球上での実験だけでなく、ケプラーのように、天体の運行を観察することによって、新しい発見をしてきたことも忘れてはならない。

　そして、地球は不動の地ではない。**自転** (rotation) をしているし、太陽のまわりを**公転** (revolution) もしている。なにより、**太陽系** (solar system) も高速度で運動していることが明らかとなっており、不動のものなど宇宙にはないのである。

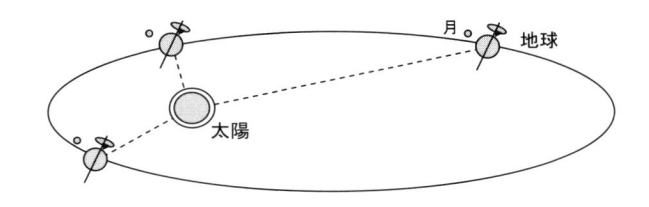

図 11-2 地球は太陽のまわりを公転し、さらに自転もしている。ただし、普段、地球上で生活しているわれわれが、地球が運動していることを認識することは、ほとんどない。

幸いなことに、いろいろな物理実験をするとき、われわれは地球の運動の影響をあまり意識せずに済んでいる。ただし、地球規模で生じる気象現象、例えば台風などを考えるときには、地球の自転は無視できない。もちろん、月探査や衛星通信などの宇宙開発においては、地球の運動そのものを解析する必要がある。最近では、衛星を使って位置を割り出すGPS (global positioning system)を使うのがカーナビ (automotive navigation)などでは当たり前となっているが、当然、これら機能には、地球の運動が加味されているのである。そうでなければ誤差が生じてしまう。

ところで、われわれは、地球上で物体の運動を解析するときに、適当な座標、例えば (x, y, z) からなる直交座標などを使っているが、実際には、地球は動いているので、これら座標も静止しているのではなく、運動していることになる。このような座標を**動座標** (movable coordinate system) と呼んでいる。

座標系の運動には、**並進** (translational motion) だけでなく**回転** (rotation) などの運動があるが、ここでは、まず基本となる並進運動について考えてみよう。

11.1.2. 慣性系

慣性系とは、静止あるいは、静止系に対して等速で並進運動する座標系であり、**ガリレイ系** (Galilean frame of reference) とも呼ばれる。力が働かな

第 11 章　相対運動と座標

いので、ニュートンの運動法則がそのまま成立する系である。
　ここで、静止している座標系 $S(x, y, z)$ を考える。そして、この座標に対して、運動している座標系 $S'(x', y', z')$ を考える。さらに、座標系 S' の原点 O は、座標系 S の位置ベクトル (x_0, y_0, z_0) であるとしよう。このとき

$$x = x_0 + x', \quad y = y_0 + y', \quad z = z_0 + z'$$

という関係にあり、ベクトル表示すれば

$$\begin{pmatrix} x \\ y \\ z \end{pmatrix} = \begin{pmatrix} x_0 \\ y_0 \\ z_0 \end{pmatrix} + \begin{pmatrix} x' \\ y' \\ z' \end{pmatrix}$$

となる。
　位置ベクトルを使って表記すると

$$\vec{r} = \vec{r}_0 + \vec{r}'$$

となる（図 11-3 参照）。

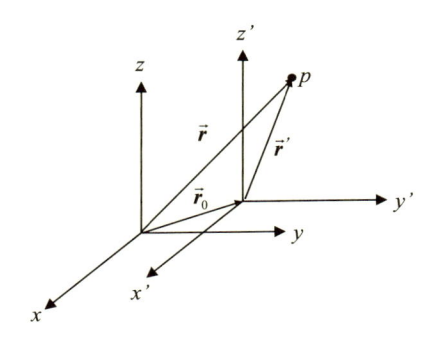

図 11-3　静止している座標系 $S(x, y, z)$ と、この座標に対して運動している座標系 $S'(x', y', z')$

321

ここで、運動座標系 S' の運動は、$\vec{r}_0$ の運動と等価であり、その速度は

$$\vec{v}_0 = \frac{d\vec{r}_0}{dt}$$

によって与えられる。

ここで、慣性系の S 座標では、ニュートンの運動法則が成立するので

$$\vec{F} = m\frac{d^2\vec{r}}{dt^2}$$

という運動方程式がえられる。

さらに

$$\frac{d\vec{r}}{dt} = \frac{d\vec{r}_0}{dt} + \frac{d\vec{r}'}{dt} \qquad \frac{d^2\vec{r}}{dt^2} = \frac{d^2\vec{r}_0}{dt^2} + \frac{d^2\vec{r}'}{dt^2}$$

となる。

ここで、S' 座標系は、S 系に対して等速度で動いているとすると

$$\frac{d\vec{v}_0}{dt} = \frac{d^2\vec{r}_0}{dt^2} = 0$$

したがって

$$\frac{d^2\vec{r}}{dt^2} = \frac{d^2\vec{r}'}{dt^2}$$

から

$$\vec{F} = m\frac{d^2\vec{r}}{dt^2} = m\frac{d^2\vec{r}'}{dt^2}$$

となり、運動方程式が S' 座標系でも成立することになる。

つまり、ひとつの慣性系 S に対して等速度で移動する座標系 S' もまた慣性系である。これを**ガリレイの相対性原理** (Galilean principle of relativity) と呼んでいる。

第11章 相対運動と座標

演習 11-1 慣性系 S 座標において運動している質量 m [kg]の質点 p の位置ベクトルが、時間 t の関数として $\vec{r} = (1+t \quad 2+t^2 \quad t+2t^2)$ と与えられている。ここで、原点が S 座標において $\vec{r}_0 = (2 \quad 2+2t \quad t)$ という位置ベクトルで与えられる座標系を S' とするとき、この質点 p の S' 座標における位置ベクトルを求めよ。さらに、S 座標系における力を求め、S' 座標系と比較せよ。

解) S' 座標における位置ベクトルを

$$\vec{r}' = \begin{pmatrix} x' \\ y' \\ z' \end{pmatrix}$$

と置くと、$\vec{r} = \vec{r}_0 + \vec{r}'$ から

$$\vec{r}' = \vec{r} - \vec{r}_0$$

したがって

$$\vec{r}' = \begin{pmatrix} x' \\ y' \\ z' \end{pmatrix} = \begin{pmatrix} 1+t \\ 2+t^2 \\ t+2t^2 \end{pmatrix} - \begin{pmatrix} 2 \\ 2+2t \\ t \end{pmatrix} = \begin{pmatrix} -1+t \\ -2t+t^2 \\ 2t^2 \end{pmatrix}$$

となる。
ここで、S 座標系における運動方程式は

$$\vec{r} = \begin{pmatrix} 1+t \\ 2+t^2 \\ t+2t^2 \end{pmatrix} \qquad \frac{d\vec{r}}{dt} = \begin{pmatrix} 1 \\ 2t \\ 1+4t \end{pmatrix} \qquad \frac{d^2\vec{r}}{dt^2} = \begin{pmatrix} 0 \\ 2 \\ 4 \end{pmatrix}$$

より、力ベクトルは

$$\vec{F} = m\frac{d^2\vec{r}}{dt^2} = \begin{pmatrix} 0 \\ 2m \\ 4m \end{pmatrix}$$

となる。
一方、S' 座標系では

323

$$\vec{r}' = \begin{pmatrix} -1+t \\ -2t+t^2 \\ 2t^2 \end{pmatrix} \qquad \frac{d\vec{r}'}{dt} = \begin{pmatrix} 1 \\ -2+2t \\ 4t \end{pmatrix} \qquad \frac{d^2\vec{r}'}{dt^2} = \begin{pmatrix} 0 \\ 2 \\ 4 \end{pmatrix}$$

となり、力ベクトルは

$$\vec{F}' = m\frac{d^2\vec{r}'}{dt^2} = \begin{pmatrix} 0 \\ 2m \\ 4m \end{pmatrix}$$

となって、まったく同じものとなる。

　つまり、S' 座標系で、S 座標におけるニュートンの運動法則が、そのまま成立することを示している。これは S' 座標系が S 座標系に対する速度ベクトルが

$$\vec{r}_0 = \begin{pmatrix} 2 \\ 2+2t \\ t \end{pmatrix} \quad \text{から} \quad \vec{v}_0 = \frac{d\vec{r}_0}{dt} = \begin{pmatrix} 0 \\ 2 \\ 1 \end{pmatrix}$$

となって、常に一定となり、S' が S に対して等速度で動いているからである。ここで、等速度 $\vec{v}_0$ で動いている方向を x 軸および x' 軸にとると

$$x = v_0 t + x', \quad y = y', \quad z = z'$$

よって、両座標系の関係を示すことができる。これを**ガリレイ変換** (Galilean transformation) と呼んでいる。

324

第 11 章　相対運動と座標

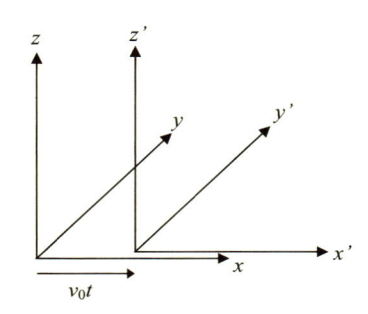

図 11-4　ガリレイ変換

11.1.3. 非慣性系

慣性系においては、S' 座標系は、S 系に対して等速度で動いているので

$$\frac{d^2\vec{r}_0}{dt^2} = 0$$

となったが、非慣性系では

$$\frac{d^2\vec{r}_0}{dt^2} \neq 0$$

のように、この値が 0 とはならない。したがって

$$\frac{d^2\vec{r}}{dt^2} = \frac{d^2\vec{r}_0}{dt^2} + \frac{d^2\vec{r}'}{dt^2}$$

から

$$m\frac{d^2\vec{r}}{dt^2} = m\frac{d^2\vec{r}_0}{dt^2} + m\frac{d^2\vec{r}'}{dt^2}$$

となる。
　ここで、S 座標および S' 座標における運動方程式は

325

$$\vec{F} = m\frac{d^2\vec{r}}{dt^2} \qquad \vec{F}' = m\frac{d^2\vec{r}'}{dt^2}$$

となるが、いまの場合

$$\vec{F} \neq \vec{F}'$$

となり、同じ運動方程式とはならない。

ただし、このとき

$$\vec{f} = m\frac{d^2\vec{r}_0}{dt^2}$$

と置くと

$$\vec{F} - \vec{f} = \vec{F}' = m\frac{d^2\vec{r}'}{dt^2}$$

が成立する。つまり、S 座標系の力ベクトル $\vec{F}$ から、力ベクトル $\vec{f}$ を引いたものを S' 座標系の力ベクトル $\vec{F}'$ とすれば、同様の運動方程式が成立する。

ここで、$\vec{f}$ は動座標系 S' が等速度ではなく、速度を変えて移動するために発生する力であり、**慣性力** (inertial force) と呼んでいる。そして、動座標系にあるすべての物体が

$$\vec{a}_0 = \frac{d^2\vec{r}_0}{dt^2}$$

という加速度で動いているのであるから、この加速度による慣性力

$$\vec{f} = m\vec{a}_0 = m\frac{d^2\vec{r}_0}{dt^2}$$

を除いてしまえば、もとの慣性系と同様の運動方程式がえられるという考えである。

ここで、わかりやすい例を出そう。例えば、電車がブレーキをかけたとき、進行方向に力を感じるが、これが慣性力である（図 11-1 参照）。慣性の

第 11 章　相対運動と座標

法則によって、電車に乗っている人間は、そのままの速度で運動を続けようとしている。しかし、ブレーキがかかると、それが妨げられる。しかし、体はそのままの速度で移動しようとするので、その（慣性の）結果、力が働く。これが、慣性力と呼ばれる理由である。

等速で動いている電車では、吊り革は真下を向いているが、発進するときは後方に、減速するときは前方に傾く。これは慣性力が吊り革に働くためである。つまり、変化が与えられたときに、もとの状態を維持しようとする結果生じる力が、慣性力なのである。

演習 11-2　慣性系 S 座標において、運動している質量 m [kg]の質点 p の位置ベクトルが、時間 t の関数として $\vec{r} = (1+t \quad 2+t^2 \quad t+2t^2)$ と与えられている。ここで、その原点が S 座標において $\vec{r}_0 = (2 \quad 2+2t^2 \quad t^2)$ と与えられる座標系を S' とするとき、質点 p の S' 座標における位置ベクトルを求めよ。さらに、S 座標系における力を求め、S' 座標系と比較せよ。

解)　S' 座標における位置ベクトルを $\vec{r}' = \begin{pmatrix} x' \\ y' \\ z' \end{pmatrix}$ と置くと、$\vec{r} = \vec{r}_0 + \vec{r}'$ から

$$\vec{r}' = \vec{r} - \vec{r}_0$$

したがって

$$\vec{r}' = \begin{pmatrix} x' \\ y' \\ z' \end{pmatrix} = \begin{pmatrix} 1+t \\ 2+t^2 \\ t+2t^2 \end{pmatrix} - \begin{pmatrix} 2 \\ 2+2t^2 \\ t^2 \end{pmatrix} = \begin{pmatrix} -1+t \\ -t^2 \\ t+t^2 \end{pmatrix}$$

となる。

ここで、S 座標系における運動方程式は

$$\vec{r} = \begin{pmatrix} 1+t \\ 2+t^2 \\ t+2t^2 \end{pmatrix} \qquad \frac{d\vec{r}}{dt} = \begin{pmatrix} 1 \\ 2t \\ 1+4t \end{pmatrix} \qquad \frac{d^2\vec{r}}{dt^2} = \begin{pmatrix} 0 \\ 2 \\ 4 \end{pmatrix}$$

より、力ベクトルは

$$\vec{F} = m\frac{d^2\vec{r}}{dt^2} = \begin{pmatrix} 0 \\ 2m \\ 4m \end{pmatrix}$$

となる。

一方、S' 座標系では

$$\vec{r}' = \begin{pmatrix} -1+t \\ -t^2 \\ t+t^2 \end{pmatrix} \qquad \frac{d\vec{r}'}{dt} = \begin{pmatrix} 1 \\ -2t \\ 1+2t \end{pmatrix} \qquad \frac{d^2\vec{r}'}{dt^2} = \begin{pmatrix} 0 \\ -2 \\ 2 \end{pmatrix}$$

となり、力ベクトルは

$$\vec{F}' = m\frac{d^2\vec{r}'}{dt^2} = \begin{pmatrix} 0 \\ -2m \\ 2m \end{pmatrix}$$

となって、同じ運動方程式は成立しない。

このとき

$$\vec{f} = \vec{F} - \vec{F}' = \begin{pmatrix} 0 \\ 2m \\ 4m \end{pmatrix} - \begin{pmatrix} 0 \\ -2m \\ 2m \end{pmatrix} = \begin{pmatrix} 0 \\ 4m \\ 2m \end{pmatrix}$$

が慣性力となる。

11.2. 回転座標

いままでは、並進運動をする運動座標系を見てきた。ここでは、慣性系に対して、回転運動する座標系について見てみよう。

図 11-5 に示すように、慣性系 $S(x, y, z)$ に対して、z 軸は共有し、xy 平面において、角速度 ω [rad/s]で回転している座標系 $S'(x', y', z')$ を考える。

第 11 章　相対運動と座標

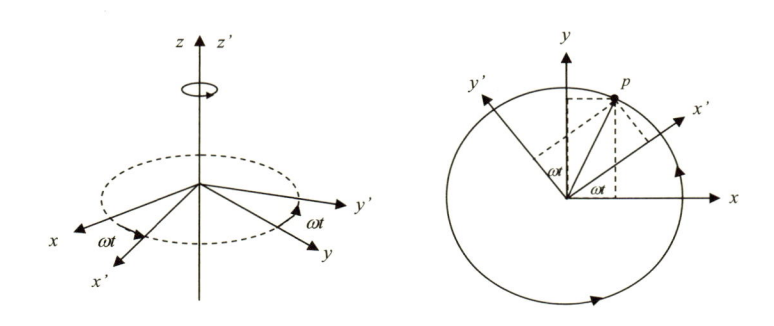

図 11-5　z 軸を共有し xy 平面を角速度 ω で回転している座標系：右は xy 平面から見た回転座標

ここで、z 軸は共有しているので、$t=0$ で、それぞれの座標が重なっていたとすると、t [s]後の対応関係は

$$x = x'\cos\omega t - y'\sin\omega t \qquad y = x'\sin\omega t + y'\cos\omega t \qquad z = z'$$

となる。

演習 11-3　静止座標 (x, y) と角速度 ω で z 軸のまわりを回転する回転座標 (x', y') との対応関係を示す次式を導出せよ。

$$x = x'\cos\omega t - y'\sin\omega t \qquad y = x'\sin\omega t + y'\cos\omega t$$

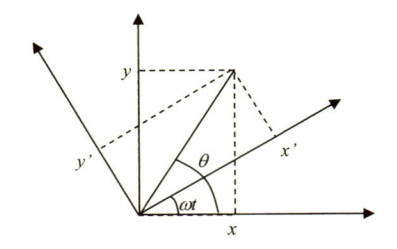

図 11-6

329

解）

$$x = r\cos\theta \qquad y = r\sin\theta$$

とすると

$$x' = r\cos(\theta - \omega t) \qquad y' = r\sin(\theta - \omega t)$$

となる。したがって

$$x' = r\cos(\theta - \omega t) = r\cos\theta\cos\omega t + r\sin\theta\sin\omega t$$
$$y' = r\sin(\theta - \omega t) = r\sin\theta\cos\omega t - r\cos\theta\sin\omega t$$

となり

$$x' = x\cos\omega t + y\sin\omega t$$
$$y' = y\cos\omega t - x\sin\omega t$$

となる。

$$x'\cos\omega t = x\cos^2\omega t + y\sin\omega t\cos\omega t$$
$$-y'\sin\omega t = -y\cos\omega t\sin\omega t + x\sin^2\omega t$$

辺々を加えると

$$x = x'\cos\omega t - y'\sin\omega t$$

となる。また

$$x'\sin\omega t = x\sin\omega t\cos\omega t + y\sin^2\omega t$$
$$y'\cos\omega t = y\cos^2\omega t - x\sin\omega t\cos\omega t$$

において、辺々を加えると

$$y = x'\sin\omega t + y'\cos\omega t$$

となる。

以上の座標の対応関係を、行列を使って表現すると

第11章　相対運動と座標

$$\begin{pmatrix} x \\ y \end{pmatrix} = \begin{pmatrix} \cos\omega t & -\sin\omega t \\ \sin\omega t & \cos\omega t \end{pmatrix} \begin{pmatrix} x' \\ y' \end{pmatrix}$$

となる。

これを、ベクトルと行列を使って

$$\vec{r} = \widetilde{U}\vec{r}\,'$$

と表記する。

ここで

$$x' = x\cos\omega t + y\sin\omega t$$
$$y' = y\cos\omega t - x\sin\omega t$$

であったので

$$\begin{pmatrix} x' \\ y' \end{pmatrix} = \begin{pmatrix} \cos\omega t & \sin\omega t \\ -\sin\omega t & \cos\omega t \end{pmatrix} \begin{pmatrix} x \\ y \end{pmatrix}$$

となる。これを

$$\vec{r}\,' = \widetilde{U}^+ \vec{r}$$

と表記する。

演習 11-4　行列 $\widetilde{U}^+$ が、行列 $\widetilde{U}$ の逆行列となることを確かめよ。

解）

$$\widetilde{U}\widetilde{U}^+ = \begin{pmatrix} \cos\omega t & -\sin\omega t \\ \sin\omega t & \cos\omega t \end{pmatrix} \begin{pmatrix} \cos\omega t & \sin\omega t \\ -\sin\omega t & \cos\omega t \end{pmatrix}$$

$$= \begin{pmatrix} \cos^2\omega t + \sin^2\omega t & \cos\omega t\sin\omega t - \sin\omega t\cos\omega t \\ \sin\omega t\cos\omega t - \cos\omega t\sin\omega t & \sin^2\omega t + \cos^2\omega t \end{pmatrix} = \begin{pmatrix} 1 & 0 \\ 0 & 1 \end{pmatrix}$$

となり

$$\widetilde{U}^+\widetilde{U} = \begin{pmatrix} \cos\omega t & \sin\omega t \\ -\sin\omega t & \cos\omega t \end{pmatrix} \begin{pmatrix} \cos\omega t & -\sin\omega t \\ \sin\omega t & \cos\omega t \end{pmatrix} = \begin{pmatrix} 1 & 0 \\ 0 & 1 \end{pmatrix}$$

も成立するので

$$\widetilde{U}^+ = \widetilde{U}^{-1}$$

となり、逆行列となる。

ここで

$$\vec{r} = \widetilde{U}\vec{r}'$$

において、左から行列 $\widetilde{U}^+ = \widetilde{U}^{-1}$ を作用させると

$$\widetilde{U}^{-1}\vec{r} = \widetilde{U}^{-1}\widetilde{U}\vec{r}' = \vec{r}'$$

となり

$$\vec{r}' = \widetilde{U}^+\vec{r}$$

という関係も導出できる。

ところで、本来の座標は3次元座標なので

$$\begin{pmatrix} x \\ y \\ z \end{pmatrix} = \begin{pmatrix} \cos\omega t & -\sin\omega t & 0 \\ \sin\omega t & \cos\omega t & 0 \\ 0 & 0 & 1 \end{pmatrix}\begin{pmatrix} x' \\ y' \\ z' \end{pmatrix} \qquad \begin{pmatrix} x' \\ y' \\ z' \end{pmatrix} = \begin{pmatrix} \cos\omega t & \sin\omega t & 0 \\ -\sin\omega t & \cos\omega t & 0 \\ 0 & 0 & 1 \end{pmatrix}\begin{pmatrix} x \\ y \\ z \end{pmatrix}$$

が成立し、3次元ベクトルおよび3行3列の行列において

$$\vec{r} = \widetilde{U}\vec{r}' \qquad \vec{r}' = \widetilde{U}^{-1}\vec{r}$$

という関係が成立することを付記しておく。

ただし、z 座標は回転運動には関係がないので、今後は xy 座標にのみ注目して解析を進めていくことにする。

それでは、運動方程式を見てみよう。S 座標系では

第 11 章　相対運動と座標

$$F_x = m\frac{d^2x}{dt^2} \qquad F_y = m\frac{d^2y}{dt^2}$$

となる。ここで

$$x = x'\cos\omega t - y'\sin\omega t$$
$$y = x'\sin\omega t + y'\cos\omega t$$

を t に関して微分していこう。

$$\frac{dx}{dt} = \frac{dx'}{dt}\cos\omega t - \omega x'\sin\omega t - \frac{dy'}{dt}\sin\omega t - \omega y'\cos\omega t$$

$$\frac{d^2x}{dt^2} = \frac{d^2x'}{dt^2}\cos\omega t - \omega\frac{dx'}{dt}\sin\omega t - \omega\frac{dx'}{dt}\sin\omega t - \omega^2 x'\cos\omega t$$
$$- \frac{d^2y'}{dt^2}\sin\omega t - \omega\frac{dy'}{dt}\cos\omega t - \omega\frac{dy'}{dt}\cos\omega t + \omega^2 y'\sin\omega t$$

整理して

$$\frac{d^2x}{dt^2} = \left(\frac{d^2x'}{dt^2} - 2\omega\frac{dy'}{dt} - \omega^2 x'\right)\cos\omega t - \left(\frac{d^2y'}{dt^2} + 2\omega\frac{dx'}{dt} - \omega^2 y'\right)\sin\omega t$$

となる。

演習 11-5　S 座標系の y 座標と S' 座標 (x', y') の関係である $y = x'\sin\omega t + y'\cos\omega t$ をもとに d^2y/dt^2 を導出せよ。

　解）　$y = x'\sin\omega t + y'\cos\omega t$ を t に関して微分すると

$$\frac{dy}{dt} = \frac{dx'}{dt}\sin\omega t + \omega x'\cos\omega t + \frac{dy'}{dt}\cos\omega t - \omega y'\sin\omega t$$

さらに、t に関して微分すると

$$\frac{d^2y}{dt^2} = \frac{d^2x'}{dt^2}\sin\omega t + 2\omega\frac{dx'}{dt}\cos\omega t - \omega^2 x'\sin\omega t \\ + \frac{d^2y'}{dt^2}\cos\omega t - 2\omega\frac{dy'}{dt}\sin\omega t - \omega^2 y'\cos\omega t$$

整理すると

$$\frac{d^2y}{dt^2} = \left(\frac{d^2x'}{dt^2} - 2\omega\frac{dy'}{dt} - \omega^2 x'\right)\sin\omega t + \left(\frac{d^2y'}{dt^2} + 2\omega\frac{dx'}{dt} - \omega^2 y'\right)\cos\omega t$$

となる。

ここで、力ベクトルの慣性座標 S および回転座標 S' の対応関係を確認しておきたい。

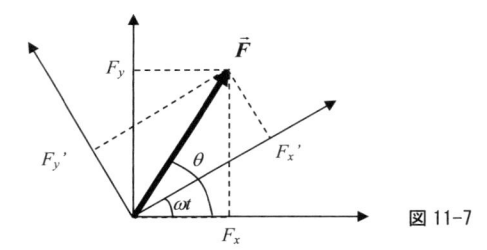

図 11-7

図 11-7 を参考にすると、これら座標系の対応関係は

$$x = x'\cos\omega t - y'\sin\omega t \\ y = x'\sin\omega t + y'\cos\omega t$$

であったので、力の成分も同様となり

$$F_x = F_x'\cos\omega t - F_y'\sin\omega t$$

334

第 11 章　相対運動と座標

$$F_y = F_x' \sin \omega t + F_y' \cos \omega t$$

となる。

いま求めた関係

$$\frac{d^2 x}{dt^2} = \left(\frac{d^2 x'}{dt^2} - 2\omega \frac{dy'}{dt} - \omega^2 x' \right) \cos \omega t - \left(\frac{d^2 y'}{dt^2} + 2\omega \frac{dx'}{dt} - \omega^2 y' \right) \sin \omega t$$

$$\frac{d^2 y}{dt^2} = \left(\frac{d^2 x'}{dt^2} - 2\omega \frac{dy'}{dt} - \omega^2 x' \right) \sin \omega t + \left(\frac{d^2 y'}{dt^2} + 2\omega \frac{dx'}{dt} - \omega^2 y' \right) \cos \omega t$$

と比較すると、容易に

$$F_x' = m \frac{d^2 x'}{dt^2} - 2m\omega \frac{dy'}{dt} - m\omega^2 x'$$

$$F_y' = m \frac{d^2 y'}{dt^2} + 2m\omega \frac{dx'}{dt} - m\omega^2 y'$$

という対応関係にあるのがわかる。

もちろん、z 方向では

$$F_z' = m \frac{d^2 z'}{dt^2}$$

が成立している。

運動方程式は

$$F_x' + 2m\omega \frac{dy'}{dt} + m\omega^2 x' = m \frac{d^2 x'}{dt^2}$$

$$F_y' - 2m\omega \frac{dx'}{dt} + m\omega^2 y' = m \frac{d^2 y'}{dt^2}$$

となり、回転座標系では 2 種類の慣性力が生じることがわかる。2 次元ベクトルとして成分表示すれば

$$\begin{pmatrix} F_x' \\ F_y' \end{pmatrix} + 2m\omega \begin{pmatrix} \dfrac{dy'}{dt} \\ -\dfrac{dx'}{dt} \end{pmatrix} + m\omega^2 \begin{pmatrix} x' \\ y' \end{pmatrix} = m \begin{pmatrix} \dfrac{d^2 x'}{dt^2} \\ \dfrac{d^2 y'}{dt^2} \end{pmatrix}$$

となる。

ここで、回転座標系で物体が静止している場合には

$$\frac{dx'}{dt} = 0 \qquad \frac{dy'}{dt} = 0$$

であるので

$$\begin{pmatrix} F_x' \\ F_y' \end{pmatrix} + m\omega^2 \begin{pmatrix} x' \\ y' \end{pmatrix} = m \begin{pmatrix} d^2 x'/dt^2 \\ d^2 y'/dt^2 \end{pmatrix}$$

となり、慣性力としては

$$\vec{f}_1 = m\omega^2 \begin{pmatrix} x' \\ y' \end{pmatrix} = m\omega^2 \vec{r}\,'$$

のみが働くことになる。まず、この力について見てみよう。

11.2.1. 遠心力

回転座標系における慣性力 $\vec{f}_1 = m\omega^2 \vec{r}\,'$ の大きさは $f_1 = mr\omega^2$ であり、向きは $\vec{r}\,'$ と同じ方向であるから、外向きということになる。よって、この慣性力は、質量 m[kg]の物体が等速円運動するときの中心力と同じ大きさで、向きが逆ということになる。

この回転座標系の慣性力は**遠心力** (centrifugal force) と呼ばれるもので、一般的にも、よく知られた力である。水の入ったバケツにロープをつけて回転したとき、バケツの中の水がこぼれないのは、遠心力のおかげである。

第 11 章　相対運動と座標

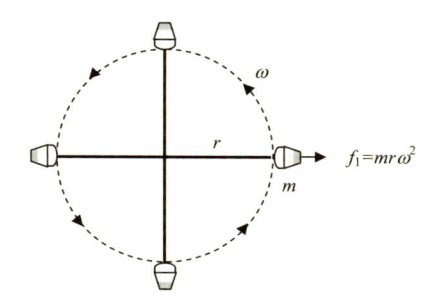

図 11-8　水のはいったバケツにロープをつけて振り回しても、中の水はこぼれない。これは、回転にともなう遠心力のおかげである。

　図 11-9 を参考にしながら、慣性力という観点から、遠心力を考えてみよう。中心点 O から、ロープでつながれた質量 m [kg]の物体が半径 r [m]の軌道を、角速度 ω [rad/s]で運動していることを考える。この質点が図 11-9 の点 A に達したとき、その速度は円軌道の接線方向で、その大きさは $v = r\omega$ [m/s]である。慣性の法則によれば、t [s]後には、図の点 C の位置にあるはずであるが、実際には図の点 B の位置に移動する。これは、この物体に

$$f = mr\omega^2 = m\frac{v^2}{r} \quad [N]$$

の大きさの**中心力** (central force) が働いているためである。ただし、遠心力につりあっている場合、中心力ではなく、**向心力** (centripetal force) あるいは求心力と呼ぶのが一般的である。実際には、ロープの張力となる。
　例えば、ハンマー投げの場合には、中心に選手がいて、この選手がこれだけの力でロープを支え、ハンマーが外に逃げるのを、抑えこんでいるのである。このとき、本来、ハンマーは慣性の法則により点 B ではなく、点 C に向かおうする。その力が遠心力であり

$$f_1 = mr\omega^2 = m\frac{v^2}{r} \quad [\text{N}]$$

となる。つまり、遠心力は、物体が慣性の法則によって直線運動しようとする結果、発生するものであり、慣性力と呼ばれる所以である。

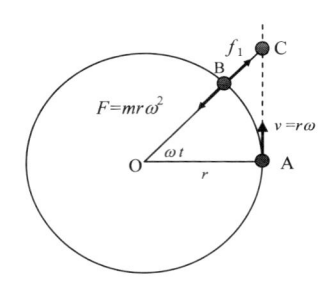

図 11-9 円運動の慣性力：角速度 ω [rad/s]で円運動している物体は、接線方向の速度 $v = r\omega$ [m/s]を有する。例えば、点 A では点 C 方向に、まっすぐ進もうとする。これが慣性である。しかし、点 C ではなく、点 B に軌道が曲げられる。よって、慣性にともない、点 B から C 方向に力が働く。これが遠心力である。

ついでに、向心力についても解説を加えておこう。回転座標の解析でみたように、回転座標系にいる人が、感じる力は遠心力である。例えば、回転する円板上にボールを置いてみる。すると、ボールは遠心力によって円板の外に投げ出されてしまう。これを抑えて、ボールを、この位置に留めるためには、遠心力と同じ大きさで逆向きの力が必要となる。これが向心力である。ハンマー投げでは、ロープの張力（その先でロープを支えている選手）が、この役割をはたしている。慣性系からみると、ボールが円軌道からはずれるのを防ぐ力が必要であり、これが向心力となる。

さらに、ハンマー投げについて付記しておく。図 11-9 の点 A で選手がロープを放すと、ハンマーは慣性の法則にしたがって、初速 v [m/s]の速さで、点 C に向かって飛んでいく。したがって、ハンマーは遠心力で飛んでいくという表現は正確ではないことになる。

第 11 章　相対運動と座標

演習 11-6　角速度 2[rad/s]で回転している円板がある。この円板の中心を原点とした座標をとったとき、(0, 0)、(2, 3)、(5, 5)に、質量 3[kg]の物体を置いたとき、それぞれの遠心力ベクトルと、その大きさを求めよ。

解）　$\vec{f}_1 = m\omega^2 \vec{r}'$　であるので

$$\vec{f}_1 = 3 \cdot 2^2 \vec{r}' = 12\vec{r}'$$

から

$$\vec{f}_1 = 12\vec{r}' = 12\begin{pmatrix}0\\0\end{pmatrix}[\text{N}] \qquad \vec{f}_1 = 12\vec{r}' = 12\begin{pmatrix}2\\3\end{pmatrix}[\text{N}] \qquad \vec{f}_1 = 12\vec{r}' = 12\begin{pmatrix}5\\5\end{pmatrix}[\text{N}]$$

となる。

また、大きさは $f_1 = |\vec{f}_1| = 12|\vec{r}'| = 12\sqrt{x'^2 + y'^2}$ から

$$f_1 = 0 \ [\text{N}] \quad f_1 = 12\sqrt{2^2+3^2} = 12\sqrt{13} \ [\text{N}] \quad f_1 = 12\sqrt{5^2+5^2} = 60\sqrt{2} \ [\text{N}]$$

となる。

この演習の結果からわかるように、原点にある物体には遠心力は働かない。地球は自転しているので、各所で遠心力が働くが、北極と南極では、遠心力が働かないことになる。

演習 11-7　地球の半径を R [m]、自転の角速度を ω [rad/s]とするとき、緯度が θ [rad]の地表面において質量 m [kg]の物体に働く遠心力を求めよ。また、この遠心力が重力加速度 g [m/s²]に及ぼす影響を調べよ。

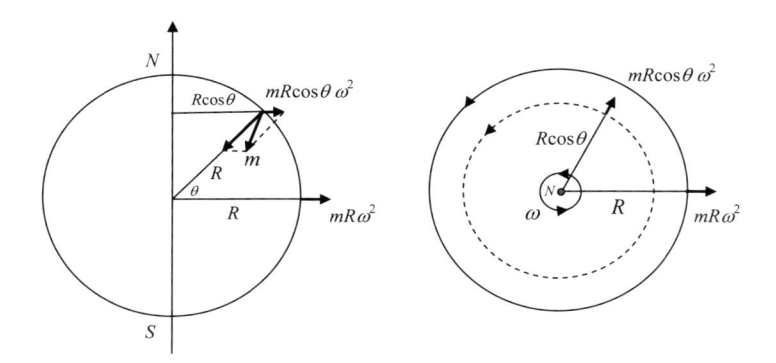

図 11-10　地球を赤道方向からながめた図と、北極から眺めた図：回転半径と遠心力の方向を示している。

解）　緯度が θ [rad]の位置の回転半径は図 11-10 から $R\cos\theta$ と与えられるので、質量 m [kg]の物体に働く遠心力は

$$f_1 = mR\cos\theta\,\omega^2 \quad [\text{N}]$$

となる。

つぎに重力加速度への影響について調べてみる。緯度 θ における重力ベクトルの方向の単位ベクトルは

$$\frac{\vec{r}}{r} = \begin{pmatrix} -\cos\theta \\ -\sin\theta \end{pmatrix}$$

となるので、遠心力と万有引力との合成力は

$$\vec{f} = mg\begin{pmatrix} -\cos\theta \\ -\sin\theta \end{pmatrix} + mR\cos\theta\,\omega^2 \begin{pmatrix} 1 \\ 0 \end{pmatrix} = m\begin{pmatrix} (R\omega^2 - g)\cos\theta \\ -g\sin\theta \end{pmatrix}$$

によって与えられる。ただし

第11章　相対運動と座標

$$g = \frac{GM}{R^2} \cong 9.8 \ \ [\text{m/s}^2]$$

さらに赤道では$\theta = 0$ から

$$\vec{f} = m \begin{pmatrix} R\omega^2 - g \\ 0 \end{pmatrix}$$

北極では$\theta = \pi/2$ から

$$\vec{f} = m \begin{pmatrix} 0 \\ -g \end{pmatrix}$$

となり、影響はゼロとなる。

具体的な数値を入れてみよう。まず、地球は24[h]、すなわち24×3600[s]で一周するので、その角速度ωは

$$\omega = \frac{2\pi}{3600 \times 24} = 7.27 \times 10^{-5} \ \ [\text{rad/s}]$$

となる。

また、地球の半径は$R = 6400$ [km] $= 6.4 \times 10^6$ [m]であるから

$$R\omega^2 = 6.4 \times 10^6 \times (7.27 \times 10^{-5})^2 \cong 0.034 \ \ [\text{m/s}^2]$$

となる。

したがって、$g = 9.8$ [m/s^2]の1/290程度であり、重力への影響は小さいことがわかる。一番、影響が大きくなる赤道で0.3%程度である。また、正確には、重力は、万有引力と遠心力の合成力となる。

ここで、簡単なベクトル解析により、遠心力の本来のベクトル表示を考えてみよう。ある角速度ω [rad/s]で回転している系において、速度ベクトル$\vec{v}$は、つぎのように角速度ベクトル（回転ベクトル）$\vec{\omega}$と位置ベクトル$\vec{r}$の外積

$$\vec{v} = \vec{\omega} \times \vec{r}$$

によって与えられることを示した。ここで

$$\vec{v} = \frac{d\vec{r}}{dt} = \vec{\omega} \times \vec{r}$$

であるから、両辺をさらに t に関して微分すると

$$\frac{d^2\vec{r}}{dt^2} = \frac{d\vec{\omega}}{dt} \times \vec{r} + \vec{\omega} \times \frac{d\vec{r}}{dt}$$

ここで、角速度ベクトルは一定であるので、右辺の第 1 項は 0 となり

$$\frac{d^2\vec{r}}{dt^2} = \vec{\omega} \times \frac{d\vec{r}}{dt}$$

となる。
　これが回転に伴う加速度となる。ここで $\frac{d\vec{r}}{dt} = \vec{\omega} \times \vec{r}$ を代入すると

$$\frac{d^2\vec{r}}{dt^2} = \vec{\omega} \times \vec{\omega} \times \vec{r}$$

となり、これに質量 m [kg]をかけたものが、回転に伴って発生する力となる。ただし、これは慣性系からみた場合の力であり、向心力となる。回転座標系において働く力は、方向が逆となり

$$\vec{f}_1 = -m\vec{\omega} \times \vec{\omega} \times \vec{r}$$

となる。これが遠心力のベクトル表示である。

第 11 章　相対運動と座標

演習 11-8　z 軸のまわりに、角速度 ω [rad/s]で回転している円板上で、位置ベクトルが$(r, 0, 0)$の点に質量 m [kg]の物体を置いたとき、この物体に働く遠心力を求めよ。

解）　遠心力は

$$\vec{f}_1 = -m\vec{\omega} \times \vec{\omega} \times \vec{r} = -m \begin{pmatrix} 0 \\ 0 \\ \omega \end{pmatrix} \times \begin{pmatrix} 0 \\ 0 \\ \omega \end{pmatrix} \times \begin{pmatrix} r \\ 0 \\ 0 \end{pmatrix}$$

と与えられる。ベクトル演算をすると

$$\begin{pmatrix} 0 \\ 0 \\ \omega \end{pmatrix} \times \begin{pmatrix} r \\ 0 \\ 0 \end{pmatrix} = \begin{pmatrix} 0 \\ r\omega \\ 0 \end{pmatrix} \qquad \begin{pmatrix} 0 \\ 0 \\ \omega \end{pmatrix} \times \begin{pmatrix} 0 \\ 0 \\ \omega \end{pmatrix} \times \begin{pmatrix} r \\ 0 \\ 0 \end{pmatrix} = \begin{pmatrix} 0 \\ 0 \\ \omega \end{pmatrix} \times \begin{pmatrix} 0 \\ r\omega \\ 0 \end{pmatrix} = \begin{pmatrix} -r\omega^2 \\ 0 \\ 0 \end{pmatrix}$$

から

$$\vec{f}_1 = -m\vec{\omega} \times \vec{\omega} \times \vec{r} = \begin{pmatrix} mr\omega^2 \\ 0 \\ 0 \end{pmatrix} \text{ [N]}$$

となる。

　正式には、遠心力は、$\vec{f}_1 = -m\vec{\omega} \times \vec{\omega} \times \vec{r}$ というベクトル算によって与えられるが、その方向は $\vec{r}$ に平行であり、大きさが $mr\omega^2$ ということがわかっているので

$$\vec{f}_1 = m\omega^2 \vec{r}$$

という表記をしているのである。r 方向の単位ベクトルを使えば

$$\vec{f}_1 = mr\omega^2 \frac{\vec{r}}{r}$$

と表記することもできる。

11.2.2. コリオリの力

それでは、回転座標系にともなう、もうひとつの慣性力について考えみよう。具体的な表示としては

$$\vec{f}_2 = 2m\omega \begin{pmatrix} \dfrac{dy'}{dt} \\ -\dfrac{dx'}{dt} \end{pmatrix}$$

となる。これは、回転座標系で物体が運動するときに働く力である。

ここで

$$\frac{dy'}{dt} = v_y' \qquad \frac{dx'}{dt} = v_x'$$

のように、このベクトルの成分は速度となり

$$\vec{f}_2 = 2m\omega \begin{pmatrix} v_y' \\ -v_x' \end{pmatrix}$$

となる。ただし、力の x 成分に速度の y 成分が入り、y 成分に速度の x 成分が負の符号とともに入っている。

いままでの経験から、このようなベクトルは、2個のベクトル積の結果であることが予想できる。実際、この力は、ベクトル表示では

$$\vec{f}_2 = -2m\vec{\omega} \times \vec{v}$$

と与えられ、**コリオリの力** (Coriolis force) と呼ばれている。

xy 平面での回転を考えると

第11章　相対運動と座標

$$\vec{f}_2 = \begin{pmatrix} f_{2x} \\ f_{2y} \\ f_{2z} \end{pmatrix} = -2m \begin{pmatrix} 0 \\ 0 \\ \omega \end{pmatrix} \times \begin{pmatrix} v_x' \\ v_y' \\ v_z' \end{pmatrix}$$

となる。

右辺のベクトル積を計算すると

$$\vec{f}_2 = \begin{pmatrix} f_{2x} \\ f_{2y} \\ f_{2z} \end{pmatrix} = 2m \begin{pmatrix} \omega v_y' \\ -\omega v_x' \\ 0 \end{pmatrix}$$

となって、確かに、先ほど求めた回転座標系の慣性力と一致する。すなわち、この慣性力ベクトル $\vec{f}_2$ は、角速度（回転）ベクトル $\vec{\omega}$ および速度ベクトル $\vec{v}'$ に直交するのである。

演習 11-9　慣性力ベクトル $\vec{f}_2 = 2m\omega \begin{pmatrix} v_y' \\ -v_x' \end{pmatrix}$ が速度ベクトルと直交することを確かめよ。

解）　速度ベクトルとの内積をとると

$$\vec{v}' \cdot \vec{f}_2 = 2m\omega (v_x' \ v_y') \begin{pmatrix} v_y' \\ -v_x' \end{pmatrix} = 2m\omega (v_x' v_y' - v_y' v_x') = 0$$

から、速度ベクトル $\vec{v}'$ と、慣性力ベクトル $\vec{f}_2$ は直交することがわかる。

それでは、この慣性力がどのようなものかを検討してみよう。まず、コリオリの力は、遠心力と違って、物体が回転円板上に静止しているだけでは働かない。ある位置から別の位置に移動するときに働く力である。

ここで、角速度 ω [rad/s] で回転している円板上を速度 v [m/s] で移動する物体を考える。すると、コリオリの力は

$$\vec{f}_2 = -2m\vec{\omega} \times \vec{v}$$

と与えられるから、図 11-11 に示したような方向に働くことになる。

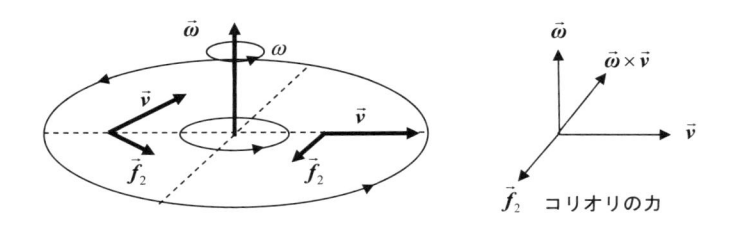

図 11-11　角速度ベクトル $\vec{\omega}$ [rad/s]で回転する円板上で、速度ベクトル $\vec{v}$ [m/s]で移動する物体に働くコリオリの力。

ここで、再び慣性力という観点から、コリオリの力について考察してみよう。図 11-12 のように中心点の O から A に向かって、速度ベクトル $\vec{v}$ で物体を移動することを考えよう。わずかな時間の t [s]後には $x = vt$ の距離を進むが、円板は角速度 ω [rad/s]で、反時計まわりに回転しているので、わずかな時間であれば、近似的に

$$y = x(\omega t) = v\omega t^2$$

だけ y 方向に移動する。

よって、加速度を a とすれば $y = \frac{1}{2}at^2$ という関係にあるので $y = \frac{1}{2}(2v\omega)t^2$ から、y 方向では $2v\omega$ の加速度が生じるように見えるのである。

第 11 章　相対運動と座標

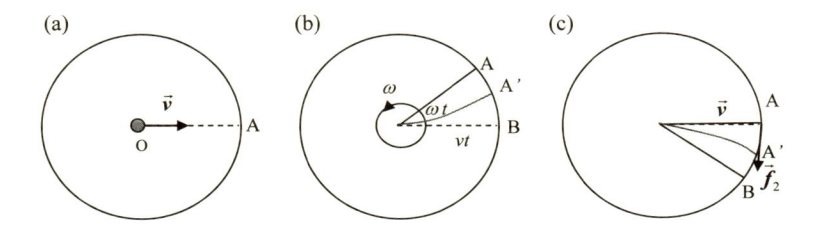

図 11-12　原点に位置したひとが、(a)のように、点 A に向かって移動したとしよう。ところが、(b)のように円板は回転しており、中心から離れるほど回転速度は速いので、図のような軌跡を描いて点 A' に達する。これを回転座標系、つまり円板上でみると、(c)のように A に向かったはずなのに、A' に到達する。この軌道を曲げる力がコリオリの力である。

ただし、回転している円板上のひとから見れば、図 11-12(c)のように点 A に向かったはずが、回転とは逆方向の A'点に到達する。つまり、回転方向とは逆の方向にあたかも力が働いたように感じる。これが、コリオリの力である。

演習 11-10　角速度 $\omega = 2$ [rad/s] で回転する円板上で、質量 4 [kg] の物体を、中心から速度 $\vec{v} = \begin{pmatrix} 3 \\ 0 \end{pmatrix}$ [m/s] で移動させるとき、この物体に働くコリオリの力を求めよ。

解）　$\vec{f_2} = -2m\vec{\omega} \times \vec{v}$ であり、速度ベクトルの z 成分を 0 として

$$\vec{f_2} = -2 \cdot 4 \begin{pmatrix} 0 \\ 0 \\ 2 \end{pmatrix} \times \begin{pmatrix} 3 \\ 0 \\ 0 \end{pmatrix} = -8 \begin{pmatrix} 0 \\ 6 \\ 0 \end{pmatrix} = \begin{pmatrix} 0 \\ -48 \\ 0 \end{pmatrix} \quad [\mathrm{N}]$$

となる。
　したがって、y 軸の負の方向に 48[N]の力が働くことになる。

地球は自転しているので、地球上に住んでいるわれわれは、回転座標系の中で暮らしている。当然、地球上での運動にもコリオリの力が働いている。ただし、その力は小さいので、普段の生活で、それを実感することはないが、台風の渦などは、その影響を受けているのである。

演習 11-11　つぎの地表面におけるコリオリの力の方向を調べよ。
(a)　北極において、水平線に平行に運動する場合
(b)　北緯 45 度において、北向きに運動する場合
(c)　赤道において、南向きに運動する場合

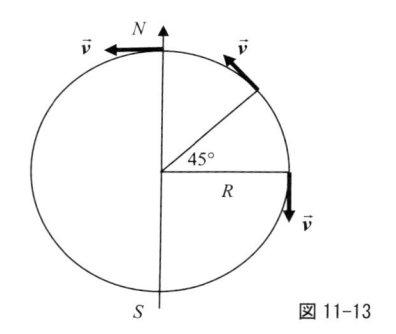

図 11-13

解）　地球の自転の角速度を ω [rad/s] とする。物体の移動速度を v [m/s] として $\vec{f}_2 = -2m\vec{\omega} \times \vec{v}$ というベクトル演算をすると、その結果として、コリオリの力のベクトル表示がえられる。

(a)　北極における水平面において、x 軸の負の方向に、速さ v[m/s] で移動した場合

$$\vec{f}_2 = -2m\vec{\omega} \times \vec{v} = -2m \begin{pmatrix} 0 \\ 0 \\ \omega \end{pmatrix} \times \begin{pmatrix} -v \\ 0 \\ 0 \end{pmatrix} = \begin{pmatrix} 0 \\ 2mv\omega \\ 0 \end{pmatrix} \text{ [N]}$$

から、コリオリの力は同じ水平面上で、y 軸の正の方向に働くことになる。
　y 軸の正の方向に、速さ v[m/s] で移動した場合

348

第 11 章　相対運動と座標

$$\vec{f}_2 = -2m\vec{\omega}\times\vec{v} = -2m\begin{pmatrix}0\\0\\\omega\end{pmatrix}\times\begin{pmatrix}0\\v\\0\end{pmatrix} = \begin{pmatrix}2mv\omega\\0\\0\end{pmatrix} \quad [\mathrm{N}]$$

から、コリオリの力は同じ水平面上で、x 軸の正の方向に働くことになる。
(b)　北緯 45 度において、北向きに運動する場合

$$\vec{f}_2 = -2m\vec{\omega}\times\vec{v} = -2m\begin{pmatrix}0\\0\\\omega\end{pmatrix}\times\begin{pmatrix}-v/\sqrt{2}\\0\\v/\sqrt{2}\end{pmatrix} = \begin{pmatrix}0\\\sqrt{2}mv\omega\\0\end{pmatrix} \quad [\mathrm{N}]$$

から、コリオリの力は東向きに働くことになる。
(c)　赤道において、南向きに運動する場合

$$\vec{f}_2 = -2m\vec{\omega}\times\vec{v} = -2m\begin{pmatrix}0\\0\\\omega\end{pmatrix}\times\begin{pmatrix}0\\0\\-v\end{pmatrix} = \begin{pmatrix}0\\0\\0\end{pmatrix} \quad [\mathrm{N}]$$

となりコリオリの力は働かないことになる。

さて、いまの演習の(b)の結果から、北半球では、北向きの風は東方向にずれることになる。一方、南向きの風は西方向にずれる。

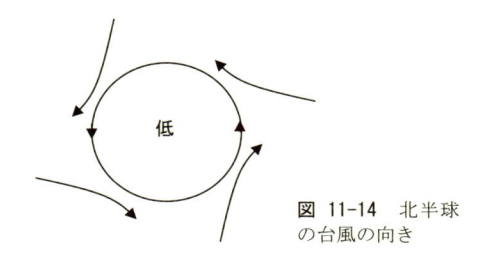

図 11-14　北半球の台風の向き

したがって、図 11-14 に示したように、北半球の台風の回転は左向きとな

るのである。一方、南半球では、回転は逆になり、右向きとなる。

それでは、コリオリの力が、なぜ $\vec{f}_2 = -2m\vec{\omega} \times \vec{v}$ というベクトル演算によって、与えられるかを考察してみよう。

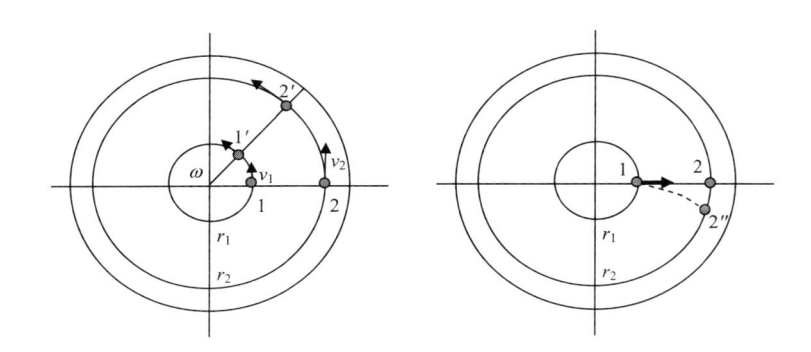

図 11-15 左図は円板の外、すなわち慣性系から見た円板上の動き。
右図は円板上、すなわち、回転座標系からみた運動の軌跡。

図 11-15 の円板上の位置 1 から位置 2 に物体を移動させることを考えよう。このとき、円板に載っているひとは、単純に位置 1 から 2 に物体を押していくとする。円板が回転していなければ、まっすぐ位置 1 から 2 に進むはずである。

ところが、円板が角速度 ω [rad/s] で回転していると、円板の外（慣性系）から見ると、t [s] 後には、位置 1, 2 は位置 1′, 2′ に移動してしまう。ここで、それぞれの回転速さは $v_1 = r_1\omega$ [m/s] と $v_2 = r_2\omega$ [m/s] であるので、位置 2 のほうが速く移動する。このため、回転円板上に乗ったひとが、まっすぐに進んだつもりでも、結果として、位置 2 ではなく、位置 2″ に到達することになる。つまり、y 軸の負の方向に、自分の位置がずれたように見えるのである。これがコリオリの力の影響である。

これを角運動量という観点から見直してみよう。位置 1 および位置 2 の角運動量は、それぞれ

第 11 章　相対運動と座標

$$\vec{L}_1 = \vec{r}_1 \times \vec{p}_1 = \vec{r}_1 \times m\vec{v}_1 \qquad \vec{L}_2 = \vec{r}_2 \times \vec{p}_2 = \vec{r}_2 \times m\vec{v}_2$$

となる。したがって位置 1 から 2 に移ると角運動量が変化することになる。したがって、物体を周方向に移動させるとき、その角運動量が変化しながら移動することになる。

演習 11-12 z 軸のまわりに角速度 $\omega = 3$[rad/s] で回転する円板において、$t = 0$[s] において位置 $\vec{r}_1 = (1, 0, 0)$ [m] および $\vec{r}_1 = (5, 0, 0)$ [m] に位置する質量 $m = 2$[kg] の物体の角運動量ベクトルを求めよ。

解） 位置ベクトルは t の関数となり

$$\vec{r}_1 = \begin{pmatrix} \cos 3t \\ \sin 3t \\ 0 \end{pmatrix} \qquad \vec{r}_2 = \begin{pmatrix} 5\cos 3t \\ 5\sin 3t \\ 0 \end{pmatrix}$$

と与えられる。よって、速度ベクトルは

$$\vec{v}_1 = \frac{d\vec{r}_1}{dt} = \begin{pmatrix} -3\sin 3t \\ 3\cos 3t \\ 0 \end{pmatrix} \text{ [m/s]} \qquad \vec{v}_2 = \frac{d\vec{r}_2}{dt} = \begin{pmatrix} -15\sin 3t \\ 15\cos 3t \\ 0 \end{pmatrix} \text{ [m/s]}$$

となる。したがって

$$\vec{L}_1 = \vec{r}_1 \times m\vec{v}_1 = \begin{pmatrix} \cos 3t \\ \sin 3t \\ 0 \end{pmatrix} \times 6 \begin{pmatrix} -\sin 3t \\ \cos 3t \\ 0 \end{pmatrix} = \begin{pmatrix} 0 \\ 0 \\ 6 \end{pmatrix} \text{ [kg m}^2\text{/s]}$$

$$\vec{L}_2 = \vec{r}_2 \times m\vec{v}_2 = \begin{pmatrix} 5\cos 3t \\ 5\sin 35 \\ 0 \end{pmatrix} \times 2 \begin{pmatrix} -15\sin 3t \\ 15\cos 3t \\ 0 \end{pmatrix} = \begin{pmatrix} 0 \\ 0 \\ 150 \end{pmatrix} \text{ [kg m}^2\text{/s]}$$

となる。

　回転座標系においては、物体が位置 1 から位置 2 へ移動すると、角運動量が変化するのである。角運動量が変化すると、回転の運動方程式

$$\frac{d\vec{L}}{dt} = \vec{N}$$

から、トルクが発生することがわかる。
　そして、ここで生じるトルク、すなわち力のモーメントは

$$\vec{N} = \vec{r} \times \vec{f}$$

と与えられる。ただし、遠心力の導出でも説明したように、この力は、慣性系からみた力であり、回転座標系、つまり回転円板に載っている人が感じる力であるコリオリの力は

$$\vec{f}_2 = -\vec{f}$$

となる。
　この事実を図 11-16 で再確認してみよう。
　図 11-16(a)のように、慣性系からみると、原点 O から A に向かった物体は、回転の影響を受けて、回転方向に移動していくように見える。よって、あたかも力は回転方向に働いたようにみえる。これが、いまの解析で求めた $\vec{f}$ である。
　しかし、図 11-16(b)に示したように、回転円板上にいる人からみると、自分はまっすぐ A に向かったつもりでも、回転方向とは逆方向に軌道が曲げられてしまうのである。この原因がコリオリの力であり、$\vec{f}_2 = -\vec{f}$ と与えられることになる。
　以上を踏まえて、さらに解析を進めてみよう。

第 11 章　相対運動と座標

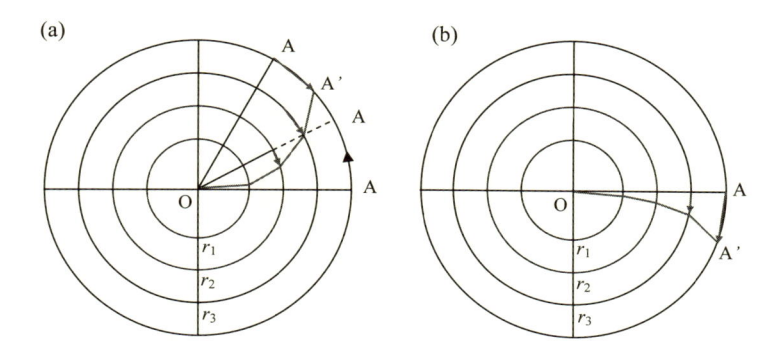

図 11-16　(a) 慣性系からみた物体の移動；(b) 回転系からみた物体の移動；回転座標系（たとえば回転円板上）にいる人が、点 O から出発して点 A を目指したとしよう。本人はまっすぐ進んでいるつもりでも、回転の影響で、その軌道は変化してしまう。このとき、慣性系（すなわち円板の外）から眺めると、その運動は(a)のように、回転方向に引きずられる。しかし、回転座標系にいる人から見ると、(b)のように、あたかも、その軌道が回転とは逆方向に曲げられたように感じるのである。

ここで、速度ベクトルは

$$\vec{v} = \vec{\omega} \times \vec{r}$$

と与えられるので

$$\vec{L} = \vec{r} \times m\vec{v} = \vec{r} \times m(\vec{\omega} \times \vec{r}) = m\vec{r} \times \vec{\omega} \times \vec{r}$$

となる。t に関して微分すると

$$\frac{d\vec{L}}{dt} = m\left(\frac{d\vec{r}}{dt} \times \vec{\omega} \times \vec{r} + \vec{r} \times \frac{d\vec{\omega}}{dt} \times \vec{r} + \vec{r} \times \vec{\omega} \times \frac{d\vec{r}}{dt} \right)$$

回転ベクトルは一定であるので $\dfrac{d\vec{\omega}}{dt} = 0$

$$\frac{d\vec{L}}{dt} = m\left(\frac{d\vec{r}}{dt} \times \vec{\omega} \times \vec{r} + \vec{r} \times \vec{\omega} \times \frac{d\vec{r}}{dt}\right)$$

さらに、ベクトル積の性質から

$$\frac{d\vec{r}}{dt} \times \vec{\omega} \times \vec{r} = -(\vec{\omega} \times \vec{r}) \times \frac{d\vec{r}}{dt} = \vec{r} \times \vec{\omega} \times \frac{d\vec{r}}{dt}$$

となるので、結局

$$\frac{d\vec{L}}{dt} = 2m\vec{r} \times \vec{\omega} \times \frac{d\vec{r}}{dt} = \vec{r} \times 2m(\vec{\omega} \times \vec{v}) = \vec{r} \times \vec{f}$$

から

$$\vec{f}_2 = -\vec{f} = -2m\vec{\omega} \times \vec{v}$$

となる。これがコリオリの力である。

11.3. フーコー振り子

地球の自転の存在を証明するために、フーコーが行った実験にフーコー振り子と呼ばれるものがある。現在でも、いろいろな科学博物館や学校などに展示されているので、ご存知の方も多いだろう。

高い天井からぶら下げた腕の長い振り子（通常は 10m 程度）をある面で振動させると、その振動面が地球の自転の影響で回転するというものである。実は、振動面の回転は、コリオリの力によるものである。

厳密には、遠心力の影響も考慮する必要があるが、その影響は小さいので、ここでは、コリオリの力のみによって振動面の回転を解析してみる。

第 11 章　相対運動と座標

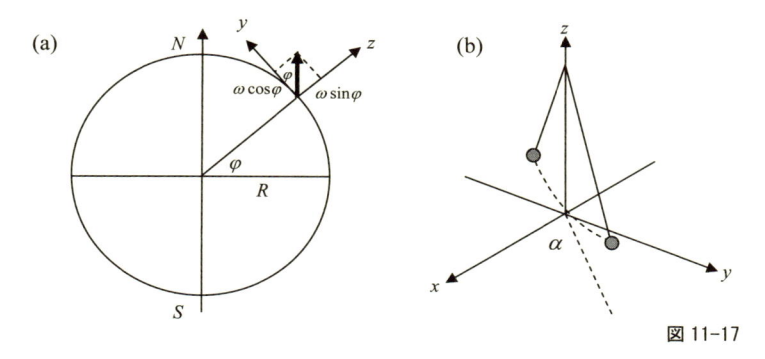

図 11-17　(a) 北緯がφ[rad]の位置における回転ベクトルの鉛直成分と水平成分。
(b)フーコー振り子の軌道と水平面への正射影。

　ここで、図 11-17 を参照しながら、座標について確認をする。まず、地表面の北緯φ[rad]の位置での振り子の振動を考えよう。

　図 11-17(a)のように、z軸をこの位置における鉛直上方を正にとる。そして、北向きをy軸とし、東向きをx軸とする。図では、紙面の表から裏に向かう軸がx軸となる。

　つぎに、振り子の振動面が回転することを考えているので、一般化のため、図 11-17(b)に示すように、振動面はx軸からα[rad]だけ傾いた面としよう。フーコー振り子では、地球の自転によるコリオリの力の影響で、αが時間とともに変化するということである。

　ここで、単振り子について復習してみよう。図 11-18(a)に示すように、腕の長さがℓ[m]の先に、質量m[kg]の錘りがぶらさがっている。この錘りを、ある振動面で振らすことを考える。ただし、いま想定したように、この振動面は、図 11-18(b)に示すように、x軸から角度がα[rad]だけ傾いている。

　まず、振動の微分方程式は、振れ角をθ[rad]とすると、第 6 章で示したように、$\sin\theta \cong \theta$という近似のもとでは

$$\frac{d^2\theta}{dt^2} = -\frac{g}{\ell}\theta$$

355

と与えられる。ただし、$g[\mathrm{m/s^2}]$は重力加速度である。

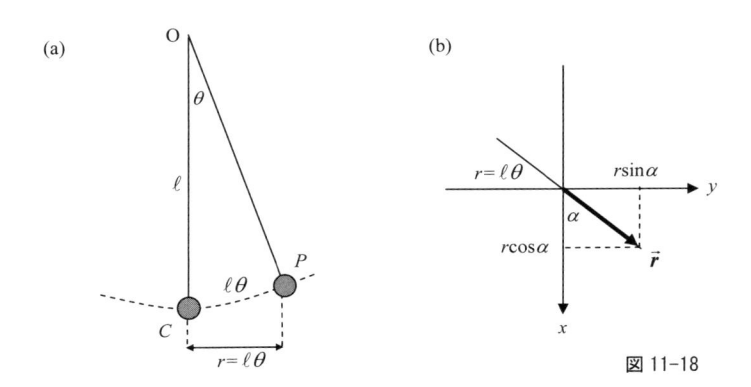

(a) (b)

図 11-18

ここで、振り子の微分方程式を少し変形しよう。まず

$$\frac{d^2\theta}{dt^2} = -\psi^2 \theta$$

としよう。ちなみに

$$\psi = \sqrt{\frac{g}{\ell}} \quad [\mathrm{rad/s}]$$

は角振動数である。

つぎに、振動の弧の長さは$\ell\theta$であるが、$\sin\theta \cong \theta$という近似のもとでは、この振動のxy平面への投影した長さも$\ell\theta$となる。これをrと置こう。すると

$$\frac{d^2(\ell\theta)}{dt^2} = -\psi^2(\ell\theta) \quad \text{から} \quad \frac{d^2 r}{dt^2} = -\psi^2 r$$

となる。両辺に質量mをかけると

第 11 章　相対運動と座標

$$m\frac{d^2 r}{dt^2} = -m\psi^2 r$$

実際には r は xy 平面におけるベクトルであり

$$m\frac{d^2 \vec{r}}{dt^2} = -m\psi^2 \vec{r}$$

となる。
　これは

$$\vec{F} = -m\psi^2 \vec{r}$$

という運動方程式となる。気づかれたひともいるであろうが、これは、まさに等速円運動の運動方程式と同じものとなる。もともと、単振動は、円運動している平面の軸への正射影であるので、当然の結果ではある。
　このままでは、振り子は、この面内で振動しているだけである。しかし、地球は自転しているので、それによるコリオリの力が働く。地球の自転の回転ベクトルを $\vec{\omega}$ とすると、コリオリの力は

$$\vec{f}_2 = -2m\vec{\omega} \times \vec{v} = -2m\vec{\omega} \times \frac{d\vec{r}}{dt}$$

となる。
　図 11-17(a) を参照すれば、いま採用している座標系では

$$\vec{\omega} = \begin{pmatrix} 0 \\ \omega \cos\varphi \\ \omega \sin\varphi \end{pmatrix}$$

となることがわかる。
　また、3 次元座標では

$$\vec{r} = \begin{pmatrix} x \\ y \\ 0 \end{pmatrix} \quad \text{から} \quad \frac{d\vec{r}}{dt} = \begin{pmatrix} dx/dt \\ dy/dt \\ 0 \end{pmatrix}$$

$$\vec{r} = \begin{pmatrix} r\cos\alpha \\ r\sin\alpha \\ 0 \end{pmatrix} \quad \text{から} \quad \frac{d\vec{r}}{dt} = \begin{pmatrix} -r\sin\alpha(d\alpha/dt) \\ r\cos\alpha(d\alpha/dt) \\ 0 \end{pmatrix}$$

となる。したがって、コリオリの力は

$$\vec{f}_2 = -2m\vec{\omega}\times\frac{d\vec{r}}{dt} = -2m\begin{pmatrix} 0 \\ \omega\cos\varphi \\ \omega\sin\varphi \end{pmatrix} \times \begin{pmatrix} dx/dt \\ dy/dt \\ 0 \end{pmatrix} = \begin{pmatrix} 2m\omega\sin\varphi(dy/dt) \\ -2m\omega\sin\varphi(dx/dt) \\ 2m\omega\cos\varphi(dx/dt) \end{pmatrix}$$

となる。

$\vec{F} = -m\psi^2\vec{r}$ という運動方程式は、地球上、すなわち回転座標系での方程式である。したがって、回転座標系で感じるコリオリの力を足せばよいので、運動方程式は

$$\vec{F} = -m\psi^2\vec{r} + \vec{f}_2$$

となる。成分で書けば

$$m\begin{pmatrix} d^2x/dt^2 \\ d^2y/dt^2 \\ d^2z/dt^2 \end{pmatrix} + 2m\omega\begin{pmatrix} -\sin\varphi(dy/dt) \\ \sin\varphi(dx/dt) \\ -\cos\varphi(dx/dt) \end{pmatrix} = -m\psi^2\begin{pmatrix} x \\ y \\ z \end{pmatrix}$$

という運動方程式がえられる。

ここで、われわれが注目しているのは xy 平面の運動であるので

$$m\frac{d^2x}{dt^2} - 2m\omega\sin\varphi\frac{dy}{dt} + m\psi^2 x = 0$$

358

$$m\frac{d^2y}{dt^2} + 2m\omega\sin\varphi\frac{dx}{dt} + m\psi^2 y = 0$$

という 2 個の運動方程式に由来する微分方程式がえられる。

演習 11-13　つぎの 2 個の微分方程式

$$\frac{d^2x}{dt^2} - 2\omega\sin\varphi\frac{dy}{dt} + \psi^2 x = 0 \qquad \frac{d^2y}{dt^2} + 2\omega\sin\varphi\frac{dx}{dt} + \psi^2 y = 0$$

をひとつにまとめよ。ただし、初期条件として $t = 0$ のとき $(x, y) = (0, 0)$ とする。

解）　最初の式に y を乗じ、次の式に x を乗じる。

$$y\frac{d^2x}{dt^2} - 2\omega\sin\varphi\, y\frac{dy}{dt} + \psi^2 xy = 0$$

$$x\frac{d^2y}{dt^2} + 2\omega\sin\varphi\, x\frac{dx}{dt} + \psi^2 xy = 0$$

上式から下式を引くと

$$y\frac{d^2x}{dt^2} - x\frac{d^2y}{dt^2} - 2\omega\sin\varphi\left(y\frac{dy}{dt} + x\frac{dx}{dt}\right) = 0$$

となる。
　ここで、少し技巧を使う

$$x\frac{dy}{dt} - y\frac{dx}{dt}$$

を t に関して微分すると

359

$$\frac{d}{dt}\left(x\frac{dy}{dt}-y\frac{dx}{dt}\right)=\frac{dx}{dt}\frac{dy}{dt}+x\frac{d^2y}{dt^2}-\frac{dy}{dt}\frac{dx}{dt}-y\frac{d^2x}{dt^2}=x\frac{d^2y}{dt^2}-y\frac{d^2x}{dt^2}$$

となる。つぎに

$$\frac{1}{2}(x^2+y^2)$$

を t に関して微分すると

$$\frac{d}{dt}\left\{\frac{1}{2}(x^2+y^2)\right\}=\frac{1}{2}\left(2x\frac{dx}{dt}+2y\frac{dy}{dt}\right)=x\frac{dx}{dt}+y\frac{dy}{dt}$$

したがって与式の両辺を t に関して積分すると

$$-\left(x\frac{dy}{dt}-y\frac{dx}{dt}\right)-\omega\sin\varphi(x^2+y^2)=C$$

となる。ここで、C は積分定数である。

初期条件として、$t=0$ のとき、原点に $\vec{r}=(0,0)$ すなわち最下点に錘りがあるとすると、$x=0, y=0$ から $C=0$ となる。よって

$$\left(x\frac{dy}{dt}-y\frac{dx}{dt}\right)+\omega\sin\varphi(x^2+y^2)=0$$

となる。

ここで、$x=r\cos\alpha, \quad y=r\sin\alpha$ であったので

$$\frac{dx}{dt}=\frac{dr}{dt}\cos\alpha-r\sin\alpha\frac{d\alpha}{dt} \qquad \frac{dy}{dt}=\frac{dr}{dt}\sin\alpha+r\cos\alpha\frac{d\alpha}{dt}$$

第 11 章　相対運動と座標

よって

$$x\frac{dy}{dt} - y\frac{dx}{dt} = r\frac{dr}{dt}\cos\alpha\sin\alpha + r^2\cos^2\alpha\frac{d\alpha}{dt} - r\frac{dr}{dt}\cos\alpha\sin\alpha + r^2\sin^2\alpha\frac{d\alpha}{dt}$$

$$= r^2\frac{d\alpha}{dt}$$

つまり、表記の微分方程式は

$$r^2\frac{d\alpha}{dt} + \omega r^2\sin\varphi = 0$$

から

$$\frac{d\alpha}{dt} = -\omega\sin\varphi$$

となり、$t=0$ のとき $\alpha=0$ から

$$\alpha = (-\omega\sin\varphi)t$$

となる。

　これは、振り子の振動面が、地球の自転とは逆方向に、角速度 $\omega\sin\varphi$ [rad/s] で回転することを示しており、円を描くことになる。

　ただし、これは振動面の運動であり、振動面に沿った実際の振り子の錘りの運動の軌跡は

$$x = r\cos\alpha = r\cos\{(-\omega\sin\varphi)t\} \qquad y = r\sin\alpha = r\sin\{(-\omega\sin\varphi)t\}$$

となる。そして、r そのものが時間で変化し

$$r \cong \ell\theta = \ell\sin(\psi t)$$

であったので

$$x = \ell \sin(\psi t)\cos\{(-\omega\sin\varphi)t\} \qquad y = \ell \sin(\psi t)\sin\{(-\omega\sin\varphi)t\}$$

となる。結果として

$$x = \ell \sin(at)\cos(bt) \qquad y = \ell \sin(at)\sin(bt)$$

という軌跡を描くことになる。a, b の値は、想定する条件によって変化するが、$a = 2b$ という条件で軌跡を描くと、図 11-19 のようになる。

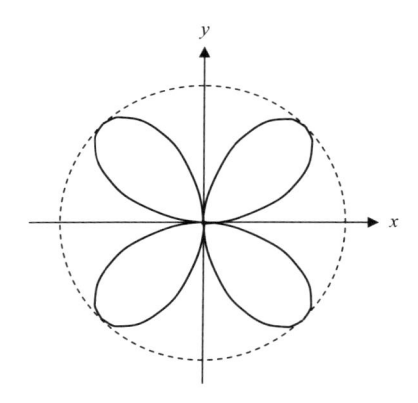

図 11-19 フーコー振り子の錘の軌跡の一例

第 11 章　相対運動と座標

補遺 11-1　　慣性力と見かけの力

　慣性力 (inertial force) の説明において、「座標変換によって表われる見かけの力」という表現が使われる。実は、この「見かけの力」という表現が混乱を与えている。
　「見かけの力」は英語の "apparent force" の和訳である。"pseudo force"、"phantom force"、"fictitious force"、"imaginary force" とも呼ばれる。訳せば「擬似力」、「ゆうれい力」、「架空の力」、「想像力」となる。これら表現は、いずれにおいても、慣性力があたかも実在しない力のような印象を与える。
　慣性力は、慣性系に対して加速度運動している動座標系で生じる力のことであり、身近な例では、急発進する電車の中や、電車がブレーキをかけたときに、われわれが実際に体感できる力である。この限りにおいて「見かけの力」という表現は正しくない。
　一定の速度で動いている電車では、われわれも電車と同じ速度で移動している。しかし、電車がブレーキをかけると、慣性の法則にしたがって、われわれは、そのままの速度で移動しようとするが、ブレーキによって、慣性が破られるために生じる力で、よって、体は慣性の法則で進む方向(いまの場合、電車の進行方向)に力を受ける。このように慣性に由来する力なので、慣性力と称される。
　同様に、自動車に乗っていて、カーブに差し掛かれば、カーブの外側に引っ張られる力、すなわち遠心力を体感できる。これも慣性力である。
　円運動であれば、速度はその接線方向を向いているので、慣性の法則によれば、そのまま接線方向に進もうとするはずである。それを無理やり、円に沿って軌道を曲げているので、力を感じるのである。
　このように、慣性力は「見かけの力」ではなく、実感できるものであり、

いきなり「見かけの力」という説明をされても、納得いかない。

　それでは、なぜ、「見かけの力」と呼ばれるのであろうか。これは、観測者がどこに位置するかによる問題である。

　例えば、一定の速度で走っている自動車があるとしよう。これをわれわれが止まって観察すれば、等速度運動にしか見えない。等速度で走っている別の車から見ても、同じである。この場合、力が働いているようには見えない。

　しかし、この車に追いつこうとして、後方から加速した自動車に乗っているひとから見たらどうであろうか。前の車は、どんどん近づいてくるように感じるはずである。つまり、前の車の速度が変化して見えるのである。速度が変化すれば、それに比例した力が作用したように見えるはずである。よって、これを「見かけの力」と呼ぶのである。

　つまり、慣性系において等速度運動している場合（すなわち力が働いていない場合）でも、非慣性系から見たら、あたかも力が働いているように見える。このため、「見かけの力」と呼ぶのである。

　しかし、これは相対的なものであり、近づいている自動車（非慣性系）が加速度運動しているのであるから、非慣性系では（実際に）力が生じているのである。これを忘れてはならない。

　慣性系では力が働いていないので「見かけの力」と呼んでいるが、これをもって、あたかも存在しない力のように称するのは、誤解を与えてしまうことになる。したがって、「見かけの力」という用語の乱用には注意が必要である。

索 引

あ行

位置エネルギー　99
位置ベクトル　16
一般解　73
運動エネルギー　101
運動の第1法則　38
運動の第2法則　40
運動の第3法則　45
運動方程式　37
運動量　39
運動量保存の法則　47, 217
運動力ベクトル　103
エネルギー保存の法則　108
遠心力　336
円筒座標　33
オイラーの公式　74, 155, 167
オイラーの方程式　315
遅れ角　91

か行

外積　129, 300
回転の自由度　255
回転ベクトル　143
角運動量　127
角運動量の保存法則　142
角運動量ベクトル　237
角速度　21
角速度ベクトル　143
過減衰　78
ガリレイの相対性原理　322
ガリレイ変換　324

換算質量　223
慣性系　318
慣性主軸　312
慣性乗積　309
慣性テンソル　310
慣性の法則　38
慣性モーメント　269
慣性力　326
逆二乗の法則　118
強制振動　85
共鳴　92
極形式　168
極座標　24, 34, 192, 284
極方程式　202
偶力　264
grad　119
ケプラーの法則　209
減衰運動　77
厳密解　178
剛体　253
抗力　45
コリオリの力　344

さ行

歳差運動　301
質点　215
ジャイロ効果　300
重心　219, 259
重心系　241
収束半径　161
自由度　254

自由落下 62
重力加速度 62, 186
主慣性モーメント 312
スカラー 95
全角運動量 238
総質量 260
相対運動 227
相対運動の運動量 234
相対系 232, 241
相対座標 222

　　た行
対角化 310
体積要素 286
楕円 203
多質点系 243
単位ベクトル 194
単振動 70
単振動の微分方程式 163
単振り子 147, 169
中心力 127
調和振動 70
直交座標 17
天頂角 256
等加速直線運動 15
動座標 320
同時性 150
等速円運動 20
等速直線運動 14
特解 86
特性方程式 73
トルク 138

　　な行
内積 95
ナブラ 119
2階1次の微分方程式 41
熱の仕事等量 98

粘性係数 77

　　は行
バネ定数 68
反発係数 54
万有引力の法則 185
非慣性系 319
非同次微分方程式 85
フーコー振り子 354
複素数 168
不足減衰 80
部分積分 182
平行軸定理 277
並進運動 288
ベクトル積 129
偏微分 116
方位角 256
放物運動 65
放物線 205
保存力 118

　　ま行
マクローリン展開 155
まさつ力 295
右手系 28, 130
密度 260
未定係数法 166
面積素 285
面積速度 209

　　ら行
力積 51
離心率 202
臨界減衰 81

　　わ
惑星運動 191

著者：村上　雅人（むらかみ　まさと）

1955年，岩手県盛岡市生まれ．東京大学工学部金属材料工学科卒，同大学工学系大学院博士課程修了．工学博士．超電導工学研究所第一および第三研究部長を経て，2003年4月から芝浦工業大学教授．2008年4月同副学長，2011年4月より同学長．

1972年米国カリフォルニア州数学コンテスト準グランプリ，World Congress Superconductivity Award of Excellence，日経BP技術賞，岩手日報文化賞ほか多くの賞を受賞．

著書：『なるほど虚数』『なるほど微積分』『なるほど線形代数』『なるほど量子力学』など「なるほど」シリーズを十数冊のほか，『日本人英語で大丈夫』．編著書に『元素を知る事典』（以上，海鳴社），『はじめてナットク超伝導』（講談社，ブルーバックス），『高温超伝導の材料科学』（内田老鶴圃）など．

なるほど力学
2015年 9月9日　第1刷発行

発行所：㈱海鳴社　http://www.kaimeisha.com/
〒101-0065　東京都千代田区西神田2－4－6
Eメール：kaimei@d8.dion.ne.jp
Tel．：03-3262-1967　Fax：03-3234-3643

発　行　人：辻　信行
組　　　版：小林　忍
印刷・製本：シナノ

JPCA
本書は日本出版著作権協会（JPCA）が委託管理する著作物です．本書の無断複写などは著作権法上での例外を除き禁じられています．複写（コピー）・複製，その他著作物の利用については事前に日本出版著作権協会（電話03-3812-9424, e-mail:info@e-jpca.com）の許諾を得てください．

出版社コード：1097
ISBN 978-4-87525-319-8

© 2015 in Japan by Kaimeisha
落丁・乱丁本はお買い上げの書店でお取替えください

村上雅人の理工系独習書「なるほどシリーズ」

なるほど虚数──理工系数学入門　　A5判 180頁、1800円
なるほど微積分　　A5判 296頁、2800円
なるほど線形代数　　A5判 246頁、2200円
なるほどフーリエ解析　　A5判 248頁、2400円
なるほど複素関数　　A5判 310頁、2800円
なるほど統計学　　A5判 318頁、2800円
なるほど確率論　　A5判 310頁、2800円
なるほどベクトル解析　　A5判 318頁、2800円
なるほど回帰分析　　A5判 238頁、2400円
なるほど熱力学　　A5判 288頁、2800円
なるほど微分方程式　　A5判 334頁、3000円
なるほど量子力学Ⅰ──行列力学入門　A5判 328頁、3000円
なるほど量子力学Ⅱ──波動力学入門　A5判 328頁、3000円
なるほど量子力学Ⅲ──磁性入門　A5判 260頁、2800円
なるほど電磁気学　　A5判 352頁、3000円
なるほど整数論　　A5判 352頁、3000円
なるほど力学　　A5判 368頁、3000円

（本体価格）